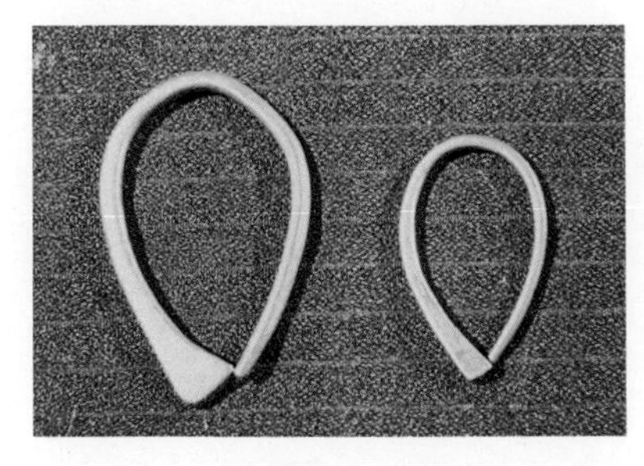

▲图1 甘肃玉门火烧沟出土的金耳环

▲图2 陕西宝鸡石鼓镇出土铜甲残片标本

▲图3 四川广汉三星堆出土金面具

▲图4 四川成都波乡金沙广汉出土商代金薄片蛙形饰

▲图5 四川成都波乡金沙出土商代太阳神鸟金箔饰

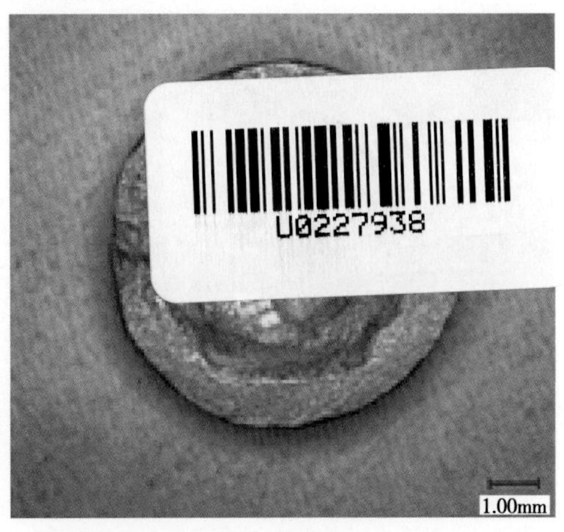

▲图6 陕西凤翔县雍城遗址出土金泡（凤南M1–51）背表面宏观缩松的局部照片

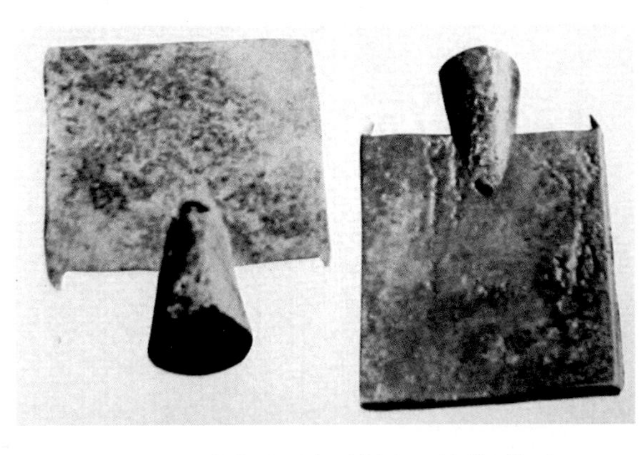

▲图7　河南扶沟县古城村出土的楚国银布

▲图8　用文物模具制成的复制品

▲图9　河北满城汉墓出土西汉长信宫鎏金铜灯

▲图10　自制铜钟和铜鼓

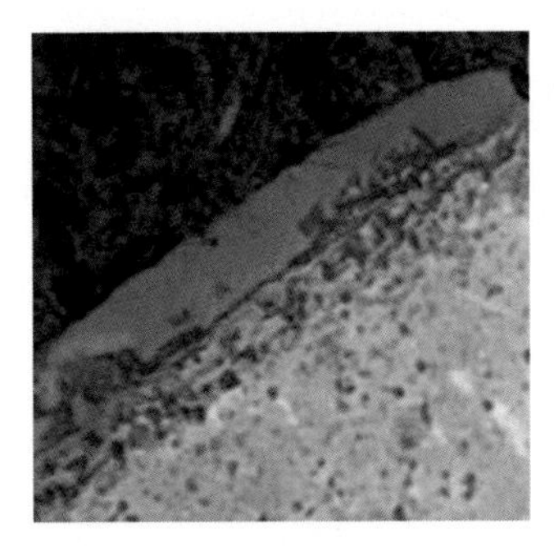

▲图11　北京延庆葫芦沟墓地YHM24削刀锈层单偏照片

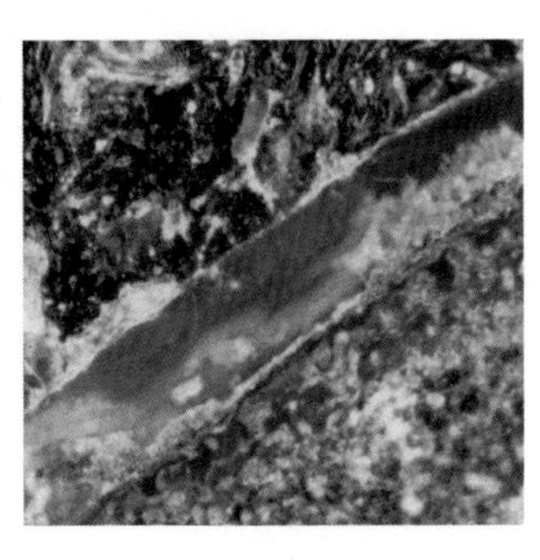

▲图12　北京延庆葫芦沟墓地YHM24削刀锈层暗场照片

▲图13　冶金与材料史研究所已出版著作

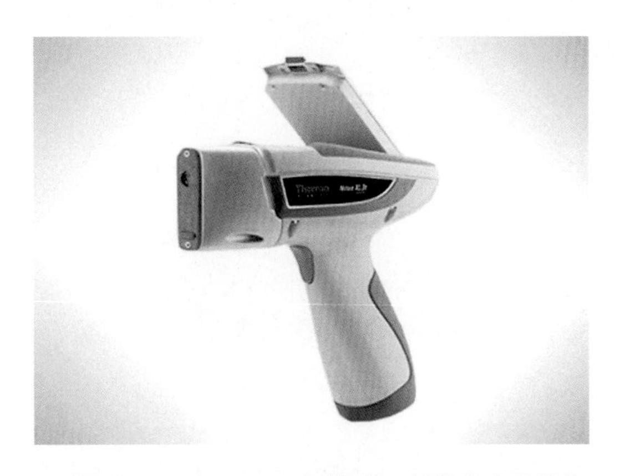

▲ 图14　NitonXL3t-800便携式X射线荧光分析仪

▲ 图16　河北藁城出土铁刃铜钺

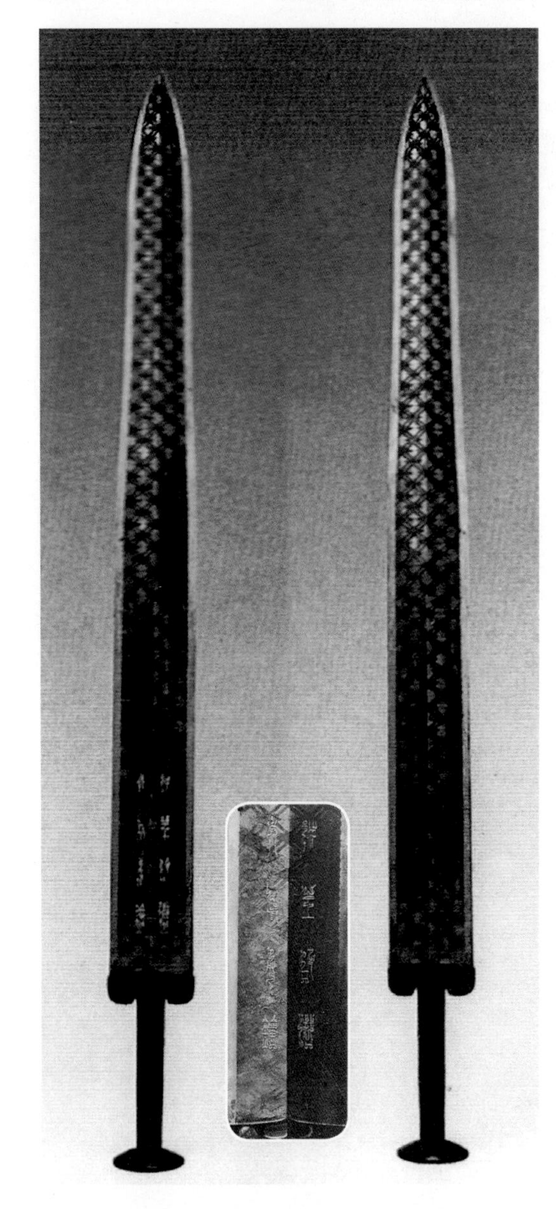

▲ 图15　湖北省博物馆珍藏的越王勾践剑及其铭文

为表彰在自然科学研究中做出的重要贡献，特颁发此证书，以资鼓励。

证书

1987年国家自然科学奖

项目名称：　中国古代钢铁技术发展的历程

主要研究者：柯　俊　丘亮辉　韩汝玢　黄务涤　吴坤仪　孙淑云（北京钢铁学院）

获奖等级：　三等

中华人民共和国
国家科学技术委员会主任　宋健

▲ 图17　1987年国家自然科学奖三等奖

▲ 图18　1987年柯俊与冶金史研究室先进集体合影

▲ 图19　2004年柯俊与冶金与材料史研究所教师考察出土遗物

▲图20　1977年柯俊与邱亮辉（左）、朱寿康（右）在扬州

▲图21　20世纪80年代邱亮辉（前左一）、韩汝玢（前左三）考察铜绿山古铜矿冶遗址

▲图22　1995年冶金史研究室教师合影

▲图23　1997年刘淇（中）回母校参观冶金史展览，柯俊、韩汝玢讲解

▲图24　1997年何丙郁（前左三）与冶金与材料史研究所教师合影

▲图25　2013年冶金与材料史研究所教师集体看望柯俊教授

▲图26　2006年第六届国际冶金史大会全体合影（北京科技大学）

北京科技大学“211 工程”项目资助出版

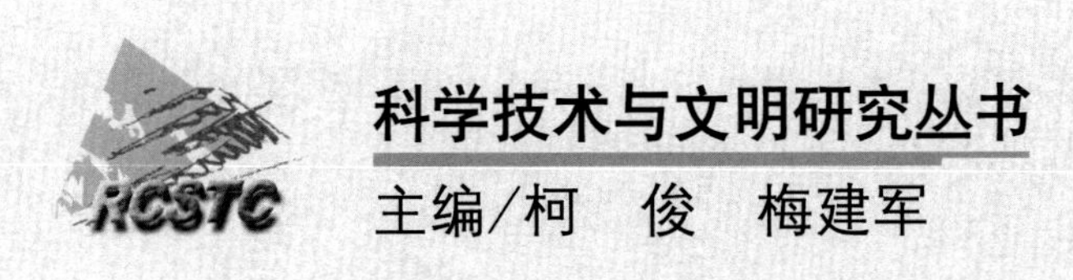

科学技术与文明研究丛书

主编/柯 俊 梅建军

中国古代金属材料显微组织图谱

总 论

韩汝玢 孙淑云 李秀辉◎编著

科 学 出 版 社

北 京

图书在版编目(CIP)数据

中国古代金属材料显微组织图谱．总论/韩汝玢，孙淑云，李秀辉编著．
—北京：科学出版社，2014
(科学技术与文明研究丛书)
ISBN 978-7-03-042478-5

Ⅰ.①中… Ⅱ.①韩… ②孙… ③李… Ⅲ.①金属材料-相图-中国-古代
Ⅳ.①TG113.14

中国版本图书馆 CIP 数据核字(2014)第 264153 号

丛书策划：胡升华　侯俊琳
责任编辑：侯俊琳　樊　飞　张文静 / 责任校对：刘亚琦
责任印制：李　彤 / 封面设计：无极书装
编辑部电话：010-64035853
E-mail：houjunlin@mail.sciencep.com

科学出版社 出版
北京东黄城根北街 16 号
邮政编码：100717
http://www.sciencep.com
北京凌奇印刷有限责任公司 印刷
科学出版社发行　各地新华书店经销
*
2015 年 1 月第　一　版　开本：787×1092　1/16
2023 年 1 月第四次印刷　印张：12 3/4　插页：4
字数：300 000
定价：99.00 元
(如有印装质量问题，我社负责调换)

总序

20 世纪 50 年代，英国著名学者李约瑟博士开始出版他的多卷本巨著《中国科学技术史》。这套丛书的英文名称是 *Science and Civilisation in China*，也就是《中国之科学与文明》。该书在台湾出版时即采用这一中文译名。不过，李约瑟本人是认同“中国科学技术史”这一译名的，因为在每一册英文原著上，实际均印有冀朝鼎先生题写的中文书名“中国科学技术史”。这个例子似可说明，在李约瑟心目中，科学技术史研究在一定意义上或许等同于科学技术与文明发展关系的研究。

何为科学技术？何为文明？不同的学者可以给出不同的定义或解说。如果我们从宽泛的意义去理解，那么“科学技术”或许可视为人类认识和改变自然的整个知识体系，而“文明”则代表着人类文化发展的一个高级阶段，是人类的生产和生活作用于自然所创造出的成果总和。由此观之，人类文明的出现和发展必然与科学技术的进步密切相关。中国作为世界文明古国之一，在科学技术领域有过很多的发现、发明和创造，对人类文明发展贡献卓著。因此，研究中国科学技术史，一方面是为了更好地揭示中国文明演进的独特价值，另一方面是为了更好地认识中国在世界文明体系中的位置，阐明中国对人类文明发展的贡献。

北京科技大学（原北京钢铁学院）于 1974 年成立“中国冶金史编写组”，为“科学技术史”研究之始。1981 年，成立“冶金史研究室”；1984 年起开始招收硕士研究生；1990 年被批准为科学技术史硕士点，1996 年成为博士点，是当时国内有权授予科学技术史博士学位的为数不多的学术机构之一。1997 年，成立“冶金与材料史研究所”，研究方向开始逐渐拓展；2000 年，在“冶金与材料史”方向之外，新增“文物保护”和“科学技术与社会”两个方向，使学科建设进入一个蓬勃发展的新时期。2004 年，北京科技大学成立“科学技术与文明研究中心”；2005 年，组建“科学技术与文明研究中心”理事会和学术委员会，聘请席泽宗院士、李学勤教授、严文明教授和王丹华研究员等知名学者担任理事和学术委员。这一系列重要措施为北京科技大学科技史学科的发展奠定了坚实的基础。2007 年，北京科技大学科学技术史学科被评为一级学科国家重点学科。2008 年，北京科技大学建立“金属与矿冶文化遗产研究”国家文物局重点科研基地；同年，教育部批准北京科技大学在“211 工程”三期重点学科建设项目中设立“古代金属技术与中华文明发展”专项，从而进一步确立了北京科技大学科学技术史学科的发展方向。2009年，人力资源和社会保障部批准在北京科技大学设立科学技术史博士后流动站，使北京科技大学科学技术史学科的建制化建设迈出了关键的一大步。

30多年的发展历程表明，北京科技大学的科学技术史研究以重视实证调研为特色，尤其注重（擅长）对考古出土金属文物和矿冶遗物的分析检测，以阐明其科学和遗产价值。过去30多年里，北京科技大学科学技术史研究取得了大量学术成果，除学术期刊发表的数百篇论文外，大致集中体现于以下几部专著：《中国冶金简史》、《中国冶金史论文集》（第一至四辑）、《中国古代冶金技术专论》、《新疆哈密地区史前时期铜器及其与邻近地区文化的关系》、《汉晋中原及北方地区钢铁技术研究》和《中国科学技术史·矿冶卷》等。这些学术成果已在国内外赢得广泛的学术声誉。

近年来，在继续保持实证调研特色的同时，北京科技大学开始有意识地加强科学技术发展社会背景和社会影响的研究，力求从文明演进的角度来考察科学技术发展的历程。这一战略性的转变很好地体现在北京科技大学承担或参与的一系列国家重大科研项目中，如“中华文明探源工程”“文物保护关键技术研究”和“指南针计划——中国古代发明创造的价值挖掘与展示”等。通过有意识地开展以“文明史”为着眼点的综合性研究，涌现出一批新的学术研究成果。为了更好地推动中国科学技术与文明关系的研究，北京科技大学决定利用“211工程”三期重点学科建设项目，组织出版“科学技术与文明研究丛书”。

中国五千年的文明史为我们留下了极其丰富的文化遗产。对这些文化遗产展开多学科的研究，挖掘和揭示其所蕴涵的巨大的历史、艺术和科学价值，对传承中华文明具有重要意义。“科学技术与文明研究丛书”旨在探索科学技术的发展对中华文明进程的巨大影响和作用，重点关注以下4个方向：①中国古代在采矿、冶金和材料加工领域的发明创造；②近现代冶金和其他工业技术的发展历程；③中外科技文化交流史；④文化遗产保护与传承。我们相信，“科学技术与文明研究丛书”的出版不仅将推动我国的科学技术史研究，而且将有效地改善我国在金属文化遗产和文明史研究领域学术出版物相对匮乏的现状。

柯　俊　梅建军

2010年3月15日

前言

金属及合金是人类历史迈向文明史的物质基础之一。中国古代冶金技术曾有过辉煌成就，并对中华民族的统一、生存和发展起了重要作用，但由于在古代，大多数人对冶金技术并不熟悉，甚至会轻视，所以史书中对冶金技术的记载很少，有些与事实差别很大；有些由于古文献记载年代久远或后人假记，或在成书时加入神秘内容使文献中对技术的记述实质不明，或涉及的文字含意不清，造成后来学者对其解释各异，无法轻易得到某项冶金技术；有些古文献失佚，重要的如《浸铜要略》《冶铁志》已佚，只留书名，对研究古代冶金技术造成了困难。另外，古代的一些冶金技术多为传统工艺，技术条件的控制多凭经验及操作熟练程度；还有由于古代原料来源的限制，一些制品多为重复使用。以上诸多原因使中国冶金始于何时何地，不同时期、不同地域有何特点等这些问题的认知需依赖考古发掘出土的金属文物为其提供重要线索。为此，1974年柯俊教授组织并领导北京钢铁学院（现为北京科技大学）成立冶金史研究室（所），组成专职队伍，与文物考古部门密切合作，运用现代实验方法对考古发掘出土的金属文物和冶金遗物进行系统的分析与研究，以阐明中国冶金技术发展历程及其对中国社会、经济与文化的作用。经过40年的冶金史研究，柯俊教授组织的专职队伍取得了重大突破和重要成果，并积累了丰富的经验和技术资料。研究的文物材质包括铜及其合金、金银制品、铅锡及其合金、锌及其合金、不同的生铁制品、钢制品等。涉及种类众多，有容器、农具、工具、兵器、车马器、生活用品、装饰品等。这次研究的时间跨度大，几乎囊括了自中国开始使用金属（公元前3000年）以降约5000年的历史。

美国麻省理工学院材料科学、冶金史专家史密斯（C. S. Smith）教授提出，应该把考古材料中存储的有价值的信息尽可能地挖掘出来，因为在出土的金属文物中存在着许多有意义的信息。这些信息通常与制作技术有关，如使用的矿石、燃料的种类，冶炼技术，铸造、锻造方法，组织、成分及其均匀性、冷热加工情况，夹杂物分布及腐蚀状态等，涉及内涵十分丰富。这些信息也都可以用现代实验方法研究得到重要结果。但是，由于中国悠久的历史、朝代的更迭、民族的迁徙变化，加之风俗、信仰各具地域特色，文化技术交流频繁，冶金技术多凭经验等诸多因素，对金属文物的研究增加了许多困难。研究实践表明，与文物考古工作者密切合作，取长补短，互通信息，遵守信誉，才能使研究工作科学、顺利地完成。正如柯俊教授教导的：冶金史研究是为文物考古学服务的。这也是搞好冶金史研究工作的前提。因此，对金属文物的科学分析和研究是非常必要的，是考古、文物保护、文化遗产及博物馆工作者应该重视的一项任务。中国冶金史的研究将为弘扬中华民族悠久历史，充实文化遗产内容，也将为阐明中国古代科学技术成就提供许多有力的实物证据。本书的任务是介绍我们所在进行显微组织研究时需要了解和学习的相关内容和经验，希望能为青年学者提供有益的参考价值。

目录

第一章 金属文物概述

第一节　金属文物分类

对出土的金属文物有两种分类方法：考古学按金属文物的用途和类型分类；冶金考古学按金属文物的材质、制作技术分类。若将二者的分类方法相互印证及补充，可以揭示金属文物内存在的更多信息。

一、古代金属文物材质

金（Au）、银（Ag）、铜（Cu）、铁（Fe）、铅（Pb）、锡（Sn）、汞（Hg）、锌（Zn）、锑（Sb）等金属元素及其合金，已发现的材质有红铜、砷铜、锡青铜、铅青铜、铅锡青铜、锑青铜、黄铜、铅黄铜、砷白铜、镍白铜、纯铅、纯锡、铅锑和铅锡合金、纯金、纯银、金银合金、银铜合金、金汞齐、陨铁（铁镍合金）、熟铁和不同含碳量的钢、白口铁、灰口铁、韧性铸铁等。材质不同金属文物显示的金属组织各异，这与金属文物的制作技术密切相关。

金属文物的制作技术涉及多种，是影响金属文物使用、性质及埋藏环境中变化的重要原因。已发现金属文物的制作技术有以下五种。

（1）铸造技术：包括石范法和泥范法（分铸、浑铸、铸镶法，铭文与纹饰的制作，垫片及浇冒口的设置，以及叠铸法等），金属范（铸铁模、范及铜模、范）、失蜡法和砂型法、大型金属器物的制作等。

（2）锻造技术：冷锻、铸后冷加工，热锻，大型锻件的制作等。

（3）热处理技术：退火、淬火、渗碳、生铁淋口等。

（4）镶嵌技术：铸镶红铜、错金、错银、金银错等。

（5）表面装饰技术：贴金箔、鎏金、鎏银、镀锡等。

二、考古学对金属文物的分类

考古学者常用的方法是按照用途和性质进行分类。以按器物用途分类为例。首先，根据器物使用用途的不同，将金属文物分为农具、工具、兵器、饪食器、酒器、盥水器、乐器、杂器等类。其次，按各类金属文物在同一时期所呈现的不同形态及同一形态在不同时期的变化，将其分为型或式，有时型可再分亚型。这种方法是中国考古类型学重要而独特的成就。本书是对我国出土的各类金属文物的显微组织及成分特征进行展示，采取的分析方法与考古类型学的分析方法密切相关，即按出土金属器物的用途分类进行研究。

1. 农具

有铜和铁两种材质。关于青铜农具是否对中国古代社会农业生产起过作用，虽然学术界曾有过不同的意见，但随着考古发掘出土农具的不断增多，也证明了青铜农具在中国古代社会经济发展中的作用日趋明显；铁制的农具对封建社会经济发展的推动作用是肯定的，这一点得到了学术界的一致认同。青铜农具的种类包括耒、耜、铲、镢、锛、锸、锄、镰等，而铁农具包括犁铧、耧铧、犁镜、耙、铲、锄、锸、镰、镢、锛等。

2. 铜、铁工具

商周时期，青铜工具出土数量不少，砍伐工具斧和斤在农业和手工业中均使用。锛不仅可以用于开垦土地，还是土木的主要工具。铁质斧、锛工具的功能由于装柄方式的改变，在战国秦汉时期的农业生产中起了重要的作用。包括斧、斤、锛、凿、锯、削刀、锥等。

3. 兵器

分冷兵器和火器。材质亦可分为铜和铁两种。

铜冷兵器：戈、戟、矛、刀、钺、匕首、剑、锤、箭镞、弩机、盾、铠甲等。

铁冷兵器：刀、环首刀、长剑、短剑、枪、矛、铠甲、铁蒺藜、鞭等。

铜火器：火铳、手铳、鸟铳、火炮、加农炮等。

铁火器：前装臼炮（山西博物馆藏1377年制造的最早铸铁火炮）、仿葡萄牙1593年制造的后装大将军铁炮、铸铁子母炮、手雷等。

各类兵器在不同时代、不同地区的形制均有变化，这与军事征战需要、战术变化有关，边远地区的冷兵器又有改进，研究各时期出土工具和兵器的制作技术特点是冶金考古工作者的重要任务。

4. 青铜礼器

早在夏王朝时期，中国就已有了较发达的青铜冶铸业，如在河南偃师二里头遗址中就发现了许多的青铜器，其性质属于二里头文化。在商王朝时期，青铜礼器就已出现。青铜礼器的种类繁多，包括饪食器、酒器、水器、杂器、乐器等。商周时期青铜礼器制作精美，不同时代、不同地区出土的器具组合、形制及纹饰很有特色。关于青铜礼器形制、纹饰、铭文、成分、组织及器物的铸造方法等的研究，国内外许多学者已从不同的角度进行系统全面的研究，并得到了显著成果。

（1）饪食器　包括鼎、甗、斝、鬲、簋、盉、尊、豆、盂、盆等。其中，鼎有圆鼎、鬲鼎、扁足鼎、方鼎等。

（2）酒器　爵、角、觚、斝、尊、壶、觯、盉、方彝。

（3）水器　鉴、盘、汲壶、匜、罍、卣等。

（4）乐器　铙、钲、钟、铎、铃、錞于、鎛、鼓等。

5. 生活用具

发现种类较多，除铜镜有专项研究的生活用具外，其余研究均较少，包括剪、镜、带钩、耳杯、熏炉、鐎斗、灯、摇钱树、棺钉、锁等。

6. 车马器

发现于商代晚期的有马拖驾木车实物。中国古代马车的轭靷式系驾方式是我国早期驾车技术的一项发明①。随着我国考古文物工作的蓬勃发展，有关古代战车，车战兵器装备考古新发现层出不穷，发现有当卢、镳、銮铃、节约、车饰、轴饰、衡饰、舆饰、辕首饰、马冠、马鞍、铁马掌、马镫、铁锚等。但对出土车马器材的金相学研究较少。

7. 饰品

出土的数量和类型众多，如耳饰、指环、项饰、腕饰、牌饰、扣饰、发饰等；其中使用的材质有纯铜、砷铜、青铜、黄铜合金；金银及其合金在此类考古文物中数量最丰富，反映了先民的民俗、信仰、艺术审美等情况。

8. 大型金属制品

佛像、天文仪器、寺庙法器、旗杆、铜牛等，因中国是发明和推广使用铸铁最早的国家，公元七世纪许多大型铸铁件作为历史见证至今屹立在中华大地许多寺庙和庭院之中。如铁牛、铁狮、铁柱、铁桥、铁人、铁塔等。

此外，还有各种金属货币、度量衡器具、符和玺印等。

第二节　金属文物的诊断

由考古学对出土金属文物的分类可明显看到5000年灿烂的中华文明展示有多

---

① 杨泓：《中国古兵与美术考古论集》，文物出版社，2007年，119页。

么丰富而众多的金属文物，四十年对金属文物制作技术的研究只显示其冰山一角，还需要更多年轻科技史工作者开展多学科、多视角的专题研究，在时代、技术、材料的空间，再现金属文物的特点及内涵、文化技术的多民族融合、交流及对社会历史的推动作用，只要喜欢是大有可为的。

一、出土铜器的诊断

对于金属文物必须确认其来源，并有针对性地予以“诊断”。若为发掘出土的金属文物，必须了解其发现的背景资料，即出自墓葬、遗址还是灰坑？出土位置及地层情况，判定年代的依据，涉及金属器物的类型和材质，埋藏环境及锈蚀状况，该墓葬或遗址反映的特点与历史文化背景资料等。若得到的是传世、捐赠或收购的金属文物，对其来源、器物类型、造型、纹饰及材质都要予以特别关注。下面对通过以上两种途径获得铜器的诊断方法做一简单介绍。

1. 对出土铜器的诊断

（1）了解文物出土的历史背景、时代、墓主人、出土放置位置等有关资料，且对属于公元前 16 世纪以前的出土铜器要给予特别的关注。

（2）采用 X 射线照相及探伤的方法，对铜器的锈层厚度、内部状态、残断情况、修补部位、纹饰及铭文、镶嵌及铸造技术的痕迹等进行分析。

（3）分析检测锈蚀产物类型，如有无有害锈（与铜器成分、组织及制作技术和埋葬环境有关）。

（4）清洗去污，确定修复技术保护方案及实施细则，详细记录、照相并存档。

（5）诊断后要有目的地进行分类，选择有代表性的出土铜器或残片进行无损或微损的分析，开展多学科互相结合的专项研究，尽量发掘其中包含的有用的技术信息。

2. 对收购及传世铜器的诊断

了解与收购的铜器相关的出土文物的资料，包括对此文物的类型、纹饰、时代特征、制作技术特点等进行认真观察与研究，要进行成分分析及实体显微镜观察，争取做细致的鉴定研究，进行对比辨伪鉴定，提出有科学根据的报告。

二、出土铁器的诊断

对铁器的诊断，与铜器诊断方法大致相同。下面仅对出土铁器的诊断方法作简要介绍。

了解铁器文物出土的历史背景、时代、墓主人、位置等有关资料，尤其对公元前 5 世纪以前的铁器要给予特别的关注。对判定铁器的种类、材质，有条件要进行取样或进行稳定性检测、氯离子的检测等。对锈蚀程度的诊断，最好对出土铁器进行X射线照相，可以了解铁器锈蚀情况、锈层厚度、有无纹饰或铭文、有无不同材质的镶嵌等。确定修复技术方案、实施，详细记录、存档。选择有代表性的出土铁器或残片进行微损分析，开展多学科互相结合的专项研究，尽量发掘其中包含的有用的技术信息。

第二章 金属文物的金相学研究要点

第一节 古代铜器的鉴定

中国古代自公元前3000年开始使用铜器。古代铜器涉及种类多、数量大，延续时间长，拥有5000年的历史，分布地域广，分别储藏在全国各省、市博物馆、考古队、文物部门及收藏家手中。在古代铜器中存在着各种有意义的信息，冶金史、科学技术史工作者应该把其中存储的有价值的信息尽可能地开发出来，对具体阐明中国古代冶金技术的起源、发展历程及其对中国乃至人类社会历史、文化、技术发展的作用，是非常重要的资料。

40年的研究实践表明，在对不同地域出土的属于不同时代的铜器进行金相学鉴定时一定要区别对待，要和考古工作者密切联系、合作，才能得到新材料、新认识，为中华文明的建立和发展的研究提供更多有价值的证据。这点是北京科技大学冶金与材料史研究所非常重要的经验，希望学者关注。

一、公元前16世纪以前的出土铜器

对于属于公元前16世纪以前的铜器应当给予特别关注，因为早期的铜器出土数量较少，器形较小，纹饰简单，涉及的冶金及制作问题单纯，但它们却在中华文明起源、形成和发展中产生过重要的影响。对于它们的金相学鉴定研究，要按照不同地区、不同时代、不同考古学文化进行研究，对于出土铜器种类、合金成分、制作时使用的锻铸比例、微量元素、制作质量、夹杂物种类、锈蚀产物等都应该进行研究，才能得到较多的重要信息。目前，已经发现的铜器种类有红铜、锡青铜、铅青铜、黄铜、砷铜及多元铜合金等；属于不同考古学文化的铜器的锻

铸比例有别；铜合金的材质在不同地区及不同文化也各有特点。出土的早期铜器一般均由矿料直接冶炼获得。中国古代早期铜器与其他文明古国出土的早期铜器不同，是由铸造的多种铜合金，如黄铜、锡青铜、砷铜合金及红铜制成，尚未发现肯定是由自然铜制成的器物，也没有明确的红铜和使用砷铜的时代。目前的研究表明，中国冶铜技术比中亚地区要晚约 2000 年，其起源及技术特征是中华文明建立与发展研究的重要内容。

二、公元前 15～公元前 8 世纪的出土铜器

公元前 15～公元前 8 世纪，即中国青铜器鼎盛的商周时期，出土的铜器数量很多，一些重要的墓葬都有考古专著出版，为研究商周时期青铜器提供了重要研究资料。商周时期大型青铜器的器体、足、耳、提梁、纹饰、铭文等制作技术有极丰富的内容。目前，对商周铜器的铸造技术研究较多，但其中配之以金相学的研究较少。通过金相学分析表明，虽然进行金相学研究的青铜器数量在出土的所有青铜器物中仅占少数，但仍可以看出此时期的青铜器成分稳定，中原与边远地区的成分各具特色。需要指出的是，对商周时期的青铜器即使进行了成分分析，但由于种种原因也多是随机取样进行的，与考古专著中的铜器研究结合得并不密切，如考古专著中铜器的类型学划分几乎是从器物的形态演变方面进行，很少或没有涉及器物的组成成分，而类型学划分的结果也是反映一个考古学文化的地域文化特点。另外，考古工作者在对器物取样时，并没有注意到器物不同部位的制作可能涉及制作成分组合不同的问题，造成鉴定结果的不准确，而对尚存完整的器物如何取样，特别是对农具、兵器的研究不够全面和细致。在出土铜器器物中，能够采取取样研究的铜器数量所占比例不大，而做金相组织研究的铜器数量所占比例则更少。因此，在考古专著中的数据不能有效地解读更多的问题，这是非常遗憾的，一旦错过机会，再弥补是很困难的。解决这些问题，需要考古、文物保护、科学技术史，特别是与冶金史多学科的紧密联系，各学科工作者的共同合作，并在今后的研究中足够重视，才能使我国冶金史的研究水平不断提高，也为我国的考古学研究开启了一个新的研究领域，让人们更进一步地接近历史的真实。值得庆幸的是，近年对此时间段墓葬或遗址出土铜器制作技术的研究在不断加强，如对陕西周原地区、汉中地区、北京琉璃河西周燕国墓地，以及云南、四川、湖北等地新出土的商周铜器的研究注意到了以往研究中存在的问题。因此，《中国古代金属材料显微组织图谱·有色金属卷》尽可能选取北京科技大学冶金与材料史研究所已取得的研究成果，刊出其显微组织图片以供读者学习和参考。

三、公元前8～公元前3世纪的出土铜器

公元前8～公元前3世纪，即春秋战国时期，出土的铜器，由于此时期历史复杂，民族迁徙、各诸侯国兴衰变化频繁，文化交流众多，又是封建社会的初建时期，与商周时期铜器相比，呈现了不同的特点。例如，出土铜器的种类、造型变化、纹饰繁缛多样；出现了多种镶嵌技术及表面处理技术；出现铜铁复合金属的使用；地域文化特色鲜明；边疆地区金属器物出土数量明显增多，且金银及其合金、铅锡合金、铁质器物登上了中国历史舞台。这一时期的铜器金相学研究出现了极复杂的情况，但也为研究提供了更为丰富的技术、文化的内容。然而，此时出现的铜器的再利用，对铜器的金相学鉴定也会带来困难。目前，为配合大规模的经济建设，对出土金属文物的研究与保护工作已经引起相关部门的重视，有的部门已开始组织专门队伍进行多学科的合作和研究；但是需要更进一步加强保护和研究的力度，如选择典型地域或墓葬群，配合考古工作进行系统的综合研究，才能把这一时期丰富的技术文化内涵充分地发掘出来。

四、公元前2世纪及以后的出土铜器

公元前2世纪，是中国封建王朝建立和巩固的时期。这一时期，社会经济取得空前的发展，尤其是冶铁技术的出现，为生产力水平的提高提供了可能。此时出土的生产工具、农具、兵器及日常生活用具，多为铁制品，因此，对此时出土金属器物的研究以铁器为主，对出土铜器的研究则重点转向铜钱、铜镜、编钟、梵钟、铜鼓、响器、佛造像及天文仪器等方面。然而，无论是铁器还是铜器，进行金相学研究的金属器物依然很少，进行金相学研究分析的金属器物也多是出自重要墓葬成具有代表性的墓葬，如江苏南京京都魏晋南北朝墓、青海都兰唐代吐蕃墓等。

总之，对属于不同时代出土铜器的显微组织研究一定与考古文物工作者密切合作，明确研究的主要目的，在用便携式X射线荧光分析（XKF）仪器普查的基础上，尽可能地把其内在技术信息挖掘出来，再现古代人民的聪明才智，为连续不间断5000年的中华文明，提供新的证据和技术资料。

第二节　古代铁器的技术鉴定

目前对中国古代开始使用铁器的时间，主要通过考古发掘出土的铁器实物进

行判定。对中国冶铁技术起源、发展历程及其时代特征等将在本丛书《中国古代金属材料显微组织图谱·钢铁卷》中进行较详细的记述。

一、陨铁制品

据目前的考古发掘及研究表明：我国最早使用的铁是陨铁，自商中期即公元前14世纪开始使用陨铁制作兵器的刃部，至公元前9～公元前8世纪在西周时期的虢国，这一做法仍在使用，历时500年以上。陨铁的使用虽然时间早，历时长，且铁器多易锈蚀，但通过金相学及电子显微技术可以判定古代出土的金属器物是否为陨铁制品。陨铁为铁镍合金，其特点为锻造性能好、强度高、制作铁刃锋利。至今，经过金相学鉴定的此时出土的古代金属器物共有7件为陨铁制品。这表明古代工匠不仅已认识到了铁与青铜在性质上的差别，而且已熟悉了铁的热加工性能，选择较硬的陨铁材料制作兵器或工具的刃部。值得重视的是，在河南三门峡虢国墓地与陨铁制品同出的有3件经过鉴定是人工冶铁的制品（三门峡虢国墓出6件铁刃兵器和工具，3件为人工冶铁，3件为陨铁制品）。在西周晚期墓葬中铁刃铜器由人工冶铁与陨铁制成且共出，这对于中国考古学和冶金史是非常重要和难得的实物证据。其中，出自M2001和M2009的2件铜内铁援戈，形制相似，纹样风格也类同，而前者为人工冶铁，后者则为陨铁制成，说明此时期并未单纯依赖人工冶铁作为兵器的唯一来源。[①] 早期铁器两种截然不同的“铁”的来源均被人类同时选用，这种现象，在世界其他地区的文明古国，如美索不达米亚、埃及、阿纳托利亚等地也有发现[②]。陨铁与人工冶铁同时使用数百年以上是世界各地区文明古国的共性，中国也应如此，只是以前缺乏实证，虢国墓地6件铁刃铜器的出土，为我们提供了极有说服力的实物证据。

因此，对于考古发掘出土属于早期的铁器（指属于公元前8世纪或以前的出土铁器）必须先确认是人工冶铁还是陨铁制品，值得注意的是，这些铁制品多锈蚀严重，取得留有金属的样品很不容易，给鉴定带来很大困难，应该格外小心。

二、公元前5世纪以前的出土铁器

公元前5世纪以前的铁器，是研究春秋战国时期各诸侯国的社会经济变化及发展很重要的实物资料，应该给予特别的关注。截至2007年，考古发掘出土的公元

---

① 韩汝玢等：《虢国墓出土铁刃铜器的鉴定与研究》，《三门峡虢国墓地》，文物出版社，1999年，第539～573页。

② Waldbaum J C. The First Archaeological Appearance of Iron and the Transition to the Iron Age. The Coming of Iron Age. Yale University Press，1980：69-98.

前5世纪前的铁制品多出自墓葬，除陕西宝鸡益门出土有20余件及湖北老河口出土几十件外，其他地区出土数量均少，且铁制品的分布较分散。由于考古发掘资料发表不及时，有一些著作论述中对器物和遗迹的分期断代不准确，加之有的铁器锈蚀严重、器形难辨，使学术界至今对战国时期以前的冶铁遗址等情况尚不清楚，对考古出土铁器不完全统计的数量近150余件，其分布如图2-1所示。此时期的铁器经冶金考古研究仅41件，虽然数量少，但仍能说明中国早期铁器的使用和人工冶铁的重要特征。

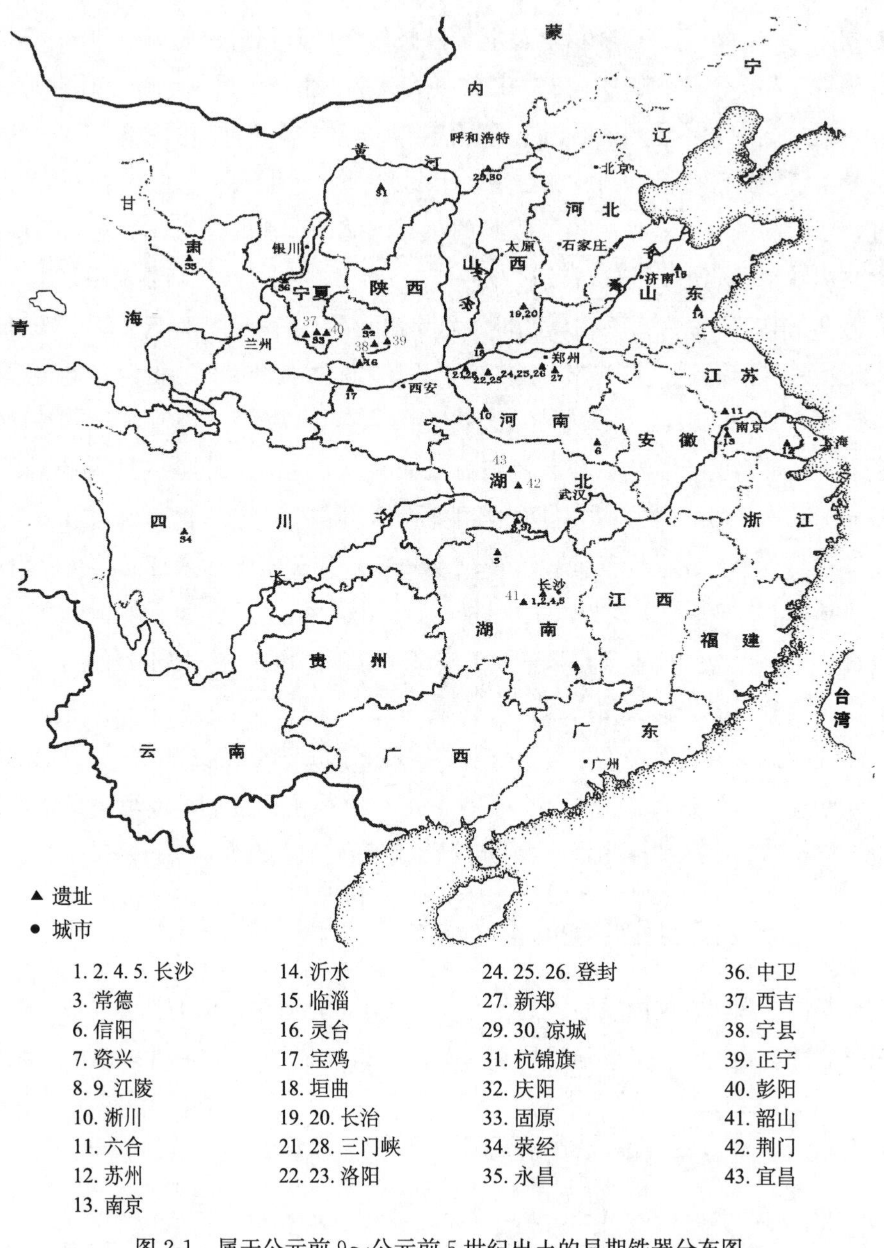

图2-1 属于公元前9～公元前5世纪出土的早期铁器分布图

三、先秦时期的出土铁器

公元前3世纪相当于先秦时期。这一时期出土铁器的数量、品种类型明显增多，涉及的分布范围也逐渐扩大，在云南、广西、广东、贵州、福建、辽宁、内蒙古、吉林、黑龙江、甘青陇山地区都有。因此，对先秦时期出土铁器的研究应该进行地域类型分析。需要引起重视的是，对新疆各地区出土铁器的研究，要根据其特殊的地理环境、文化背景制定出研究方案。依据目前的考古资料，新疆地区铁器的使用时代较早，约公元前1000年甚至更早。器物类型较少，且多锈蚀严重，对器物的辨认与鉴定增加了困难，加之新疆地区地理环境变化恶劣，民族迁徙频繁，技术、文化交流多元等复杂情况，这些给学者对冶铁技术的起源、铁器的制作技术等重要问题的研究带来许多困难。陈戈、唐际根、白云翔等考古专家对新疆的冶铁技术起源及其对中原地区的影响，均有自己的认识，但是缺乏冶金考古工作者对新疆各地出土典型铁器进行金相鉴定的实验结果，因此冶金史工作者必须对新疆地区出土的锈蚀严重的铁器的鉴定给予重视，找到更好的实验方法来判定其制作技术，以便提供更有力的证据，使其对中国冶铁起源、技术的发展及与相邻地区的交流与影响的认识更具说服力。对其他地区，如甘肃、青海、内蒙古等，出土的此时期的铁器，也要给予足够的关注。

四、秦汉时期的出土铁器

秦汉建立了统一的中央集权的封建王朝，其中冶铁技术的发展和铸铁制品普遍使用于农业，对于封建经济的发展起了重大的作用。秦王朝建立后进行了一系列重大的社会改革。汉王朝建立后，为了巩固中央集权，实行富国强兵的政策，发展冶铁生产，加强了封建专政的物质基础。出土的秦汉铁器无论在数量上还是品种和质量上都超过了战国时期的水平，如铁兵器逐渐取代青铜兵器。冶铁遗址的发掘证明了两汉时期新技术、新工艺相继涌现，标志着冶铁和制钢技术进入了一个新的历史阶段。秦汉时期统一多民族封建国家的建立及发展，为钢铁生产不断普及创造了有利条件。考古发掘获得的丰硕成果，为研究秦汉时期铁器的制作技术提供了较为丰富的实物资料，如各地两汉时期墓葬出土的大量铁器，科学发掘和研究数座冶铁遗址、武库遗址等。通过科学发掘和研究，使学者对这一时期钢铁技术的发展有了更加深入系统的认识和了解。加之现代拍摄设备的先进及拍摄技术的提高，为后来学者的研究提供了重要依据和丰富的图片资料。研究表明中国在汉代已经建立了生铁冶炼和生铁炼钢的技术体系。

五、汉魏时期的窖藏铁器

山东莱芜、河南镇平、河南渑池等处均发现了汉魏时期的窖藏铁器。窖藏铁器多数为农具、工具的废旧器物或残次品。自汉代开始，大量的农具、工具采用生产效率高的金属型（铸铁）铸造[①]，窖藏出土的铁器有的铸铁范，有的农具上还铸有铭文，这些珍贵的实物资料为这一时期冶铁技术的发展提供了许多实物例证，具有重要的学术价值。

1965年，辽宁北票西官营子发现两座石椁墓。据史书记载及出土印章考证，考古专家认为一号墓是十六国时期北燕天王冯跋之弟冯素弗墓。墓主人曾官至大司马，在当时北燕的功勋及地位极高。他死于北燕太平七年（公元415年）。二号墓是冯素弗之妻墓。两墓出土的遗物丰富，是首次发现有明确纪年的重要墓葬。[②]北票喇嘛洞墓地是十六国时期鲜卑族遗存，自1992年以来辽宁省文物考古研究所已经进行了5次发掘，1996年被评为全国十大考古发现之一。该墓地规模较大，依山势自上而下，排列有序。考古专家先后清理墓葬300余座，时代为公元3世纪末至4世纪中叶，延续80余年。墓葬规格绝大多数为小型墓，但每墓必出铁器，无一例外。这是至今考古发掘的墓葬中很特殊的情况[③]。该墓地出土的铁器主要有农具、工具和兵器。大量铁器的品种、数量对研究当时该地区的钢铁技术发展水平，了解三燕时期以鲜卑民族为主体社会经济状况及其文化内涵，与相邻地区的经济、技术的交流、发展等均提供了重要的考古实物资料。

六、隋唐时期及其以后的出土铁器

公元7～8世纪以后，由于冶炼技术的进一步提高（如炉形变化、鼓风强化等）、生铁产量的增加、铸造技术的进步，特别是佛教的传入和兴盛（南北朝公元4～5世纪传入、唐代7～8世纪以后兴盛），大型铸铁件出现并受当时人的喜爱。这些大型铸铁件作为历史的见证，至今屹立在中华大地上许多寺庙和庭院中，如铁佛、梵钟、铁塔、镬、幢、铁狮、铁牛、铁人、铁炮、铁旗杆等。大型铸铁件的组织有灰口铁、麻口铁，也有白口铁；是与铸铁件[④]制作时的工艺条件有关，如所属部位的厚薄、浇注时的冷却速度、泥范的厚度、冶炼生铁的成分、铸造的方

① 是将液体金属铸型，以获得铸件的一种铸造方法。铸型是用金属制成，可以反复使用多次。

② 徐秉琨：《鲜卑·三国·古坟——中国、朝鲜、日本古代的文化交流》，辽宁古籍出版社，1996年，60～70页，图版20。

③ 北京科技大学冶金与材料史研究所、辽宁省文物考古研究所：《北票喇嘛洞出土铁器的金相实验研究》，《文物》，2001年第12期。

④ 用铁水铸造而成的物品。

法等。在世界范围内，我国独有的大型铸铁件的研究与保护，受到各国冶金考古学家的关注。2006年科技部新启动了重大支撑项目，组织多学科的人员进行研究。本丛书的《中国古代金属材料显微组织图谱·钢铁卷》也将给出这些新的研究成果。

总之，对属于不同时代的出土钢铁制品，也必须与考古文物工作者密切合作，明确进行制作技术研究的目的及要解决的学术问题，由于出土铁器大多锈蚀严重、且最好进行X射线照相、选择典型器物取样做金相显微组织的分析与制作技术的研究，才能提供有价值的技术信息。

第三章 金属文物显微组织的分析

对金属文物进行显微组织分析的必要性前文已经说明，此处不再赘述，在进行显微组织的鉴定前，要确定出土金属文物的年代。在考古发掘中，铜器、金银器等年代主要参考出土器物墓葬或遗址的年代，或者通过类型学与具有相同或相似考古学文化类型的器物进行对比，依据地层学原理得出其年代。需要指出的是，在国家第九个五年计划重点科技类项目之一的“夏商周断代工程”中社科院考古研究所考古专家们设立了“西周列王的年代学的研究”专项课题，他们根据西周高级贵族大墓，西周青铜器的窖藏、传世品中的成组铜器，依典型铜器的组合，形制、纹饰、铭文的变化，对青铜容器 11 类 352 件进行了类型学的分析，确定属于西周早中晚期的诸王的断代，取得了举世瞩目的研究成果。① 就显微组织分析而言，对铜器、金银器进行成分、组织、制作技术的研究只能提供技术方面的信息，对其年代不能确定具体的数据；但对于出土的钢铁器物则有可能对其直接进行^{14}C的年代测定，要看钢铁器物是否仍存在碳，若含碳较低则还要考虑是否允许采取足够数量的样品进行^{14}C测年；使用出土的铁器直接测年是近年新开发的研究工作，实验技术在不断发展，数据反映的年代有待精确；特别对用煤炼铁的钢铁器物中的碳是死碳，得不到测年的数据。2008 年，由北京大学出版社出版的《科技考古学》一书，是北京大学陈铁梅教授积累 30 余年开设此课的教学经验而撰写的。此书中对各种测年方法的论述非常全面、精辟，对科学技术史工作者和该研究方

① 王世民、陈公柔、张长寿：《西周青铜器分期断代研究》，文物出版社，1999 年。

向的研究生是一部极好的教学、研究用书。

对金属文物的技术分析主要是进行金相学的研究。这项研究可以获得金属文物内部许多的重要技术信息，对于金属文物所反映的铸造工艺方法、表面处理技术等，不是写本书的任务，因此本书只能给出必要的线索，不再展开。金相学研究的重要手段是光学金相显微镜。我们的研究表明，单独使用金相组织观察是不够的，必须配合其他的实验方法，如使用岩相显微镜观察锈蚀产物、夹杂物的种类；X射线衍射或照相仪器的使用；应用电子显微术研究金属文物可进一步揭示内部的显微结构、有无镶嵌金属或铭文。近年来，光学显微镜在仪器设计、制造、使用方面都有新的发展，而电子显微分析仪器则向综合性、多样性方面发展，这为金属文物的金相学研究提供了不少便利。近年来，中国许多省市的博物馆、文物保护研究中心已经建立了研究实验室，购置了必要的仪器设备，为金属文物的科学分析提供了良好的条件；关于金相显微组织分析的研究专著也相继出版，如李士、秦广雍编著的《现代实验技术在考古学中的应用》（科学出版社，1991年），马清林等编著的《中国文物分析鉴别与科学保护》（科学出版社，2001年）等。对于各种大型仪器的原理、仪器分析的方法等还有专著较详细的论述，这些论述是我们学习的重要参考资料，在本书中只做简述，不再赘述。本书只是对学者在使用一些现代仪器设备进行金属文物制作技术的研究时遇到的问题和经验加以介绍；同时对于需要使用的传统而便捷的分析方法在本书中也会记录下来，供研究人员参考。本书是冶金与材料史研究所多年积累的、以研究金属文物的金相组织为主要内容所撰写的图录。因为金属文物的组织随成分、生产工艺的不同而有所变化，所以不同成分的合金显示不同的组织。由于古代工匠制作金属文物多凭经验进行，又没有必要的科学分析手段，因此金属文物的组织形貌、特点均与现代出版的《金属及合金的图谱》有相当大的差别，但仍具有一定的规律。希望把我们多年积累研究的图例介绍给读者，以便在进行冶金史、科学技术史教学和科学研究时作参考。

第一节　金属文物的显微组织金相学研究

一、显微组织

金相显微组织是指在光学显微镜下能够看到金属文物材质内部显示的各组成物的直观形貌。一般极限分辨率为0.2 μm，包含各种相的形状、大小、分布及相对量等重要内容。经浸蚀后的金属文物试样在光学显微镜下观察，可以看到以下组织。

1. 单相组织

包括纯金属和单相合金，如纯铁、陨铁—铁镍合金、自然铜、红铜、铜镍合金、金箔、金银合金等。单相组织金属在显微镜下看到的是多边形晶粒组成的多晶体组织。

2. 两相组织

金属文物显示这类组织较多，如低锡铜合金、锑合金、铜锌合金、铅锡合金、铜铅合金、银铜合金、砷铜合金、碳钢等。

3. 多相组织

金属文物中铜锡铅三元合金制成的器物较多，铅黄铜也是多相组织。古代铸铁器物也显示为多相组织。

影响金属文物显微组织变化的首先是成分，成分组成包括主要元素与微量元素，不同成分的合金显示不同的组织；重要的还有制作技术，金属文物的铸造方法、冷却速度，以及冷热加工、使用状态和埋葬环境影响等多种因素，这些因素都会使显示的显微组织不相同。金属文物若进行表面鎏金、镀锡处理，其显微组织也会显示各自的特点。金属文物显微组织中存在的夹杂，也会提供一些有关使用矿石种类、冶铸方法、锻制技术等的信息。

二、金相学简史

金相学是研究金属及合金内部组织和结构的学科，是从19世纪初开始逐步形成的。随着这一学科研究领域的不断扩大，自20世纪20年代开始，各国对这一学科领域有了不同的称呼，如在德国逐渐改用“metallkunda”（金属学）来表征这一学科；在苏联，相应的名词为“металловедение”；在英国、美国等国家相应地改称“physical metallurgy ”（物理冶金）。金相学成为金属学的一个分支学科，常用来指以研究显微组织为主的部分。[①] 金相学最重要的手段是光学金相显微镜和电子显微学。利用X射线衍射或电子衍射等进行的金属结构分析和利用各种电子光学仪器进行的金属微区成分分析也包括在金相学所研究的范畴内。

19世纪末至20世纪前叶，钢的一般成分化学分析方法已经建立，观察大于微米级的显微组织的金相学技术已经普遍应用，通过物理性能测定或热分析方法研究相变已积累了一定经验，用相律指导相图的工作也正在大量开展，这些都为金相学的发展提供了条件。

1863年，英国人索比（H. C. Sorby）首次用显微镜观察经抛光并腐蚀的钢铁试片，解开了金相学的序幕。他在锻铁中观察到类似在铁陨石中观察到的组织，称之为魏氏组织。后来，他又进一步完善了金相抛光技术，在摄影师的协助下，

---

① 中国大百科全书总编辑委员会：《中国大百科全书·矿冶》，中国大百科全书出版社，1984年，第350页。

拍摄了钢与铁的显微像，基本搞清了其中的主要相，并对钢的淬火、回火等相变做了到现在看来还基本正确的解释。索比是国际公认的金相学创建人。索比1926年出生于英国谢菲尔德（Sheffield）城中的一个钢铁世家中，之后并继承了其前辈开办的两家刀具厂的其中之一。不过，他生性酷爱自然，很少过问他的产业，一直是从事地质与金属的研究，成为一名自由研究工作者。晚年的他热心教育，任谢菲尔德大学的第一任校长。他终生未婚，以探讨自然奥秘为乐，共发表论文230篇，其中金属论文15篇。此外，他还讨论了晶粒、再结晶、形变中晶粒的变化等。因此，称他为金相学的奠基人是很恰当的。

1868年，俄国人切尔诺夫（Д. К. Чернов）揭示了相变的存在。1876年由吉布斯（J. W. Gibbs）创建相律后，于1900年巴基乌斯-洛兹本（H. W. Bakhius-Rozeboom）首先将相律应用于合金组成的研究，这对合金相图工作有重大意义。相图的测定与理论工作从此逐步展开。1932年，马辛（G. Masing）以德文出版了《三元系》一书，是有关相图的第一部著作。1935年，马什（J. S. Marsh）出版了《相图原理》。1936年汉森（M. Hansen）出版了《二元系相图》一书，自此之后相图测试技术逐步完善，相图的热力学探讨不断加深。迄今，制成的较完整的二元合金相图已达数百，二元相图或三元等温截面及三元垂直截面的积累也以千计。美国金属学会历次出版的《金属手册》中比较完整地刊载了经过逐年修改和补充的二元系和三元系相图。①

三、相律

相律（phase rule）是处于热力学平衡状态系统中自由度与组元数和相数之间关系的规律，通常简称相律。它是1876年由吉布斯导出的，故又称吉布斯相律。吉布斯相律有以下四个基本概念。

（1）相。是指系统中性质与成分均匀一致的部分，享有自身的物理和化学特性，并且理论上是可以机械分离的。相与相之间有界面隔开。相可以是固态、液态或气态。由于气体是互溶的，平衡系统中气相数只能为1，但液相和固相则可能有两种或两种以上。合金材料中相的种类、大小、形态与分布构成了其显微组织。

（2）相平衡。是指多相体系中，所有相的强度性能（如温度、压强及每个组分②在所有相中的化学位等）均相等，且体系的性质不会自发的随时间的变化而变化，而是呈现一种平衡状态，即相平衡状态。对于有能量交换的体系，恒温恒压

① 中国大百科全书总编辑委员会：《中国大百科全书　矿冶》，中国大百科全书出版社，1984年，第691页。

② 确定平衡系统中的所有各项的组成所需要的最少数目的独立物种。

过程总是朝吉布斯自由能[1]降低的方向进行。平衡状态下的吉布斯自由能最低。因此，在恒温恒压下体系中吉布斯自由能最低的状态就是相平衡状态。

（3）组元。是决定各平衡相的成分，是可以独立变化的组分（元素或化合物）。如果系统中各组分之间存在相互约束关系，如化学反应等，那么组元数便小于组分数，也就是说，在包含有几种元素或化合物的化学反应中，不是所有参加反应的组分都是这个系统的组员。不过，在许多合金系统中，组元数往往就等于构成这个系统的化学元素的数目。

（4）自由度。是可以在一定范围内任意改变而不引起相的产生与消失的最大变量数，又称为独立变量数。决定系统平衡状态的变量，包括系统的组成和外界条件，其中外界条件通常仅指成分、温度和压强。

当外界影响因素只有温度和压强两个度量时，相律指出，在任何热力学平衡系统中，自由度 F、组元数 C 和相数 P 之间存在如下关系：

$$F=C-P+2$$

相律实现图的基本规律之一就是任何相图都必须遵从相律。但是，相律只是对可能存在的平衡状态的一个定性描述，它可以给出一个相图中可能有些什么点、什么线和什么区，却不能给出这些点、线、区的具体位置。

四、相图

相图表示在一定条件下，处于热力学平衡状态下的物质系统平衡相之间关系的图形，又称状态图。相图中的每一点都反映在一定条件下，某一成分的材料平衡状态下由什么样的相组成及各相的成分与含量。

自吉布斯于 1876 年创建相律后[2]，不少科学工作者应用相律或更加复杂的热力学推导，详细地研究了相图的形态与构筑相律。1900 年，巴基乌斯-洛兹本（H. W. Bakhius-Roozeboom）首先把相律应用于合金组成的研究，制成第一幅较完善的铁碳相图[3]。这对合金相图工作有重大意义。相图的测定和理论工作从此逐步展开。1897～1905 年，海科克（Heycoca）和内维尔（Neville）曾测定一些二元系由液相开始凝固为固相的平衡温度。1903～1915 年，德国塔曼（Tammann）学派发表了许多合金系的平衡图[4]。1932 年马辛（G. Masing）以德文出版了《三元系》

---

① 中国大百科全书总编辑委员会：《中国大百科全书·矿冶》，中国大百科全书出版社，1984 年，第 880 页。自由能公式：$G=U-TS+PV=H-TS$。U 为内能，P 为压力，V 为体积，H 为焓，S 为熵，T 为绝对温度。

② Gibbs W. The Collected Works. Vol. 1. Yale University Press，1957.

③ Bakhuis-Roozeboom H W. Die Hetergenen Gleiehgewiehere vom Standpunkte der Phasenlehre. Vol. 1-Vol. 3. Braunsxhweig 1901～1903.

④ Tammam G Z. Anorg Chem. 1903. 37：303；1905，45：24；1905，47：287.

一书，是有关相图的第一部专著，1935 年马什（J. S. Marsh）出版了《相图原理》，1936 年汉森（M. Hansen）出版了《二元合金相图》[①] 一书。以后相图测试技术逐步完善，相图的热力学探讨不断加深。20 世纪 30 年代，X 射线衍射技术在相结构分析方面的应用，极大地推动了相图实测工作的开展。20 世纪 40 年代后，随着现代实验手段的出现与不断完善，相图测定无论在速度还是准确性方面都有明显的提高。至今，人们已经积累了大量珍贵的实测相图数据资料，其中大部分都汇编成册并得到广泛应用，如 T. B. Massalski 1986 年出版的两卷集《二元合金相图》（该书于 1990 年再版，增为三卷集）[②] 等。在相图计算方面，电子计算机与相图热力学的结合，使相图的数值计算取得了长足进展。20 世纪 70 年代以来，成功计算与预测了许多合金、陶瓷、熔盐及聚合物的相图，建立了一系列相图热力学数据库，从而为研究和探索这些材料的相变理论，以及新材料设计提供了科学依据。与此同时，国内外出版了大量关于相图的基本理论与实际应用的专著。从相图可以了解各种不同浓度合金在一定温度（压强）下所存在的相，还可以得到冷却及加热过程相变化的知识以及组织和性能变化的信息。所以，相图是研究金属和合金的成分、组织和性能关系的基础，也是研究金属文物显微组织所必须学习和掌握的基本知识。[③]

五、杠杆定律

杠杆定律是质量守恒定律的一种表达方式，也是通过相图来确定各相含量的重要表达式。例如，两组元在液相和固相完全互溶的二元相图（图 3-1）。在图 3-1（a）图中，如果成分为 O 的材料在 T_1 的温度下，将分解为 α 和 β 两相，两相的质量比：$m_\alpha/m_\beta=O_\beta/O_\alpha$。同样，在图 3-1（b）所示的三元系中，如果成分为 O_1 的材料在等温截面所代表的温度下将分解为 α 与 β 两相，两相的质量比为：$m_\alpha/m_\beta=O_1\beta_1/O_1\alpha_1$；如果成分为 O_2 的材料在等温截面所代表的温度下，将分解为 α、β、γ 三相，三相的质量比为：$m_\alpha/m_\beta/m_\gamma=S_{O_2\beta_2\gamma_2}/S_{O_2\alpha_2\gamma_2}/S_{O_2\alpha_2\beta_2}=O_2P/P\alpha_2 : O_2\alpha_2/P\alpha_2P\gamma_2/\beta_2\gamma_2 : O_2\alpha_2/P\alpha_2P\beta_2/\beta_2\gamma_2$。

六、二元合金状态图读图法

北京钢铁学院（现称北京科技大学）宋维锡教授撰写的《金属学及热处理》（科学出版社，1980 年）一书总结了如何正确读懂构成复杂二元相图。我们认为这

---

① Hansen M. Consititution of Bianry Alloy. New York：McGrawHill Inc. 1966.

② Massalski T B. Handbook of Bianry Alloy Phase Diagrams. ASM International，Materials Park，OH，1990.

③ 中国大百科全书总编辑委员会：《中国大百科全书·矿冶》，中国大百科全书出版社，1984 年，第 691 页。

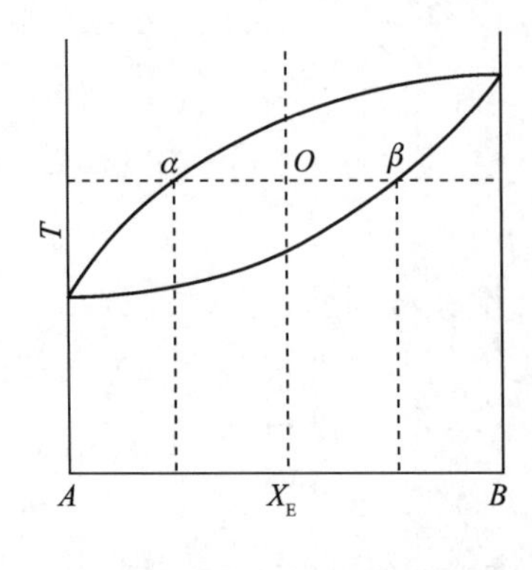

(a) 杠杆定律在二元相图中的应用

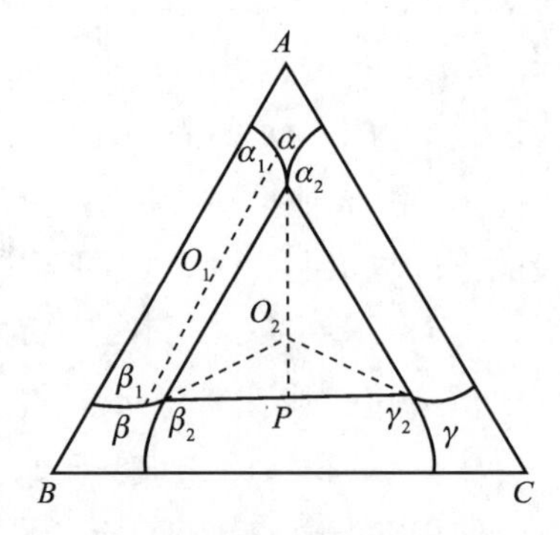

(b) 杠杆定律在三元相图中的应用

图 3-1　杠杆定律在相图中的应用

些知识对于冶金科技考古工作者是应该知道的知识，现摘录宋教授对二元图试读法内容。[①]

实际上，在二元合金相图中有的图形比较复杂，对这样的图形进行正确的分析，就可以发现，它们的基本组成单元大部分是匀晶、共晶、包晶、共析、包析等基本图形。所以，只要熟练掌握上述基本图形的特点，同时掌握由基本反应构成复杂相图的规律，就能正确地读懂二元相图。

(1) 单相区的确定。液相线以上的区域为液相区；靠着纯组元的封闭区是以该组元为基础的单项固溶体区。状态图中除代表两组元的垂直线以外，若出现另一条垂直线，则该线代表形成一定成分的化合物，如果该化合物有固定熔点，就是稳定化合物。分析状态图时，可将其视为纯组元，并将其状态图分为几个单独部分来分析。当图中出现水平线时，一条水平线必然连着三个单相区，这三个单相区分别处于水平线的两端与中间。

(2) 两相区的确定。两个单相区之间，必夹有一个两相区。根据杠杆定律，两相区必定由相邻相区的两个相组成。两相中如遇到固溶线倾斜的情况，会发生二次晶的析出。

(3) 三相水平线分析。在二元图中，水平线是三相平衡线，理解这些水平线的性质，是分析复杂相图中各类反应的关键。二元图中的三相水平线可归纳为四种反应（表 3-1）。

表 3-1　二元图各类图形的特征

序号	反应名称	图形特征	反应式	说　明
1	共晶反应	固$_1$ α ＞—— 液 L ——＜ 固$_2$ β	液⟶固$_1$＋固$_2$ L⟶$α+β$	从液相中同时结晶出两种不同成分固相的反应

① 宋维锡：《金属学及热处理》，科学出版社，1980 年，第 79～80 页。

续表

序号	反应名称	图形特征	反应式	说　明
2	共析反应		固$_1$ ⟶ 固$_2$+固$_3$ $\gamma \longrightarrow \alpha+\beta$	从一个固相中同时析出两个不同成分固相的反应
3	包晶反应		液+固$_1$ ⟶ 固$_2$ $L+\beta \longrightarrow \alpha$	一个液相包一个固相形成另一个成分固相的反应
4	包析反应		固$_1$+固$_2$ ⟶ 固$_3$ $\gamma+\beta \longrightarrow \alpha$	一个固相包另一个固相形成第三个固相的反应

由表3-1可见，表中的每一条水平线两端及中间的一点伸出六条线段，每一对线段所包围的区域是一个单相区（用L、α、β、γ表示），如果单相区为一固定成分的化合物或纯金属，则两条并为一条。根据单相区在水平线段的上、下、左、右各方的分布状况与相的性质便可确定该反应的类型。

第二节　金属文物金相学研究常用的相图

从相图中可以了解各种不同浓度的合金在一定温度（压强）下所存在的相，还可以得到冷却及加热过程相的变化的知识，从而得到组织和性能变化的信息，所以相图是研究金属和合金成分、组织和性能的关系的基础。相图也为铸造、热处理、加工和焊接提供必要指导性的知识。但需要强调的是，相图所指示的相是不随外界条件变化的平衡状态，在应用时要注意这点。

对于指导金属文物金相学研究的二元相图有：Cu-O、Cu-S、Cu-Sn、Cu-Pb、Cu-Sb、Cu-As、Cu-Zn、Cu-Pb、Cu-Ni、Cu-Fe、Ag-Cu、Au-Ag、Au-Hg、Pb-Sn、Fe-C、Fe-S、Fe-P等。

对于金属文物显微组织研究中的相图只介绍与之相关的二元、三元合金相图，对相图的建立、表示方法、典型结晶分析等内容，请参考金属学的基础，此处不作详细介绍。本书的相图多采自*ASM handbook*①第三卷的合金相图（图3-2）。此书是韩汝玢于1996年8月访问美国里海大学材料科学与工程系时由M. Notis教授赠送给北京科技大学冶金与材料史研究所使用的（图3-3）。

与金属文物显示的显微组织有关的二元相图有以下七种类型。

① 是金属及材料工程学上的最具权威性的参考资料。

图 3-2　ASM 合金相图手册第三卷

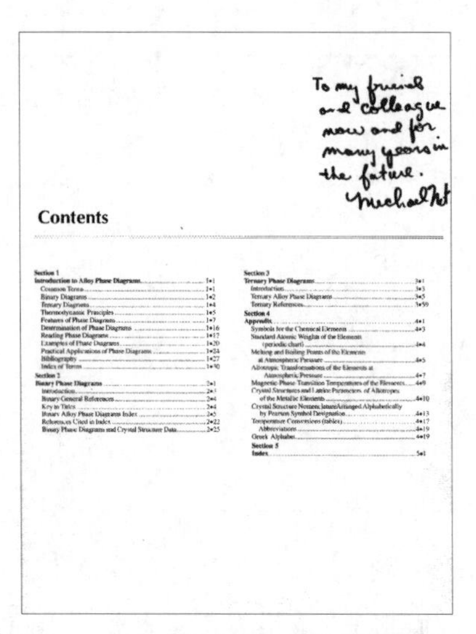

To my friend
and colleague
now and for
many years in
the future.
Michael

Contents

图 3-3　第三卷内容及赠书教授签字

一、无限互溶匀晶二元相图

无限互溶匀晶二元相图是指在元素周期表中位置相邻、晶格类型相同和晶格常数相近，能组成无限固溶体的组元。此类相图与金属文物显微组织研究有关的是铜镍合金（图 3-4）与金银合金的状态图（图 3-9）。

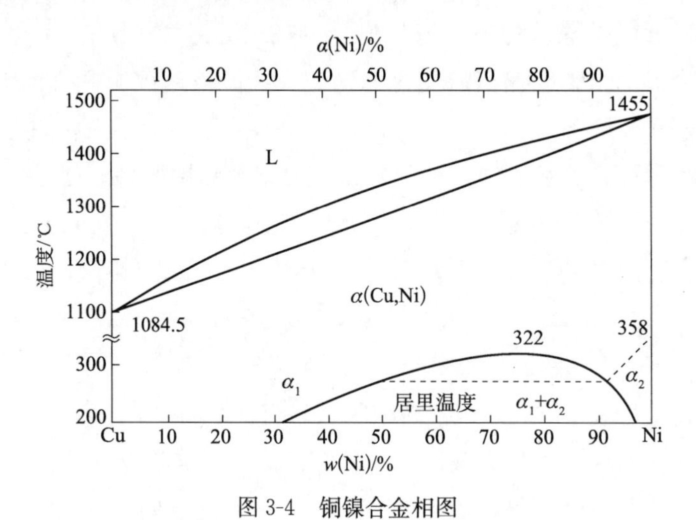

图 3-4　铜镍合金相图

1. 铜镍二元合金相图

铜镍合金相图存在的液相线与固相线，其特点是在结晶过程生成具有面心立方结构的连续固溶体。与金属文物有关的是铜镍合金固溶体。铜镍合金古称镍白铜。

当二元铜镍合金缓慢冷却而结晶时，获得浓度均匀的固溶体。固溶体在显微镜下与纯金属类似，是由多面体的晶粒组成，见图 3-5（a）；在实际制作产品时，冷却速度快，扩散过程来不及充分进行，在固相中扩散困难，各部位具有不同的浓度。这种浓度不均匀现象称为晶内偏析，呈树枝状分布，又称树状偏析，见图 3-5（b）。液相线与固相线之间距离越大，晶内偏析越严重，如果经过加热，可以消除偏析，得到完全均匀的多面体晶粒的组织，见图 3-5（a）。这种处理称为均匀化。

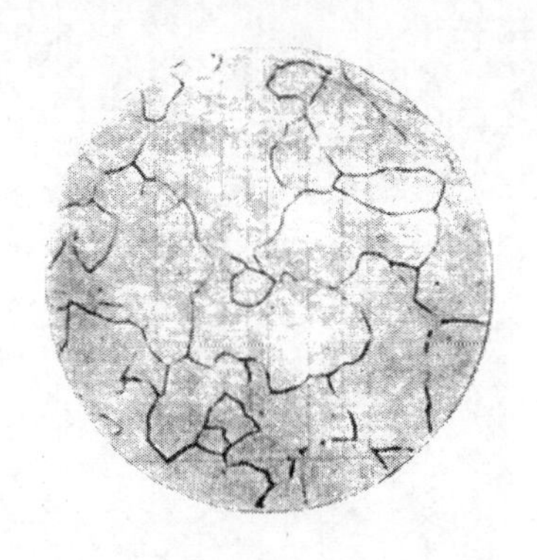

(a) 铜镍合金单相固溶体的组织

(b) 铜镍合金的树枝状偏析

图 3-5　铜镍合金相图分析

从文献记载可知，中国镍白铜的大量生产和应用，始于明代而盛于清代。据《会川卫志》载“明白铜厂课银五两四钱八分”，说明四川会理县至迟明代已存在向官府纳税的白铜厂。到清代，会理仍是镍白铜重要的生产基地。但是，在 21 世纪前的考古发掘中尚未见有二元合金的镍白铜文物，倒是有两件铜镍锌三元合金的器物。一件是中国国家博物馆所藏的“库银”（图 3-6），经分析为铜镍锌三元合金，平均含镍 8.9%，锌 29.9%，铜 48.4%，还有少量铁和铅。据“库银”铭文记“大宋淳熙十四年造”可知其造于公元 1187 年。另一件是出土于西安半坡遗址仰韶文化扰乱层中的白铜片（图 3-7），其成分为含镍 16%、锌 24%、铜 60%的铜镍锌三元合金。已故的夏鼐先生推断其年代不早于宋徽宗时期（1101～1125 年）。这说明至迟宋代我国的镍白铜已是铜镍锌三元合金了。然而，到目前为止对它们没有作显微组织分析。

东晋常璩所撰的《华阳国志》卷四记载：“螳螂县因山名也，出银、铅、白铜、杂药。”螳螂县故城在今云南省会泽县北，辖今会泽、巧家、东川等县、市、地。东川产铜，相邻近的四川会理县产铜镍矿，两地有驿道相通。汉晋时期生产镍白铜是有可能的。1985 年梅建军在柯俊教授的指导下，对中国的镍白铜、云南白铜（铜镍锌三元合金）进行了较深入的研究；[①] 2001 年，李晓岑赴云南牟定县考

① 梅建军、柯俊：《中国古代镍白铜冶炼技术的研究》，《自然科学史研究》1989 年第 1 期。

图 3-6　国家博物馆藏品“大宋淳熙十四年造库银二十两”

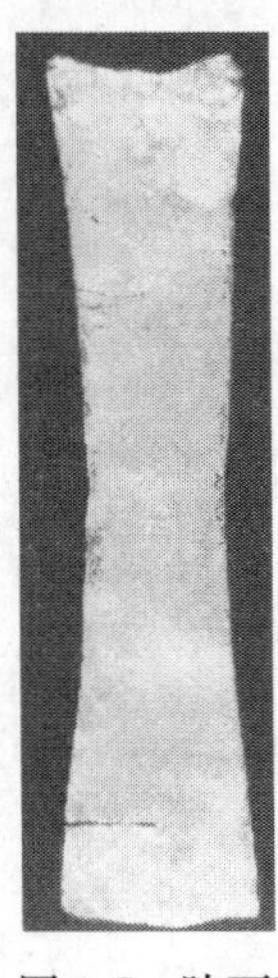
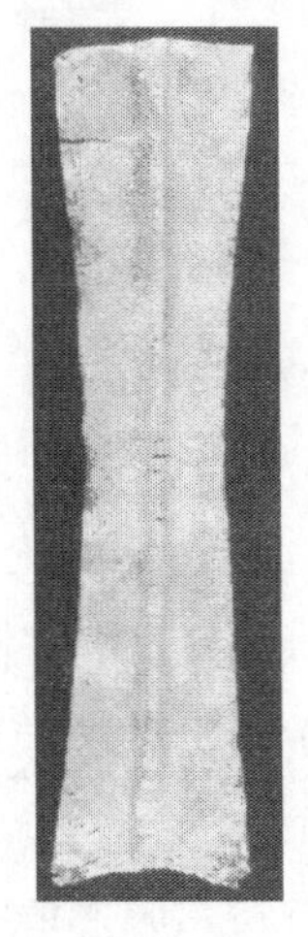

图 3-7　陕西西安出土宋代白铜片

察近代镍白铜的生产情况，不久出版了《云南民族民间工艺技术》一书①。取回的白铜块在进行了显微组织及成分测定之后，其基体组织显示是铜镍二元合金固溶体，含镍为 13.4%、6.2%，无锌（图 3-8）。

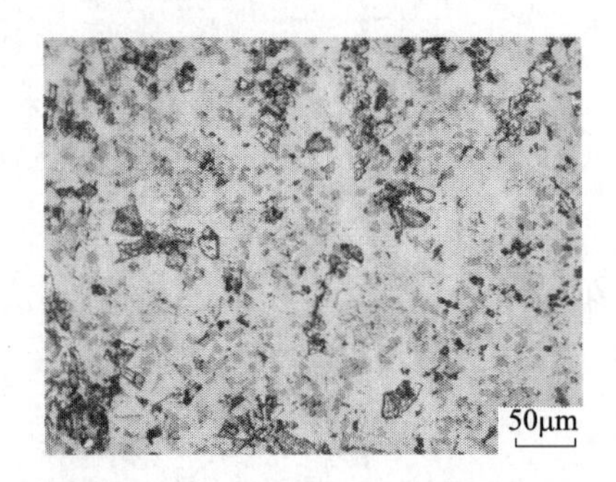

图 3-8　云南牟定白铜块的金相组织

① 李晓岑、朱霞：《云南民族民间工艺技术》，中国书籍出版社，2005 年，第 75～85 页。

2. 金银合金二元相图

图 3-9 也是无限互溶匀晶固溶体。由相图可知，纯金、纯银及金银合金制品是可以存在的，也是均可以在金属文物中发现的，但以金银合金较多。金制品大多由天然金制成，其中含银或银和铜。天然金在古代不需冶炼，且容易加工，具有抗蚀性，耐久性强，可以反复使用。R. Tylecote 指出："只要哪个地方有黄金，就派出劳力去采集。""富裕的小亚细亚（Asia Minor）和费太尔·克雷斯森特（Fertile Crescent）诸文明，特别是古埃及，这些国家都有庞大的军队，可以掠夺别国或勒索贡金。黄金过去和现在一样，总是不断转手，只是所用的理由不同而已。"① 目前，在南美地区发现最早使用的金属就是天然金。金制品有美丽的金黄色光泽和良好的化学稳定性，是人类较早使用的金属之一。目前发现最早的金制品年代为公元前 5000 年，即在埃及发现的拜达里文化时期的黄金制品。在公元前 3000 年前后，西亚两河流域的乌尔王朝和公元前第 3 千纪希腊的特洛伊均发现黄金器皿。秘鲁对金的加工始于公元前 1500 年。

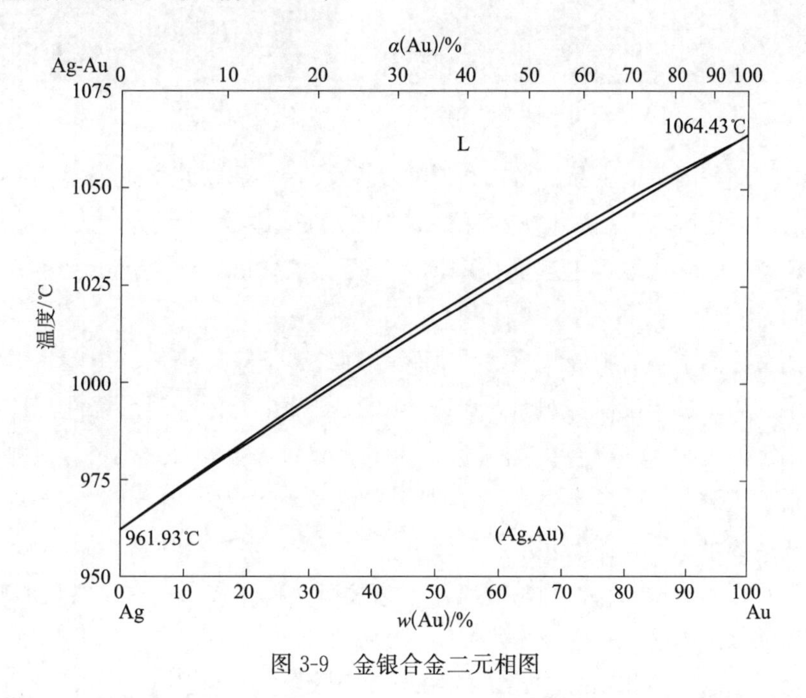

图 3-9　金银合金二元相图

最早的银器出现在伊拉克美索不达米亚的乌鲁克文化，也可见于埃及的格尔塞文化。其后的希腊文化、罗马、萨珊王朝、波斯均广泛使用金银器。②

我国最早的金制品出土于甘肃玉门火烧沟墓地。在 312 座墓葬中有 106 座出土铜器，共计 200 余件，其中以工具和饰品较多。在玉门火烧沟墓地出土了时代最早

① Tylecote R F. A History of Metallurgy. Avon：Bath Press，1992：44.

② Tylecote R F. A History of Metallurgy. Avon：Bath Press，1992：45.

的金耳环（图 3-10），含银 7%；北京大学文博学院陈建立博士有机会对玉门火烧沟出土的 15 件金耳环进行了无损检测和表面观察，其研究结果在 2014 年的《中国古代金属冶铸文明新探》一书中刊出。研究结果表明这 15 对金耳环都是含金为 92%～97%、不含铜的制品。[①] 此外，火烧沟还出土了金、银或青铜制作的鼻环（图 3-11），齐头合缝。鼻环出土时多位于人头部下侧。赤峰大甸子墓地夏家店下层文化 M516 出土金耳环 1 件，民乐东灰山遗址 M223 出土金耳饰 1 件，其形制与铜质类似。

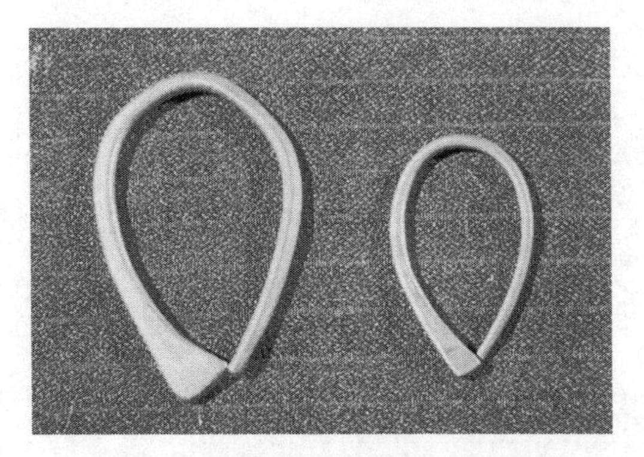

图 3-10　甘肃玉门火烧沟出土的金耳环

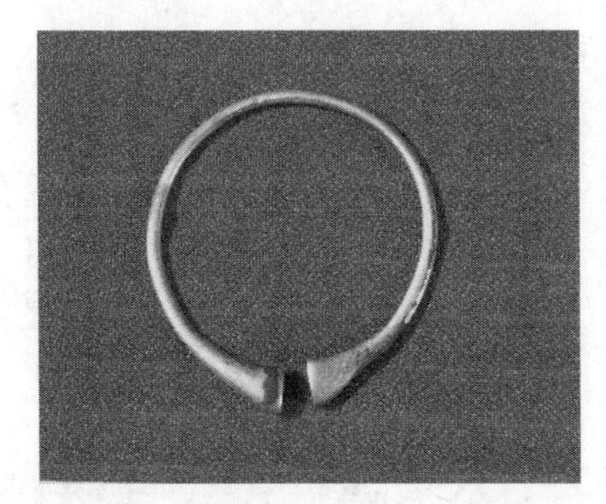

图 3-11　甘肃玉门火烧沟出土的银鼻环

先秦时期我国黄金制品的分布可分两大区域，一是以商周王朝统治中心地区为代表的中原地区，二是以北方草原民族分布的长城内外地区为代表的北方地区。两区发现金器的年代均可上起商代中期，下至秦汉之际，但金器的品种和特征却显著不同。

以商文化为中心的中原地区，在河南、河北、北京、山西、内蒙古等地的商代遗址中均出土过金银器。例如，1959 年山西石楼出土的金珥形饰件，1972 年河北卢龙出土的金钏，1977 年北京平谷出土的金臂钏、金耳环、金笄，其中仅金笄做了分析，重 108.7g，含金为 85%，是铸造成型。[②]

这些地区出土的金器能允许做成分分析的较少，多数是用便携式 XRF 合金分析仪进行定性分析检测。检测结果成分中均含银，较多含铜，为自然金的制成品。铸态金器的显微组织至今尚未见研究结果的报告。

西周以前的墓葬和遗址中出土的用于装饰的金箔、金片金叶等，均为贴于其他物件上的附属物。金叶和金片在安阳殷墟大型墓和中型墓中有较多出土，其形状有圆形、菱形、梯形、长条形和不规则形状等。例如，安阳大司空村 M171 出土的金片厚度为（0.01±0.001）mm，金相组织为晶粒大小不均匀的等轴晶，晶界

① 陈建立：《中国古代金属冶铸文明新探》，科学出版社，2014 年，第 388～390 页。

② 杨小林：《中国细金》，科学出版社，2008 年，第 8 页。

平直，是经过锤锻加工和退火处理的。[①] 商代中晚期出土的金箔、金叶也较为普遍，如山东益都苏埠屯、河南辉县琉璃阁142号墓均出土商代的金叶和金箔。另外，四川三星堆出土的商代金器最多，有100余件；成都金沙遗址出土商晚期至西周晚期金质器有50余件，如金面饰（图3-12）、金薄片蛙形饰（图3-13）及四鸟绕日金饰（图3-14）。

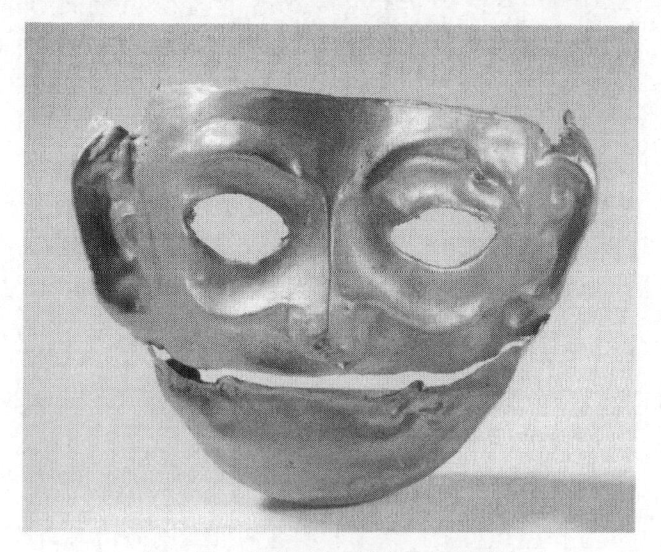

图3-12　四川广汉三星堆出土金面具

图3-13　四川成都波乡金沙广汉出土商代金薄片蛙形饰

① 齐东方：《中国早期金银工艺初论》，《文物季刊》，1998年第2期。

图 3-14　四川成都波乡金沙出土商代太阳神鸟金箔饰

曾中懋对四川广汉三星堆遗址出土的 14 件金制品进行了成分分析，含金 82.5%～86.2%，含银 11.0%～14.5%，含铜 0.1%～0.6%，经过分析，曾中懋认为这些金制品是自然金锻打而成的。[①] 孙淑云对 K1：251 金箔和 K2③：01 金面具耳部样品进行了显微组织检测，结果表明这两件金制品均为晶粒粗大且有孪晶组织，其制作方法系经过锻打后又退火制成的。三星堆 1 号祭祀坑出土的 K1：39 金料块，两面平整，形状呈不规则长方形，表面有很多缩孔，侧面留有浇口，可能是打制金器的金锭。[②]

四川成都金沙遗址出土的晚商至西周初金制品多为金薄片或金箔类饰片，厚度在 0.1～0.2mm，最厚可达 0.4mm 左右；肖璘等对其进行了成分测定，结果表明金制品含金 83%～94.2%、银 5.1%～16%和铜 0.2%～1.6%，为自然金制品。[③]

河北藁城台西出土有云雷纹的金片厚度不到 1mm。[④] 到了春秋晚期，中原地区的金器有了更大的发展，不仅出土数量增加，且器物种类和制作工艺均有了明显的提高。金器饰品有带钩、带扣、泡、环、络饰、串珠等。

战国中后期，黄金及银被大量用作货币。最著名的是河南扶风古城村出土的楚金银币。1974 年社员在古城内挖石灰池时，发现两件锈结在一起的铜器，上为

① 曾中懋：《三星堆祭祀坑出土金器的成分分析》，《文物科技研究》（第二辑），科学出版社，2004 年，第 178～182 页。

② 谭德睿、孙淑云：《金属工艺》，大象出版社，2007 年，第 225 页。

③ 肖璘、杨军昌、韩汝玢：《四川成都金沙村遗址出土金属器的实验分析与研究》，《文物》，2004 年第 4 期。

④ 河北省文物研究所：《藁城台西商代墓葬》，文物出版社，1977 年，第 145 页。

铜鼎，内装银币 18 块，重 3072.9 克；下为铜壶，内有金币 392 块，重 8183.3 克；印文“郢爰”“陈爰”的金版 195 块，金饼 197 块。这金银币经过定性分析，确定是金银合金，铸制，并有切割痕。这是战国时期流通货币的证明。[①] 另外，在安徽寿县也发现了楚国金币，大的 18 块，小的 1 块，共重 5187.25 克，并伴出金叶残片、小金粒和呈牙状、发丝状、或呈韭页形而尾端为管状的金质物件；[②] 在安徽阜阳地区出土的“郢爰”“陈爰”含金量达 94%～98%。[③] 江苏盱眙出土了目前最大的郢爰金版，重 610 克。这些出土实物表明楚国辖区内出土的铜器表面用鎏金、金银镶嵌技术装饰已臻完善。

比较而言，北方地区用金银及其合金制作装饰品较为普遍，最常见的是耳环、耳坠、牌饰、臂钏、项圈和发笄等。内蒙古阿鲁柴登战国晚期窖藏出土金器 218 件，重达 4000 余克。[④] 此金器几乎使用了金细工艺中的全部技术，包括范铸、锤、镌镂、抽丝、掐丝、镶嵌等。吉林榆树老河深出土的金耳环、金、银条形饰品等也很有地方特色。[⑤] 由于金器制品均很完整，大部分都未能进行过制作技术的鉴定。

由于金质地柔软，具有极为良好的延展性，在所有金属中居首位，可锤打成 0.001mm 厚的金箔片。金的熔点为 1064℃，液态时流动性较好，冷凝时间也较长，所以浇注温度可略低于金属铜，而且容易制作精细的制品。先秦时期的金制品铸造方法应该与青铜器铸造方法基本相同。金在冷凝过程中，液态收缩和凝固收缩均会在表面留下缩松和缩孔。宏观缩松用肉眼或放大镜就可观察到，如杨军昌对陕西凤翔县雍城遗址 M1 出土的金泡（编号凤南 M1-51）进行了细致观察（图 3-15）。

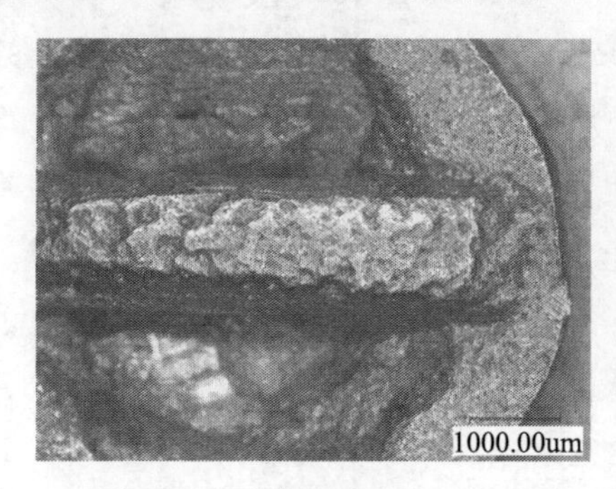

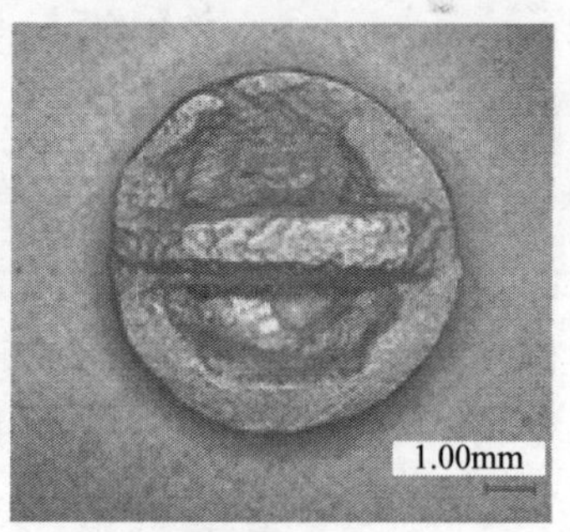

图 3-15　陕西凤翔县雍城遗址出土金泡（凤南 M1-51）背表面宏观缩松的局部照片

① 河南省博物馆、扶沟县文化馆：《河南扶风古城村出土的楚金银币》，《文物》1980 年第 10 期。

② 涂书田：《安徽省寿县出土一大批楚金币》，《文物》1980 年第 10 期。

③ 阜阳地区展览馆：《安徽阜阳地区出土的楚国金币》，《考古》1973 年第 3 期。

④ 田广金、郭素新：《阿鲁柴登发现的金银器》，《鄂尔多斯式青铜器》，文物出版社，1986 年，第 342 页。

⑤ 韩汝玢：《吉林榆树老河深鲜卑墓葬出土金属文物研究》，《吉林榆树老河深》，文物出版社，1987 年，第 30 页。

在图3-15中，可以清楚看到液态金在凝固后所产生的收缩特征，因此可以判定此金泡为铸造成型。杨军昌特别提到在陕西凤翔雍城遗址出土有数十件金线绕成的“弹簧状”器物（编号000093）（图3-16、图3-17）。在实体显微镜下观察发现，这类金质“弹簧状器物”表面都有平行的流线痕迹存在，这种流线特征的痕迹与现代拉拔成形的金属线表面的痕迹极相似。一般在生产过程中，金属材料都要经过一系列孔径尺寸递减的模具，才能制作出金属线。现代工业和生活中常见的金属线，如铜线、银线、铝线等，都是拉拔成型的。雍城遗址出土的5件金线绕成的“弹簧状”器物的XRF分析表明，标本成分为87.8%～89.4%Au，8.7%～10.4%Ag和0.1%Cu，余为Fe、Pb或Sn。金质线的截面形状大致呈圆形，其直径大约0.6mm，应为拉拔成型，或者用相似的加工方法加工成型。[①]

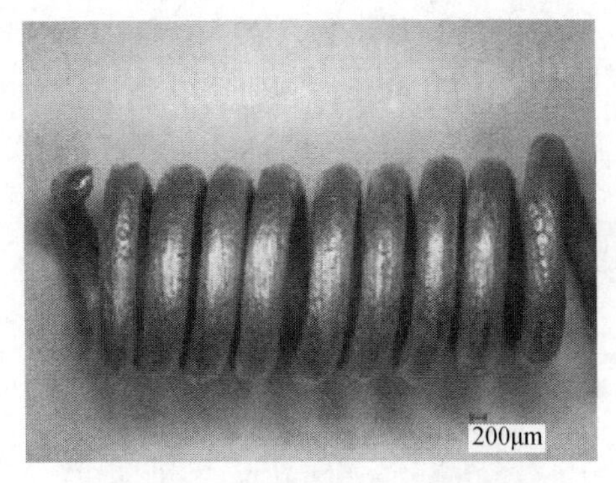

图3-16 陕西凤翔出土的金弹簧

图3-17 金弹簧表面观察到的拉拔流线

由于发掘出土的金器非常贵重，对其进行显微组织的研究少。杨军昌等对陕西凤翔雍城出土的27件金制品进行XRF分析的结果表明，雍城遗址出土的金制品实际上为金—银合金，其银含量在6.6%～16.5%，波动较大。此外还含有一定量的铁和铜，为典型的天然金制品。这是近年进行较多且有新发现的研究工作。[②] 陕西宝鸡益门M2除了出土春秋时期的金柄铁器20余件外，也出土了金器，其纹饰多为当时流行的，用铸造方式制成的蟠螭纹（图3-18），[③] 但没有机会检测其成分及组织。

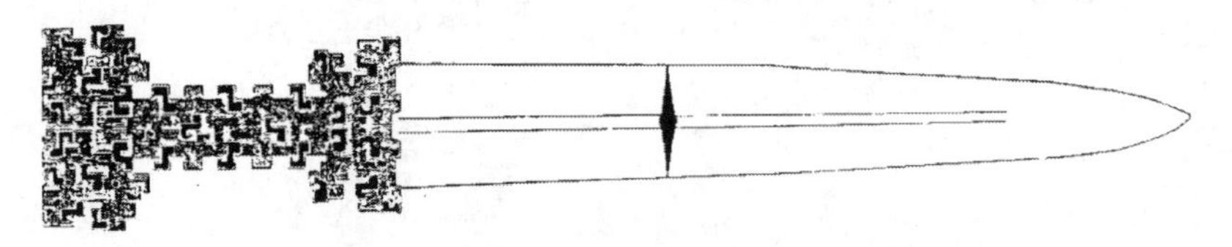

图3-18 陕西宝鸡益门M2：1金柄铁剑

① 陈建立：《中国古代金属冶铸文明新探》，科学出版社，2014年，第400～402页。

② 陈建立：《中国古代金属冶铸文明新探》，科学出版社，2014年，第400～402页。

③ 宝鸡市考古工作队：《宝鸡市益门村二号春秋墓发掘简报》，《文物》1993年第10期。

我们所做的金饰品多为出土的金箔、金饰品残段，鉴定的都是经过热加工均匀化的制品，即含有约10%银、1%铜的制品。金相组织均显示α等轴晶和孪晶，随金箔及金饰品厚薄不同，α固溶体晶粒大小和孪晶数量有差别。

公元前2世纪，汉武帝曾在云南古滇国地区设置益州郡。这个地区在新中国成立以后的考古发掘中出土了大量的金银制品，如晋宁石寨山M71、M3、M12，江川李家山M68、M51、M47、M57。这些墓葬经过考古分析均属于贵族大墓。李晓岑和韩汝玢编写的《古滇国金属技术研究》一书对出土的金银制品种类、数量进行了较全面的统计[①]；对晋宁石寨山和江川李家山两墓地的16件金银制品取样进行成分和显微组织的分析，发现金制品含金99%（2件）；银制品主要是银金合金（9件）、银铜合金（2件）、金银铜合金（3件）。各合金银制品的合金元素含量不同。晋宁石寨山出土的银金合金铸造固溶体组织有3件，银铜合金及银金铜合金铸造组织各1件；江川李家山M68：9剑柄银铜合金，含铜4%，为单相固溶体铸造组织，其余金制品的显微组织显示均为等轴晶、孪晶组织。

陕西阳陵出土的汉代银针残端6341样品，含铜5.2%、铅3.5%和微量金0.1%，其显微组织显示的是铸造制品（图3-19）。杨军昌对陕西西安出土的银簪、银箔、指环、饰件、平脱镜饰件等银制品，共22件，进行了鉴定，表明都不是纯银制品，含金、铜、铅含量不同；铸件只发现6341银针1件，余均为热锻的等轴晶和孪晶组织。[②]

图3-19　陕西西安阳陵出土汉代银残块6341金相组织

最早的银制品是甘肃玉门火烧沟遗址出土四坝文化的银铜合金的鼻环。爱玛

① 李晓岑、韩汝玢：《古滇国金属技术研究》，科学出版社，2011年，第100～107页。

② Yang J C，et al. A technical study of silver samples from Xi'an Shanxi Province，China，dating from the Warring States period to the Tang dynasty. Metallurgy and Civilisation：Eurasia and Beyong edited by Jian-jun Mei and Thilo Rehren. London：Archetype Publications，2009：170-176.

邦克女士认为在同一时期的西亚和中亚也发现有类似的物品。春秋战国时期，镶嵌饰品、错金、错银装饰的青铜器，银制品普遍使用，如河南辉县、四川成都出土的银车饰、银片等。在河南扶沟出土的许多银质布币，经过定性分析为含微量金和铅的银币。

金银器皿出现较晚，汉以前少见，唐代才有较多使用。陕西何家村出土的窖藏金器、法门寺地宫出土用于供奉佛祖的金银器，种类繁多，造型多样，是唐代金银制品制作技术的集大成者，应该给予关注。2012 年，北京科技大学硕士研究生谭盼盼有机会对法门寺出土的 54 件金银器进行了成分的无损检测，发现了许多重要的技术信息。笔者殷切地等待研究结果的发表。

二、二元共晶相图

二元共晶相图是液态完全互溶，固态部分互溶的相图。相图中除单相区 L、α 和 β，两相区 L+α、L+β 和 α+β 外，还有一根水平恒温线。它表示该温度下，存在一个零变度三相平衡反应。反应温度为共晶温度，最低共熔点为共晶点。共晶点的液相冷却至共晶温度时，液相恒温分解为 α 相和 β 相。两相区 α 相和 β 相的相对含量由杠杆法则决定。与金属文物显微组织研究有关的是铜-氧、铅锡合金、铅锑合金、银铜合金的状态图。它们共晶点形成的组织是不同的。

1. 铜-氧

根据铜-氧二元相图可知，氧在铜中的溶解度很小，1066℃铜 α 相含氧量最高达 0.01%，此相图显示含铜 98%以上的纯铜在熔炼过程容易被氧化形成 Cu_2O，当含氧量达到约 0.43% 时，发生共晶反应，由液相 L_α 与 Cu_2O 形成共晶组织（$\alpha+Cu_2O$）（图 3-20、图 3-21），如果含氧量超过 0.43%，先析出 Cu_2O 初晶；如含氧量低于 0.43%则先析出 α 相。在《中国古代金属材料显微组织图谱·有色金属卷》中刊出我国云南东川铜矿采集到自然铜样品的上述金相组织。

金属文物进行了成分分析后认为是红铜制成，如果没有进行显微组织分析，就得不到如金相图谱显示的固溶体和共晶 $Cu+Cu_2O$ 的组织。用红铜铸制器物会存在较多的缺陷。红铜铸造的金属文物发现不多，如陕西碾子坡先周居址遗存发现一座铜窖藏，出土 3 件大型铜容器，是迄今发掘出土年代最早的周人大型铜制品，是十分珍贵和不可多得的科学史料①。对其中两件先周铜鼎进行了鉴定。一件铜鼎（图 3-22）是红铜制品。用红铜铸造鼎等的礼器在商周时期较少，因为红铜流动性能差，体积收缩率大，在凝固阶段可达 4.5%，容易形成集中缩孔，如碾子坡出土

① 梅建军、韩汝玢：《碾子城先周文化铜器的金相检验和定量分析报告》，《南邠州——碾子坡》，世界图书出版公司北京分公司，2007 年，第 410～413 页，彩版图 5、6。

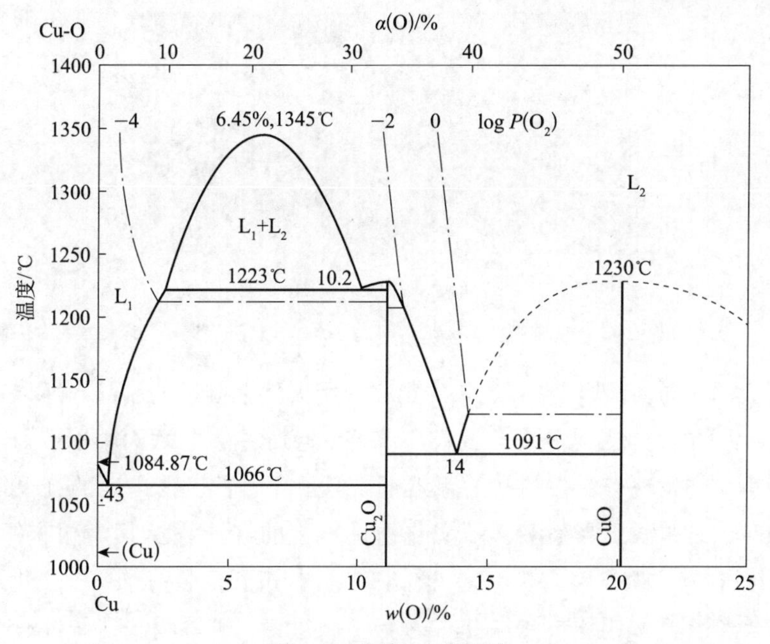

图 3-20　铜氧二元相图

的铜鼎表面有明显的铸造缩孔，其样品显示 α 相边界存在 Cu＋Cu_2O 的共晶组织（图 3-23)。《中国古代金属材料显微组织图谱・有色金属卷》中收录了陕西汉中商代镰形器、璋形器，四川广汉三星堆出土的铜戈，云南曲靖珠街出土的铜鼓（曲八 M1：1）等文物的金相组织，显示均存在 Cu＋Cu_2O 共晶。

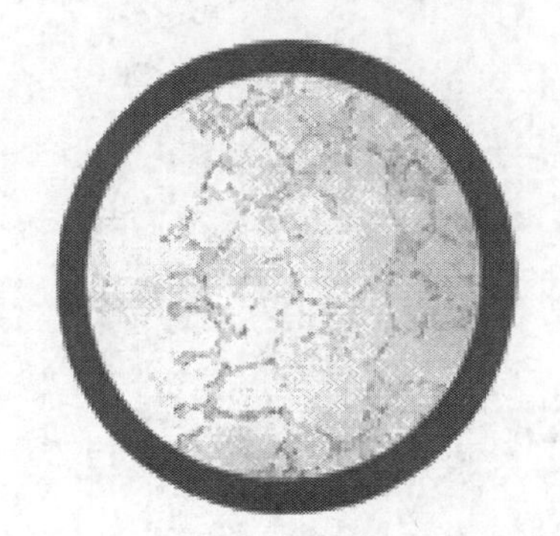

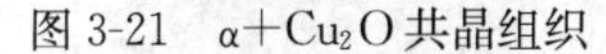

图 3-21　α＋Cu_2O 共晶组织

图 3-22　陕西碾子坡遗址出土的铜鼎赵家 H1：1[①]

人类开始使用天然铜起始于公元前第七八千纪，如伊朗西部艾利库什（Ali Kosh）地区发现了最早用天然铜片卷成的铜珠。公元前第五千纪，在伊朗中部泰佩锡亚勒克（Tepe Sialk）发现有铜针，在克尔曼之南的叶海亚（Yahya）发现有

① 胡谦盈：《周文化及相关遗存的发掘与研究》，科学出版社，2010 年，第 3 页，图版十二；梅建军、韩汝玢：《碾子波先周文化铜器的金相检验和定量分析报告》，《南邠州——碾子波》，世界图书出版公司北京分公司，2007 年，第 410～413 页，彩版图 5、6。

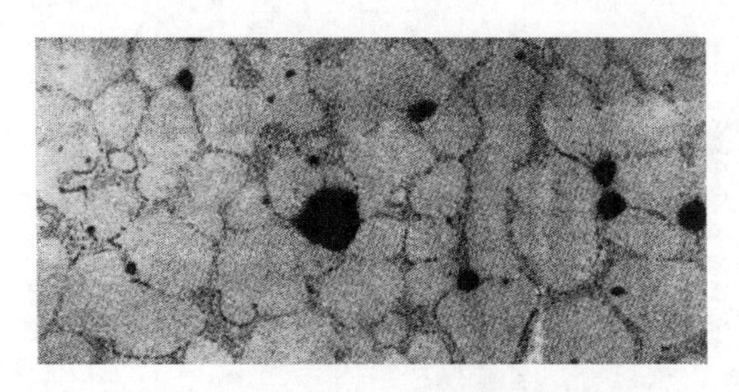

图 3-23　陕西碾子坡出土铜鼎的金相组织

1号鼎（2355）的金相组织：α等轴晶，晶粒边界黑色细点为 $Cu+Cu_2O$ 共晶，黑色颗粒为孔洞，X156

天然铜制成的铜器。[①] 我国至今还未确定有使用天然铜制成的制品，所以对出土的含铜98％以上的铜制品或铜块，我们应该给予特别注意。我国湖北铜绿山古铜矿、云南东川铜矿均发现有较大块状的天然铜，但至今考古发掘出土的红铜制品经过鉴定的较少。甘肃酒泉照壁滩马厂文化遗址出土的红铜块及其金相组织的鉴定，含铜98.1％，并含微量砷、铁、硅（图 3-24）；甘肃酒泉照壁滩马厂文化遗址出土铜锥JFZ是红铜热锻组织，含铜99.1％，含微量铅、砷、锡。这两件有可能是天然铜制品（图 3-25）。

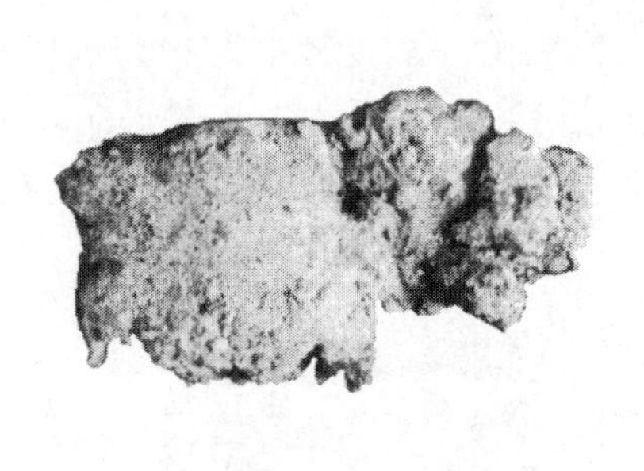

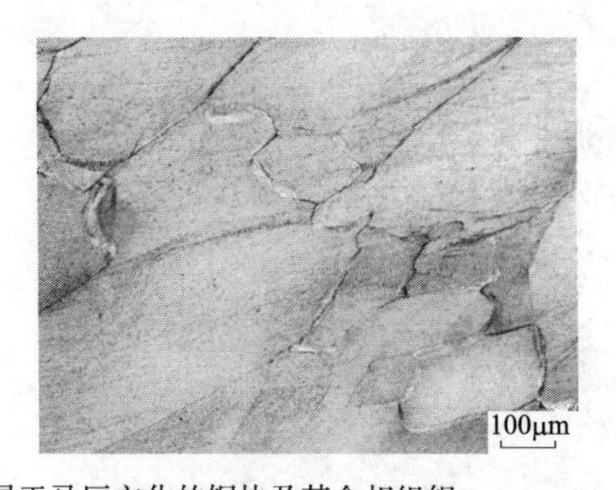

图 3-24　甘肃酒泉照壁滩出土属于马厂文化的铜块及其金相组织

图 3-25　甘肃酒泉照壁滩出土的铜锥及其金相组织

① Tylecote R F. A History of Metallurgy. Avon：Bath Press，1992：8-9.

如用高品位的氧化矿也可以冶炼得到纯铜制品，但这些金属制品中都会有锡、砷、锑、铅等微量元素存在，α固溶体会显示有微量元素的偏析，其金相组织与上述纯铜的组织不同。图3-26和图3-27是纯铜制品中含有小于2%锡的铸造制品显示的显微组织照片。[①]

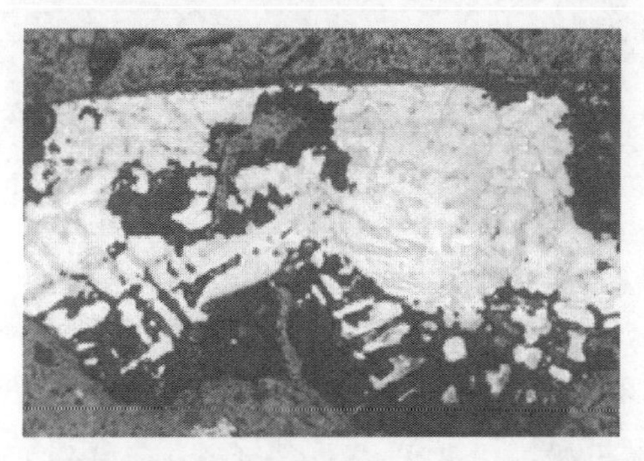

图3-26　云南合家山出土的条形铜锄（9865）含锡1.7%金相组织

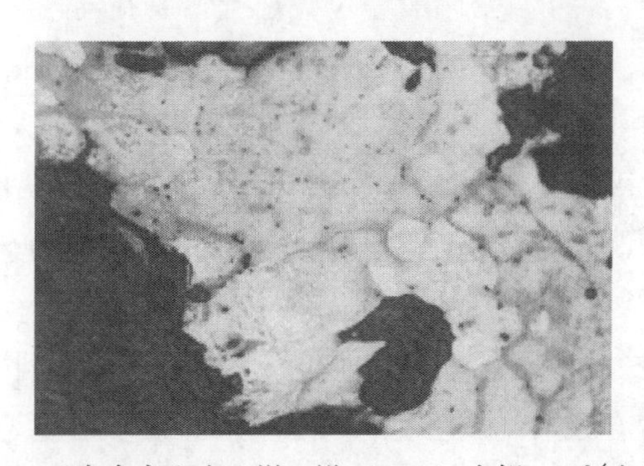

图3-27　云南合家山出土镦口沿（9866）含锡0.6%金相组织

2. 铅锡二元合金的状态图

由图3-28可知，Pb、Sn在液态互相溶解，在固态形成的是Sn在Pb中的固溶体（用α表示），和Pb在Sn中的固溶体（用β表示）。在铅中含锡约61.9%时熔点最低，为183℃，组织为（α+β）共晶体。在两相区可存在亚共晶或过共晶的组织，在古代凭经验冶铸所获得铅锡金属大多是在两相区的合金。

金属铅是人类较早提炼的金属之一。埃及前王朝时期（公元前3000年前）即有铅制作的小人像，美索不达米亚乌拉克三期（UⅢ公元前3000年）已用铅制作小容器或锤成薄片。在乌尔（Ur）遗址曾发现残破的铅质水管。但是直到公元前15世纪之后，铅才较经常见于巴勒斯坦一带。[②]

① 贠雅丽、李晓岑、韩汝玢：《云南省弥渡县合家山出土铜器和冶铸遗物的初步研究》，《考古与文物》2011年第5期。

② 中国大百科全书编辑委员会：《中国大百科全书·矿冶》，中国大百科全书出版社，1984年，第521页。

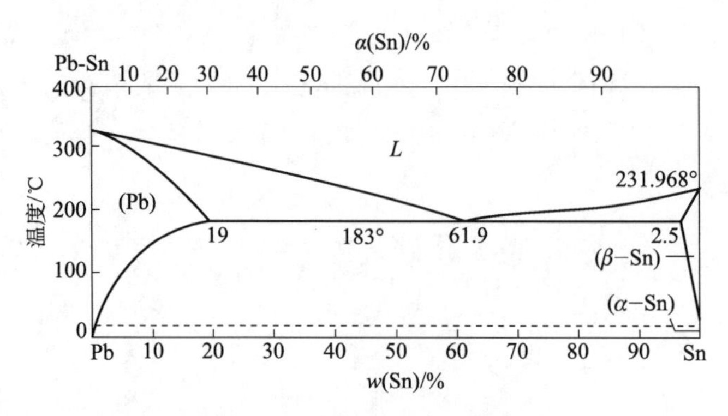

图 3-28 铅锡二元合金相图

“鈆”是铅的古体字，中国最早铅制品见于辽西地区的夏家店下层文化，属于该文化的内蒙古敖汉旗大甸子墓地出土有铅质的仿贝 1 件（M512：6）、权杖首 1 件（M371：20），赵匡华鉴定含铅 85％～90％，其他成分主要是锡，表明是至今鉴定最早的铅锡合金铸件[①]。安阳殷墟也曾出土铅质礼器，有鼎、簋、觚、爵等，一般说来，随葬铅礼器的墓葬不出铜礼器；工具类有锛、凿、刀、锥等；武器类有戈和镞。各类各种铅器的形制，大致与同一时期、同类、同一种的铜器类同。据现有资料铅器的应用和发展大致在殷墟晚期[②]。陈光祖近期研究表明殷墟小屯村发现的 2 块铅锭是铸制、含铅 99％[③]。中国社会科学院考古研究所李敏生曾总结 20 世纪 80 年代以前中原及周边地区出土铅器及研究情况，[④] 侯马春秋铸铜遗址也发现纯度较高的铅锭多件。[⑤] 在中国青铜器中含铅是商周青铜器的特征之一。到秦汉时期，铅除了作为青铜合金的成分大量用于制器等用途外，还用于制造铅白［$Pb_2CO_3 \cdot Pb(OH)_2$］、铅丹（Pb_3O_4）、铅粉、铅黄（$PbCrO_4$）、密陀僧（PbO）等多种作为颜料使用。

中国考古发掘资料显示，铅、锡作为两种不同金属在夏代已开始使用，商周时期继续沿用。在古文献中，先秦时期“锡”字和“铅”字一直是被分开记载的。西汉时期开始有“连”字，东汉以后至隋唐时期铸钱文献中有“镴”字存在。在有“连”“镴”的句子中都有“锡”字与之同存，而少见“铅”字。至元代“镴”字尚未绝迹。明代宋应星《天工开物》中铅、锡的生产各有所记，并详细记有开采冶炼硫化矿及提纯工艺。孙淑云将以上资料结合冶金学研究，初步认为“连”“镴”是铅锡合金，汉至隋唐时期用于代替纯铅铸造铜钱和其他青铜器。先秦时期

① 赵匡华：《金属贝币与金属包套的检测报告》，《大甸子》，科学出版社，1996 年，第 334～336 页。

② 中国社会科学院考古研究：《殷墟的发现与研究》，科学出版社，2001 年，第 332 页。

③ 陈光祖：《殷墟出土金属锭的分析及其相关问题研究》，《考古与历史文化——庆祝高去寻先生八十大寿论文集》，中正书局，1991 年，第 355～392 页。

④ 李敏生：《先秦用铅的历史概况》，《文物》1984 年第 10 期。

⑤ 山西省考古所：《侯马铸铜遗址》，文物出版社，1993 年，第 412～413 页。

由于分别用地表铅、锡氧化矿进行冶炼，故产物分别为较纯净的锡、铅。汉唐时期冶金技术进步到一定程度，矿床深部的多金属共生硫化矿已被开采冶炼，但对产物尚未达到分离提纯的水平，导致铅锡不分的“连”“镴”出现。明代发明金属的分离提纯技术，得到较纯净的锡或铅。“连”“镴”字不再普遍使用。可见“连”“镴”是一定历史阶段的产物，这从一个侧面反映了中国冶金技术的不断进步，螺旋式上升的规律。① 低熔点的铅锡合金作为铜器的焊料，目前出现于西周晚期，河南三门峡虢国墓出土的凤鸟纹方壶腹体的两个突块上残留焊料，经鉴定为含铅92%～97%的低熔点焊料。② 属于春秋战国时期具有焊接痕迹的器物在北京延庆、河南洛阳中州路、郑州、淅川下寺及湖北随州等地均有出土，③ 曾侯乙墓出土战国早期青铜器的附件，有7件是用焊料与器体连接在一起的，显示焊料是含铜的铅锡合金。④ 孙淑云等2005年在《考古》第2期《淮阳高庄战国墓出土铜器的分析研究》一文中报告，高庄战国墓铜鉴7：343和7：344足中有焊接的器物，也发现有大块的铅锡焊料填充于附件中，他们做了鉴定和研究，铜鉴足中的焊料成分平均含铅68.1%、含锡21.4%。此战国时期的焊料成分比相图中铅锡合金共晶成分的熔点略高。由于我们对铅锡合金的文物样品作金相分析的较少，为撰写图录《中国古代金属材料显微组织图谱·有色金属卷》，孙淑云、孟建伟将搜集到的铅、锡及其合金的文物样品重新研究，并进行了铅锡合金的模拟实验，做了较好的铅、锡及其合金的金相组织图谱，刊于《中国古代金属材料显微组织图谱·有色金属卷》中以馈读者参考。

3. 铅锑合金二元相图

铅锑合金二元相图显示Pb、Sb二组元在液态下可以互相溶解，在固态下也有一定的互溶能力。但在出土的金属文物中尚未发现这种合金的器物。在铜合金的文物中常伴生在铅颗粒中发现有铅锑合金相（图3-29）。

4. 银铜合金二元相图

银铜合金相图也是属于二元共晶相图，同样银（Ag）、铜（Cu）二组元在液态下可以互相溶解，在固态下有一定的互溶能力。相图属于组元间具有有限互溶的共晶体。银铜合金液相中同时可结晶出两种不同成分的固相。在出土的银制品中已有发现共晶反应L→（Ag）＋（Cu），平衡温度779℃，共晶体含39.9% Cu（原子分数）。Cu在Ag中的最大溶解度为13.6%（原子分数），而Ag在（Cu）中

---

① 孙淑云：《中国古代铅、锡、连、镴考古冶金学的初步探讨》，《第四届中日机械史和机械设计国际学术会议论文集》，北京航空航天大学出版社，2004年。

② 河南省文物考古研究所等：《三门峡虢国墓》（第一卷），文物出版社，1999年，第542、556页。

③ 何堂坤、靳枫毅：《中国古代焊接技术的研究》，《华夏考古》2000年第1期。

④ 湖北省博物馆：《曾侯乙墓》，文物出版社，1989年，第645页。

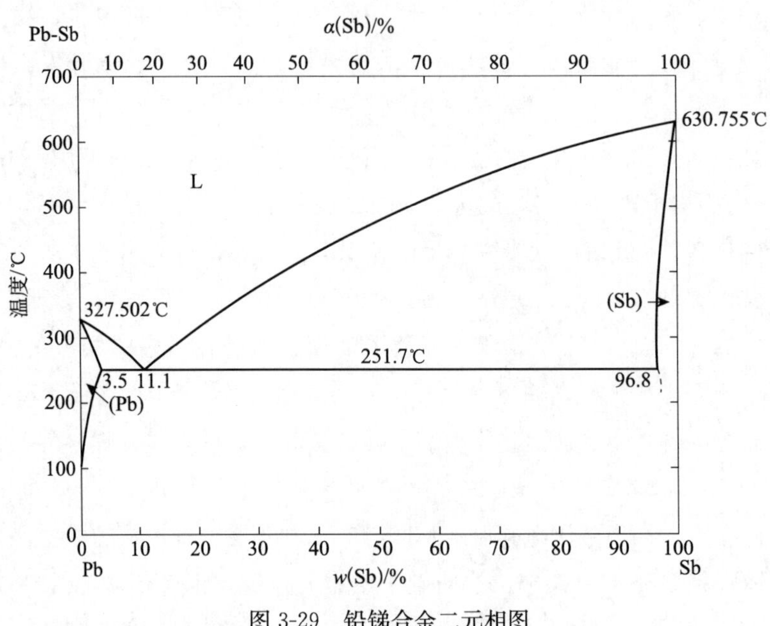

图 3-29 铅锑合金二元相图

的溶解度为 4.9%（原子分数）（图 3-30）。

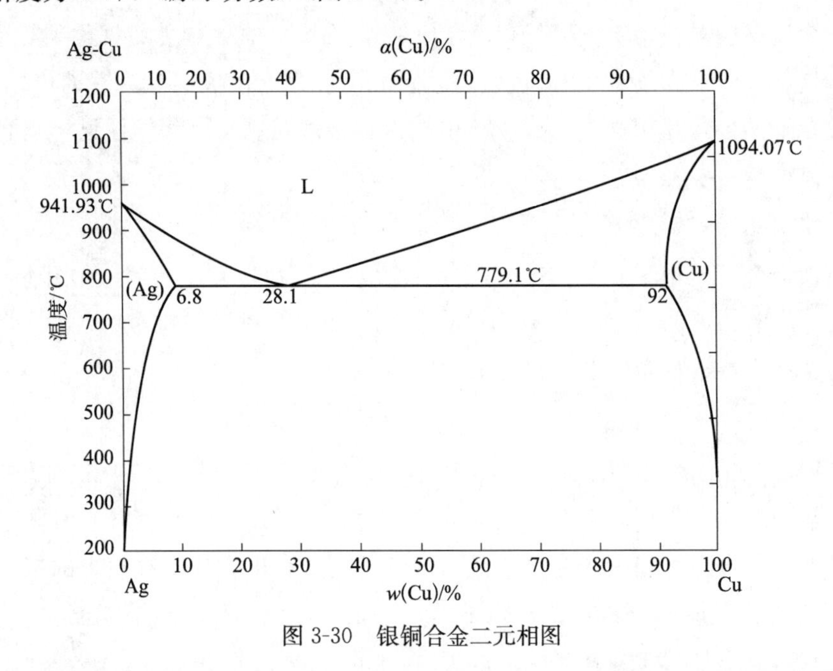

图 3-30 银铜合金二元相图

中国用银的历史很长。迄今出土的最早银制品，是甘肃玉门火烧沟遗址发掘到的银鼻环，其年代约为晚夏早商时期（图 3-11），经检测含银量高于 90%。关于银的早期称谓可追溯到先秦时期青铜器铭文的“白金”二字。一件名为“叔簋”的西周早期青铜器（现藏北京故宫博物院）有铭文共 18 字：“赏叔郁鬯（音畅）白金雏牛叔对大保休用作宝尊彝。”时间稍晚（西周中晚期）的青铜器“粤钟”的铭文上，也有关于赐“白金”的记载：“宫令宰仆赐粤白金十钧粤敢拜稽首。”学术界多将“白金”解释为金属银，依此解释则我国中原地区至迟在周初时已开始用银。近年考古出土先秦时期的银器有：河南扶沟县古城村出土的楚国银布[①]（图3-31），河南辉县出土银车马器、银带钩、镂花银片扇[②]，河北平山县中山王墓的金错银戈尊[③]，湖北荆州银带钩[④]，山东淄博市窝村出土的罕见大银盘[⑤]等。

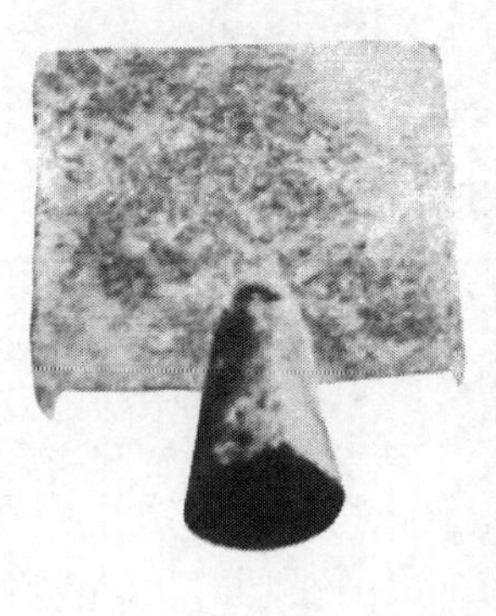

图3-31　河南扶沟县古城村出土的楚国银布

汉晋时期，银作为奢侈品和贮藏手段，其使用更为普遍。《后汉书·董卓传》载董卓死时家中藏有银八九万斤。汉晋时期的古墓出土的银制品有所增加。汉代的银器皿在江苏涟水三里墩西汉墓、徐州狮子山西汉墓、邗江西汉广陵王墓、河北满城中山王刘胜墓、获鹿县西汉墓、湖南长沙五里牌东汉墓等均有出土；1978年山东临淄大武乡窝托村西汉齐王墓出土银器达131件，包括生活用品、车马器、银扣和环钮。[⑥] 与战国时期相比，汉晋银器不仅数量有所增加，而且种类也增加了盆、钼、壶等新的器形。隋唐时期，银主要用于赋税、捐献、赏赐、军政开支、贿赂、谢礼、宝藏等方面。从唐代开始，银在支付上的地位日益重要。考古出土的唐代金银器很多，而且形制多样，反映了唐代金银采冶和制作工艺的卓越成就。两宋时期，银的使用大增，主要被用于赋税、俸禄、赏赐、贿赂、礼赠、借贷、岁币支付等方面。银的产量猛增。从元朝开始，中国改用银为价值尺度，并且逐渐发展到以银为货币流通手段。中统宝钞和至大银钞的发行，使中国的币制接近

① 河南省博物馆等：《河南扶沟古城村出土的楚金银币》，《文物》1980年第10期。

② 中国社会科学院考古研究所：《辉县发掘报告》，科学出版社，1956年，第27页；黄胜章：《论中国早期（铜铁以外）的金属工艺》，《考古学报》1996年第2期。

③ 河北省文物研究所：《战国中山国王之墓》，文物出版社，1995年，第147页。

④ 湖北省荆州博物馆：《荆州天星观二号楚墓》，文物出版社，2003年，第205、211页。

⑤ 徐龙国：《山东临淄战国西汉墓出土银器及相关问题》，《考古》2004年第4期。

⑥ 黄维等：《马家源墓地金属制品技术研究》，北京大学出版社，2013年，第294～296页。

于银本位制。

对出土较大的银器获得样品进行组织分析较困难，只进行无损成分分析，多数含铜，也有的含铅、锡元素；金相分析以小件银饰品为主，有铸造制成、热锻及冷加工的制品。最早发现银铜合金制品是1974年在河北满城中山靖王刘胜墓出土的圆柱形银镞（M1：4265），其表面基本保持银的金属光泽，只有少量极淡的腐蚀痕迹。银镞的化学成分为银66.1%、铜27.8%、铅3.5%、锡2.5%，接近银铜合金的共晶成分，属于银铜铅锡四元合金。银镞具有共晶组织使得它即有银的耐蚀性，又比纯金属银和铜有较高的硬度，并且有银铜合金最低的熔点780℃（银的熔点是960℃，铜的熔点为1083℃），铅和锡使这个合金熔点进一步下降。另一件银柄铁刃环首刀（M2：4147）铁刃已完全锈蚀，只有刀柄和环首保存金属，经抛光显银白色，鉴定与银镞有相同的银铜合金共晶组织。银柄和铁刃是焊接在一起的。[①]

杨军昌对22件陕西西安出土银簪、银箔、指环、银饰件、平脱铜饰件等制品的鉴定中，均不是纯银制品，仅一件为铸件（图3-19），其余为银铜合金的饰品，多含金等微量元素且为热锻制成（表3-2）。

表3-2 陕西不同时期银制品成分分析一览表

实验室编号	样品形状	出土地点	时代	主要元素比例	备注
6354	薄片	西安南郊神禾塬M1	战国	93.3%Ag，3.2%Au，2.9%Cu，0.6%Pb	热锻 Ag Au Cu
6276	薄片	陕西陇县板桥沟汉墓LBM2：52	汉代	93.9%Ag，0.8%Au，4.6%Cu，0.6%Pb	热锻奁盒表面的银饰件 Ag Cu (Au)
6279				94.2%Ag，0.8%Au，4.9%Cu，0.1%Pb	
6341	残块	西安北郊阳陵一陪葬	汉代	90.7%Ag，0.1%Au，5.2%Cu，3.5%Pb，0.2%Sn	铸造某圆形器物 Ag Cu Pb
6486	指环	西安北郊2001ZCM63：5	汉代	98.7%Ag，0.3%Au，0.7%Cu，0.2%Pb	腐蚀严重
6487	指环	西安北郊2000ZCM21：14	汉代	93.5%Ag，1.5%Au，3.9%Cu，0.8%Pb，0.1%Sn	腐蚀
6488	指环	西安北郊1998JH：C	汉代	99.6%Ag，0.2%Cu，0.2%Pb	腐蚀
6489	指环	西安北郊1998JH：C	汉代	99.3%Ag，0.3%Cu，0.4%Pb	腐蚀严重
6270	薄片	陕西蒲城李宪墓	唐代	97.7%Ag，0.9%Au，1%Cu，0.4%Pb	热锻 Ag Cu (Au)
6271				96.8%Ag，0.2%Au，2.7%Cu，0.3%Pb	
6272	薄片	西安南郊李倕墓	唐代	95.5%Ag，1%Au，2.9%Cu，0.2%Pb，0.2%Zn	热锻 Ag Cu (Au)

① 金相实验室：《满城汉墓部分金属器的金相分析报告》，《满城汉墓发掘报告》，文物出版社，1980年。

续表

实验室编号	样品形状	出土地点	时代	主要元素比例	备注
6275	残片	陕西陇县原子头 M22	唐代	98.9%Ag，1%Cu	热锻薄片含 0.01%Pb
6277	银箔	陕西陇县原子头 M22	唐代	97.8%Ag，0.4%Au，1.5%Cu，0.2%Pb	银箔残块
6278	银箔	陕西陇县原子头 M22	唐代	98.6%Ag，1.3%Cu	银箔残块含 0.07%Pb
6343	薄片	陕西法门寺地宫	唐代	95.5%Ag，1.7%Au，2.5%Cu，0.2%Pb	热锻饰件残块 Ag Cu（Au）
6352	薄片	西安东郊阎智夫妇墓	唐代	99.3% Ag，0.2% Au，0.3%，Cu，0.2%Pb	热锻饰件残块
6359	薄片	西安南郊 2002ZTDM16：19	唐代	88.1%，Ag，0.5% Au，10.4% Cu，0.5% Pb，0.2% Sn，0.1% Zn，0.2%Bi	热锻银簪 Ag Cu
6360	薄片	西安南郊 2002ZTDM16：14	唐代	92.1%Ag，0.2%Au，6.7%Cu 0.8%Pb，0.1%Bi	热锻银簪 Ag Cu
6361	薄片	西安南郊 2002ZTDM16：17	唐代	53.8%Ag，1.1%Au，44.3%Cu，0.4%Pb，0.2%Sn，0.1%Bi	热锻银簪 Ag Cu（Au）
6490	薄片	西安南郊李倕墓	唐代	97.0%Ag，0.3%Au，2.3%Cu，0.3%Pb	热锻漆盒表面饰件
6491	薄片	西安南郊一墓葬	唐代	77.2% Ag，0.6% Au，20.9% Cu，1.2%Pb	热锻平脱镜饰件 Ag Cu
6492	金箔	西安南郊 2006M119：6	唐代	93.4%Ag，0.7%Au，5.4%Cu，0.4%Pb	热锻平脱镜饰件 Ag Cu

资料来源：Hansen M. Consititution of Bianry Alloy. New York：Mo GrawHill，Inc. 1966.

由表 3-2 可知，杨军昌鉴定的 22 件银制品都不是纯银制品，所含的金、铜、铅的量不同；铸件只发现编号 6341 银残块 1 件，余均为热锻的等轴晶和孪晶组织。属于银铜合金的金属文物的显微组织的研究工作还应该给予关注。

三、包晶相图

包晶相图也是两组元液态完全互溶，固态部分互溶的相图。包晶反应为 $L+\alpha\rightarrow\beta$，是一个液相包一个固相形成另一个成分固相的反应，其反应温度称为包晶温度。在铁碳合金图 3-32 左上角及铜锌合金、铜锡合金相图中均具有包晶转变。

1. 铜锡二元相图

在铜锡二元相图中存在八种相，α、β、γ、δ、（$Cu_{31}Sn_8$）ζ、ε、（Cu_3Sn）。在由 Cu 的凝固温度至 902℃ 的温度区间和至 36.8%（原子分数）的浓度时，由液体结晶出 CuSn 固溶体。β、γ、η 分别在 798℃、755℃ 和 415℃ 下按包晶反应生成。其余三种相 ε、ζ 和 δ 由固态下的变化生成。ε 相在温度 676℃ 由 γ 相生成。ζ 和 δ 相分别在 640℃ 和 590℃ 下按包析反应生成。

图 3-33 铜锡二元相图中的 α 相是锡在铜中的固溶体，为面心立方晶格，塑性

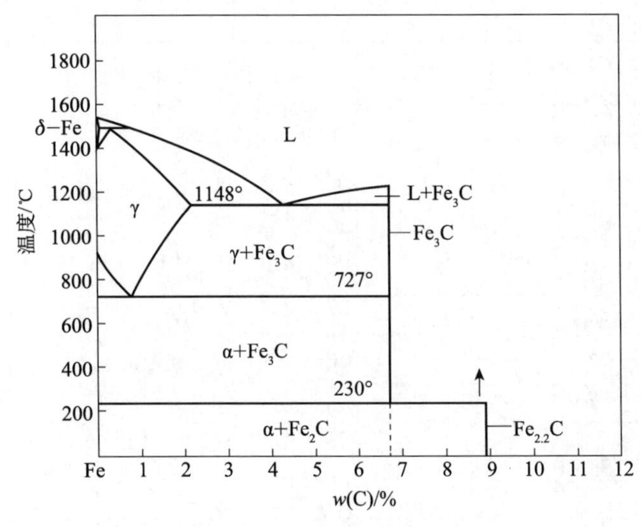

图 3-32 铁碳合金相图

良好；β 相是以电子化合物 Cu_5Sn 为基的固溶体，为体心立方晶格，高温塑性较好，γ 相是以 Cu_3Sn 为基的固溶体，硬而脆；δ 相是以电子化合物 $Cu_{31}Sn_8$ 为基的固溶体，含锡为 32%～33%，系复杂立方晶格，硬而脆；ε 相是以电子化合物 Cu_3Sn 为基的固溶体，含锡 27.7%～39.5%；ζ 相含锡 32.2%～35.2%，η 相含锡 59.0%～60.9%，η′相含锡 44.8%～60.9%。在实际制作条件下，相图中的一系列转变往往进行得不完全，很少能得到 ε 相和 η 相。

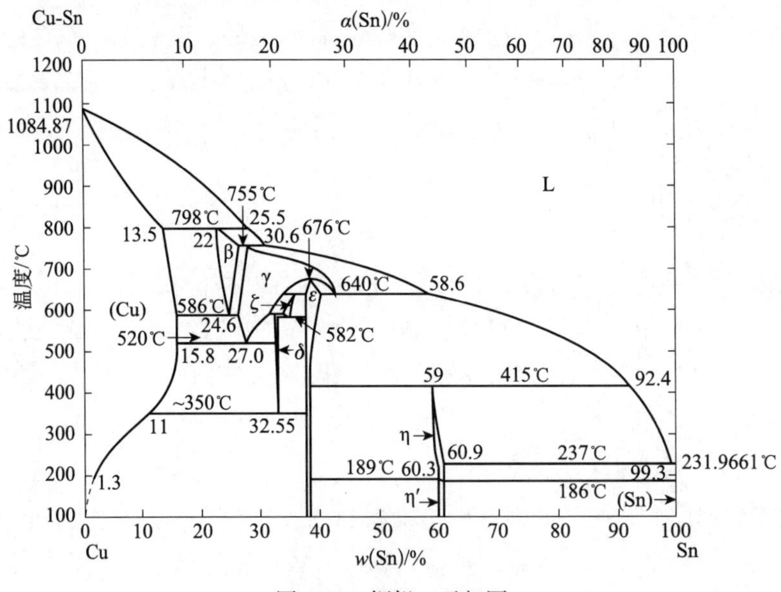

图 3-33 铜锡二元相图

锡青铜的结晶范围较宽，凝固速度较慢时，容易形成疏松，含锡 7%～10%的合金具有最佳的综合性能。图 3-34 是锡含量对铸造和退火铜锡合金硬度及延伸率的影响。①

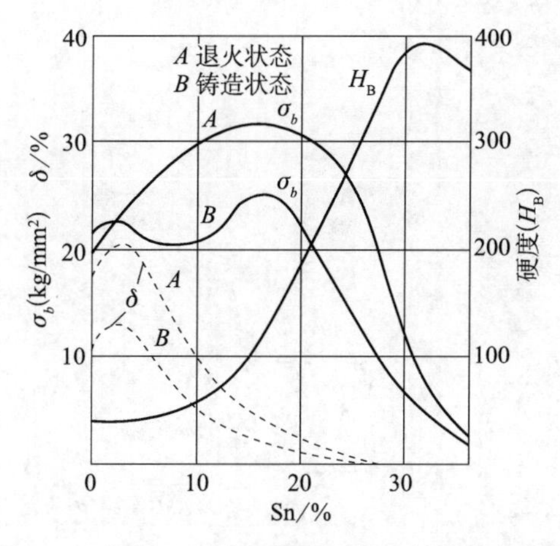

图 3-34　铜锡二元合金锡含量对机械性能的影响

在出土的金属文物中进行金相学研究的铜锡合金较多，其显微组织依器物的成分如锡含量或铅、砷等元素存在、器物尺寸、铸制或锻制、使用功能、埋葬环境影响等复杂因素，使显示的金相组织多样，铜锡合金制品铸态的组织多是 α 固溶体和（α+δ）的共析体构成。D. Scott 把古代锡青铜器分为高锡、低锡两类，含锡小于 17%为低锡青铜。α 固溶体中锡的最大溶解度理论值为 15. 8%。② 在通常铸造条件下，含锡小于 6%时，显微组织为单相 α 固溶体，并存在明显的树枝状偏析。锡大于 6%时，有（α+δ）共析体析出，随锡含量增加（α+δ）量增多。《中国古代金属材料显微组织图谱 · 有色金属卷》按照 D. Scott 收录了青铜文物中不同锡含量的显微组织，由于青铜器文物样品取自不同器物的不同部位，它们在制作时成分凭经验、铸件冷却速度控制不同，显示的（α+δ）数量有差异，与锡含量增加只是有明显的增加趋势，定量的规律并不明显，所以对属于不同时代出土的锡青铜制品必须进行金相学的鉴定。此处再补充几幅不同锡含量的出土铜器的金相组织照片（图 3-35～图 3-39）。

图 3-35～图 3-39 是北京延庆玉皇庙山戎墓地出土的青铜残剑（M156）、削刀（M13、M174）、镞（M18），锡含量不同，显示的金相组织具有不同的偏析程度。

铜锡二元相图的液相线与固相线距离大，成分偏析程度明显，有时显示反偏析。反偏析是锡青铜铸制的文物常见的缺陷，原因也是因为结晶温度范围宽，枝晶发达，低熔点的富锡 δ 相被包围在 α 枝晶间隙中，铸件冷却时在表面有一层富锡

---

① 宋维锡：《金属学及热处理》，科学出版社，1980 年，第 549 页。

② David A S. Metallography and Microstructure of Ancient and Historic Metals. Los Angeless：The J. Paul Getty Trust，1991：25.

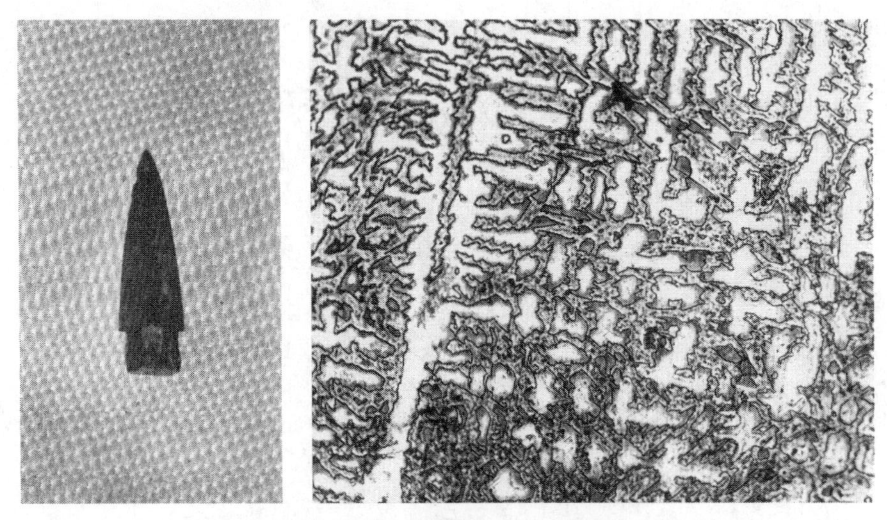

图 3-35　满城汉墓出土的铜镞及其金相组织含锡 22%

图 3-36　延庆玉皇庙出土 YYM156（5086）双羊镂空首镶嵌（XⅦ型Ⅰ式）残断剑尖处取样[①]

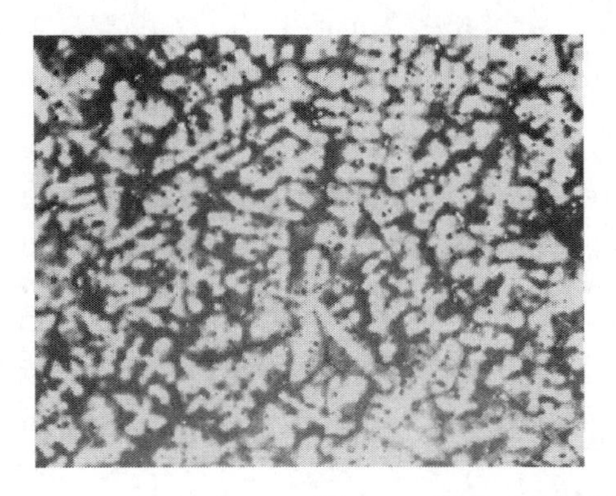

图 3-37　延庆玉皇庙 M13 出土削刀刀背（5408）[②]

① 显示金相组织含锡约 15%。

② 刀背含锡 5.3%，刃口样口显示是冷热加工组织。

图 3-38　延庆玉皇庙 M174 出土削刀含锡 17.8%

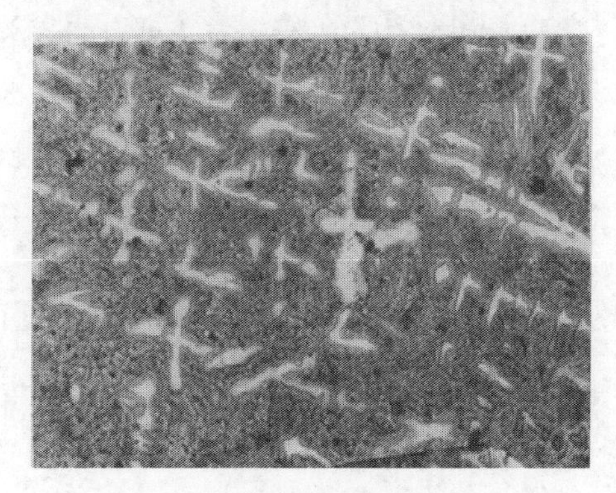

图 3-39　延庆玉皇庙 M18 出土铜镞含锡 25.2%

的（α+δ）共析体，俗称“锡汗”。研究表明[①]发生锡汗的可能性随锡量增多而增加，当铸件含锡 10%～14% 时，发生锡汗的可能性最大，表面层中含锡为 20%～26%。若锡青铜中含铅，会使反偏析复杂化，因为合金中的铅也会在表面产生偏析。由锡汗引起的表面富锡层的金相组织（α+δ）共析体，分布无规律，表面层有一定厚度，共析体的岛屿状 α 固溶体形状不规则，基体金属的组织是含锡量较低的树枝状晶，偏析明显，含少量（α+δ）共析体，有一枝状的（α+δ）组织支脉与表面层的锡汗组织连接。[②]

不同锡含量的青铜器及反偏析的铜器样品的金相组织在《中国古代金属材料显微组织图谱·有色金属卷》中都有收录。此外，在出土文物中发现存在热镀锡的青铜文物制品，在进行金相组织鉴定中也会存在铜锡平衡图中的 η、ε，需要实验者用 X 射线衍射仪进行结构分析判定。青铜器的含锡量在 α+β、β+γ、γ 区的高锡区，淬火可得到 β′或 γ′的马氏体组织[③]。

从铜锡二元相图可知，23%锡含量的青铜室温下的组织为 α+δ，δ 相具有较高的硬度，但很脆，因而不能进行锻造，当加热至 520～586℃或 586～786℃时，青铜处于 α+γ 或 α+β 相区，γ 相及 β 相在热状态下具有足够的塑性，可以承受适当的热加工。R. Chadwick 曾对含锡量为 5%～30%的青铜进行锻造实验后指出：“对于铜锡二元合金来说存在着 2 个韧性锻区：1 个是含锡在 18%以下青铜在 200～300℃范围内，第 2 个是含锡 20%～30%的青铜在 500～700℃温度范围内，前者的合金组织主要是由 α 组成的，后者主要是由 γ 或 β 组成的。”[④] 含锡 25%左右的青

---

① Hanson D，Pell-Walpole W I：Chill-casting Bronzes. London，1951：211-213.

② 同①。

③ 是金属材料的一种组织名称。

④ Chadwick R：The effect of composition and constitution on the working and on some physical properties of the tin bronzes. Journal of Institute of Metals，1939：335.

铜在500～700℃进行锻打正处于青铜相图的第2个韧性锻区，因此具有一定的延展性。因此，青铜合金的淬火是为了改善高锡青铜合金的热加工性能，是古代工匠长期实践经验的总结、是由偶然到必然的结果。

在对古代出土高锡青铜器的鉴定中发现了β′马氏体的淬火组织的器物。例如，贾莹在2件青铜剑（收购品）中发现有淬火组织，是春秋战国时期属于吴国的制品；[①] 姚智辉在四川重庆小田溪墓葬出土的青铜剑中也发现了1件，是战国中晚期的制品；[②] 辽宁北票冯素弗墓出土的考5110钵，也是淬火的β′马氏体组织，为公元5世纪的制品；[③] 江苏南京近期发掘的属于魏晋南北朝时期的墓葬中，经过鉴定也发现了数件高锡青铜器，是淬火后锻造制成的。具有淬火马氏体组织的高锡青铜器，在鉴定的大量青铜器中所占比例很少，这些器物开始可能出于偶然，其目的也应与钢铁制品的淬火是为了强化铁制品的目的不同。但是鉴定的几件青铜器却都是铜锡合金，含锡较高。直至响铜器的出现，才将淬火作为制作响铜器热锻工艺的重要组成部分，在史书和传统工艺中才有明确记述。这些组织在《中国古代金属材料显微组织图谱·有色金属卷》中都有刊出，是应该重视的内容。

热镀锡处理在青铜文物发现较多，是古代表面装饰的重要技术之一，如中国最早发现在甘肃灵台白草坡出土的西周钺（公元前11世纪）（图3-40）。

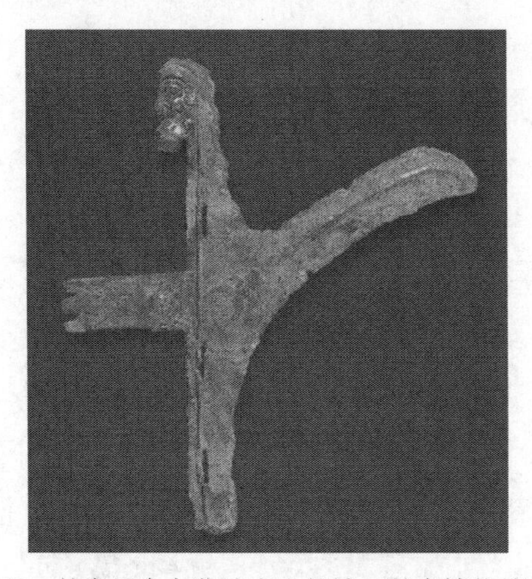

图3-40　甘肃灵台白草坡出土的钺（甘肃博物馆收藏）

在考古学者的支持下，韩汝玢与美国学者爱玛·邦克合作，在内蒙古凉城毛

① 贾莹、苏荣誉：《吴国青铜兵器金相学考察与研究》，《文物科技研究》（第二辑），科学出版社，2004年，第21～51页。

② 姚智辉：《晚期巴蜀青铜器技术研究及兵器斑纹工艺探讨》，科学出版社，2006年，第35～36、90～91页。

③ 韩汝玢：《北票冯素弗墓出土金属器的鉴定与研究》，《辽宁博物馆馆刊》（2010），辽海出版社，2010年，第7～19页。

庆沟出土的3件虎型牌饰、2件双鸟形牌饰，宁夏固原出土的5件牌饰中，研究发现了时代属于公元前6～前4世纪热镀锡的制品。相关文章在1993年《文物》第9期中首次发表。[①] 图3-41～图3-43是内蒙古凉城毛庆沟出土的带扣（M43：2）、透雕虎型牌饰（M55：4）及双鸟型牌饰实物及其金相组织与扫描电镜组织照片显示镀锡层。

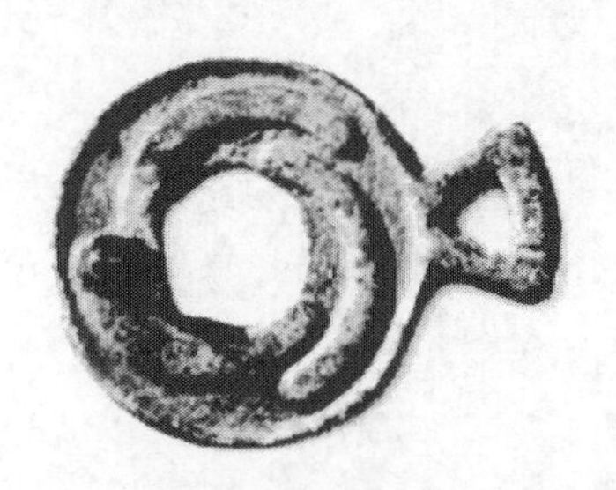

图3-41　内蒙古凉城毛庆沟出土带扣（M43：2）及其金相组织

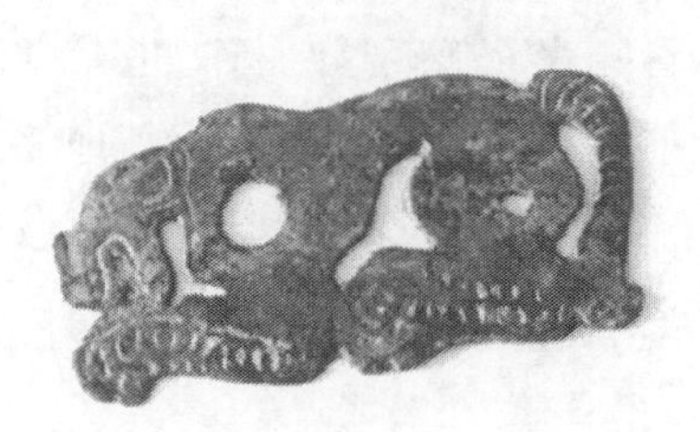
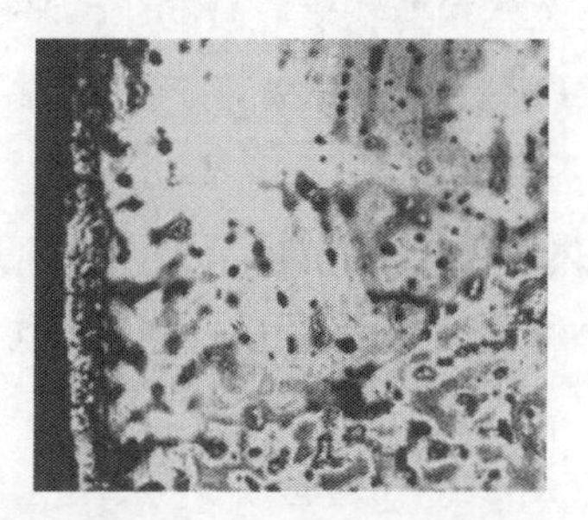

图3-42　内蒙古凉城毛庆沟出土透雕虎型牌饰（M55：4）及其金相组织

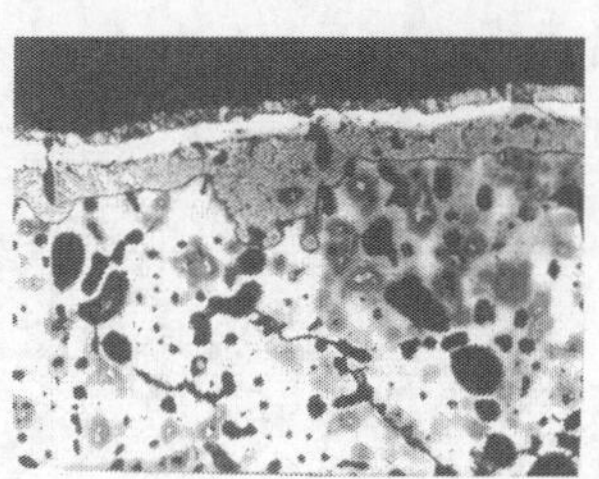
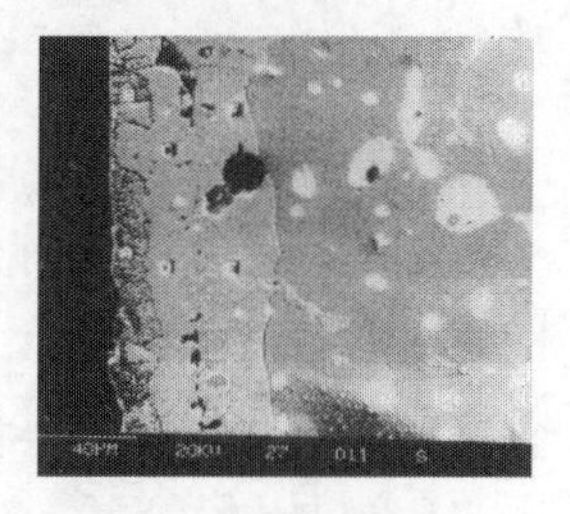

图3-43　内蒙古自治区凉城毛庆沟出土双鸟形牌饰M5：4及其金相组织和扫描电镜照片

巴蜀地区的镀锡青铜器都是虎斑纹的兵器，是公元前4～前2世纪制品。姚智辉、孙淑云考察了10余处文物考古部门，发现在考察的92件兵器中有48件是高锡的纹饰。[②] 云南滇池地区出土汉代的铜鼓、跪俑、铜锄等较大型的器物表面都显

---

① 韩汝玢、埃玛·邦克：《表面富锡的鄂尔多斯青铜制品的研究》，《文物》1993年第9期。

② 姚智辉：《晚期巴蜀青铜器技术研究及兵器斑纹工艺探讨》，科学出版社，2006年，第35～36，90～91页；姚智辉、孙淑云、肖磷、白玉龙：《巴蜀兵器表面“虎斑纹”的考察、分析与研究》，《文物》2007年第2期。

示有镀锡层。①

以上三个地区出土的镀锡制品截面样品有共同的金相学特征：

（1）镀层锡含量比基体高3～4倍。

（2）镀层与基体有明显的界面，并可见滑移带或等轴晶，说明制品表面曾进行过处理。

（3）镀层厚薄不同（3～40μm），有单面、双面之分。

（4）镀层组织有ε（Cu_3Sn）、η（Cu_6Sn_5）或δ相。

（5）镀层有组织与基体相连，镀层内分2、3层，每个分层组织及成分又有差异，各分层之间互相交错，界限不规则。镀层内有较多空洞，是铜锡原子互扩散产生的克根达尔效应（Kirkendall Effect）。

（6）有镀层处锈蚀轻。

青铜器表面具有富锡层最早是Smith和Macadam于1872年发现的。Smith发现苏格兰国家博物馆收藏的4件平斧，具有银白色的表面层。Macadam检测表明，表面层中具有过量的高锡成分。他们认为在青铜表面镀锡这一行为是有意而为之的②。英国汉普郡（Hampshire）发现的公元前2000年的平斧，经大英博物馆研究实验室鉴定，首次提供了平斧表面是有意进行镀锡处理的金相学证据。③ 以后，在该博物馆的藏品中又相继发现了表面镀锡处理、属于公元前5世纪的胸针、手镯、头盔、青铜盘上的装饰物等制品。④

Meeks⑤、Oddy⑥和Tylecote⑦等学者对表面富锡青铜器形成的原因，做了较全面的研究，并对三种可能形成富锡表面层的组织结构特征进行模拟实验和深入探讨，是值得冶金史学者重视的学习资料。

2. 铜锌二元相图

铜锌相图在由铜的凝固温度至902℃的温度区间和至36.8%Zn（原子分数）的浓度时由液体结晶出α（Cu）相。铜锌相图共存在5种相，β（CuZn bcc），γ（Cu_5Zn_6，立方），δ（$CuZn_3$，体心立方），ε（$CuZn_5$，密排六方A3型）和（Zn）相，按包晶反应生成（图3-44）。

---

① 李晓岑、韩汝玢：《古滇国金属技术研究》，科学出版社，2011年，第82～89页。

② Brooks J J C，Coles J M. Tinned Axes. Antiquity. 1980，54（212）：228-229.

③ Craddock P T. Tin-plating in the early bronze age：the Barton Stacey. Antiquity. 1980，153（208）：141-143.

④ 同②.

⑤ Meeks N D. Tin rich surface on bronze-some experimental and archaeological considerations Archaeometry. 1986，133-162.

⑥ Oddy W A，Bimson M. Tinned bronze in antiquity. Institute Conservation Occasional Paper. 3：33-39.

⑦ Tylecote R F. The apparent tinning of bronze axes and other arefaces. J. Hist. Metall. Sce. 1985：169-185.

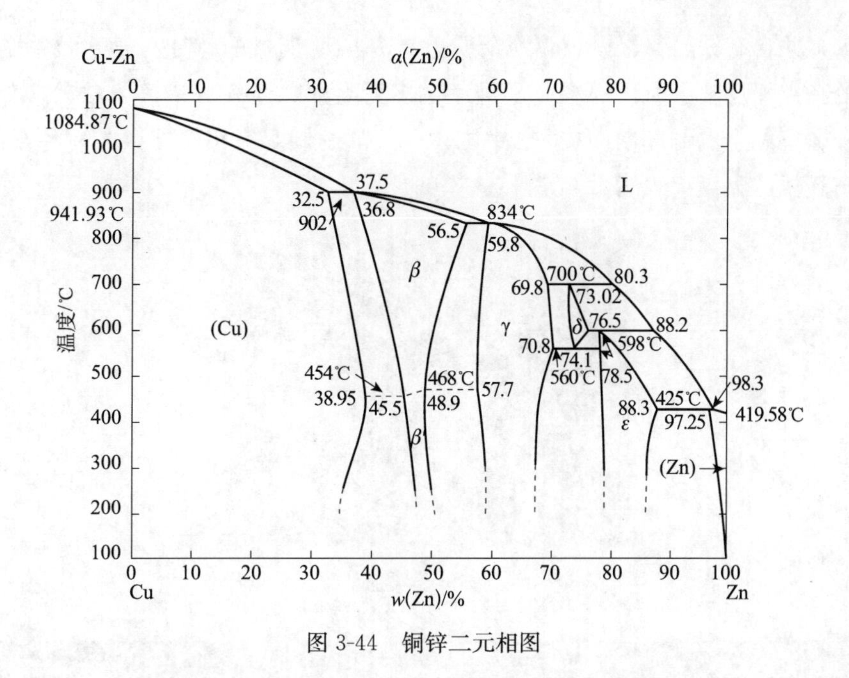

图 3-44　铜锌二元相图

由铜锌二元相图知：铜锌 α 固溶体的相区很宽，在平衡相图中锌在 α 中的最大溶解度为 39%，但在铸造器物的非平衡状态下，在相同的温度 456℃锌的最大溶解度降为 32%左右。当锌含量小于 32%时，为 α 固溶体的单相组织，面心立方晶格，塑性好。当锌量达 32%～39%时，组织出现 β 相。β 是以电子化合物 CuZn 为基的固溶体，体心立方晶格。高温下 β 相塑性好。室温下的 β′塑性差，但强度、硬度高。铸造黄铜基本上都是（α+β）两相组织，铜锌二元合金的结晶温度范围小，约 30℃，液相线随含锌量增加而很快下降，熔化温度比锡青铜低，流动性好，形成晶内偏析和疏松的倾向小，且由于锌的蒸发，铸件不易产生气孔，黄铜铸件组织致密，夹杂物少，但黄铜的收缩率较大，容易生成集中缩孔。加入铅元素，可以通过固溶强化 α 相和 β 相，在保留良好铸造性能的同时，提高力学性能、抗腐蚀性。

在已发现的铜锌合金（黄铜）的金属文物中，其出现年代很早。目前，有考古依据的年代最早的黄铜器有三件，一件是残缺成半圆形的薄片（图 3-45），1973 年出土于陕西临潼姜寨仰韶文化一期遗址（公元前 4700～公元前 4000 年）。经检验，平均成分铜（Cu）66.5%、锌（Zn）25.6%、铅（Pb）5.9%、锡（Sn）0.87%、铁（Fe）1.1%，铸态组织（图 3-46）。一件是长条形铜笄（图 3-47），发现于陕西渭南仰韶文化晚期遗址（约公元前 3000 年），含锌（Zn）27%～32%，锻造组织。一件是 1974 年出土于山东胶县三里河龙山文化遗址（公元前 2300～公元前 1800 年），含锌（Zn）量为 20.2%～26.4%，铸态组织。三件器物含锌都在 20%以上，除黄铜笄为锻造成形外，其余二件都是铸造的，组织不均匀，成分偏析较大，并含有铁、铅、锡、硫等杂质，具有早期铜器的特征。早期黄铜含杂质较多的特点，反映了所用原料是不纯净的多元金属共生矿，冶炼方法较原始，不是用金属锌和金属铜配制而成。《中国古代金属材料显微组织图谱·有色金属卷》已给出具体的显微组织图。

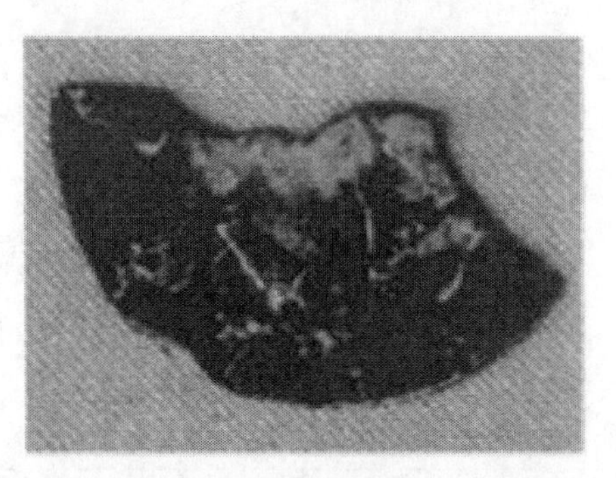

图 3-45　陕西临潼姜寨遗址出土黄铜片

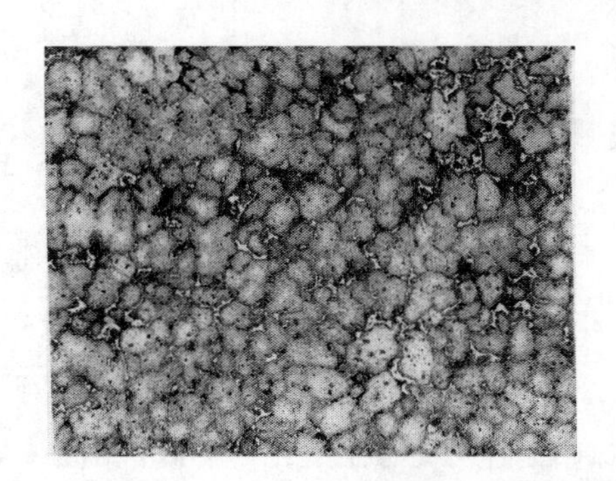

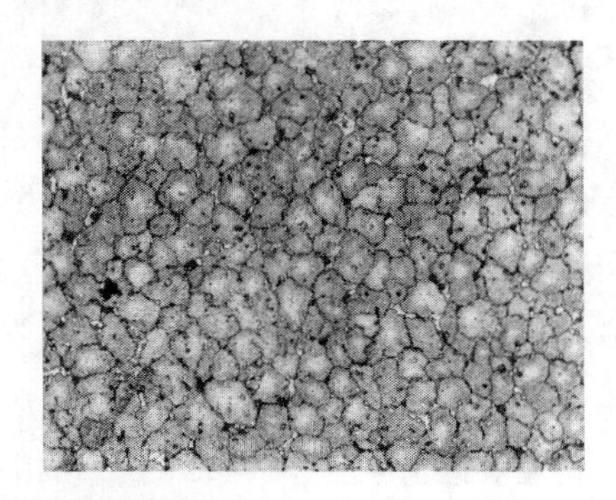

图 3-46　姜寨铜片的金相组织

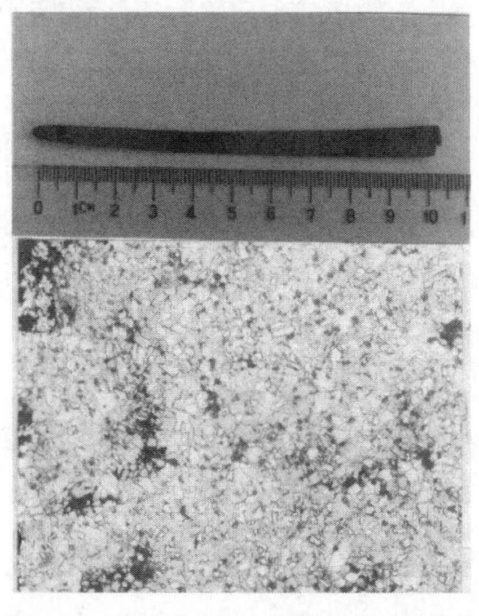

图 3-47　陕西渭南出土铜簪及其金相组织

“鍮石”是黄铜的古称，最早出自东汉末至三国时翻译的佛经中。“鍮石”由于其似金的色泽，在西域佛教国家中经常用于制作佛像、香炉等。东汉以后，随着佛教传入中国，“鍮石”也由西域引入，贵与金银并列。晋王嘉《拾遗记》记载：后赵武帝石虎（公元4世纪前叶）“又为四时浴室，用鍮石、珷玞为堤岸，或以琥珀为瓶杓”。东晋炼丹家葛洪《西京杂记》卷二记有：“武帝时……后得贰师天马，帝以玫回石为鞍，镂以金、银、鍮石。”到公元6世纪，“鍮石”已经为民间所用，南朝梁人宗懔《荆楚岁时记》中记载：“七月七日，是夕妇人结綵缕，穿七孔针，或以金、银、鍮石为针，陈瓜果于庭中以乞巧。”唐代“鍮石”用于官服的装饰，作为等级的标志。《唐书·舆服志》记载：“八品、九品服用青，饰以鍮石。”

据周卫荣研究员对中国黄铜冶铸技术的系统研究可知①，在相当长的时期内“鍮石”是中西贸易的主要西来品。吐鲁番出土文书中有不少关于鍮石交易的记载。鍮石还是隋唐时期西域国家进献中国的重要贡品。在古代丝绸之路上，考古发现的黄铜制品目前有8件，新疆罗布泊西侧营盘汉晋时期墓地发现3件②（图3-48）；青海都兰公元8～9世纪吐蕃墓葬出土5件③。分析检验结果表明这几件器物为含锌17%～30%的黄铜，从其中还含有3%～9%铅及杂质铁，有的还有少量银和锑的特点，可认为黄铜的冶炼原料不是用纯净的金属铜和锌，应是金属铜与锌矿合炼而成。

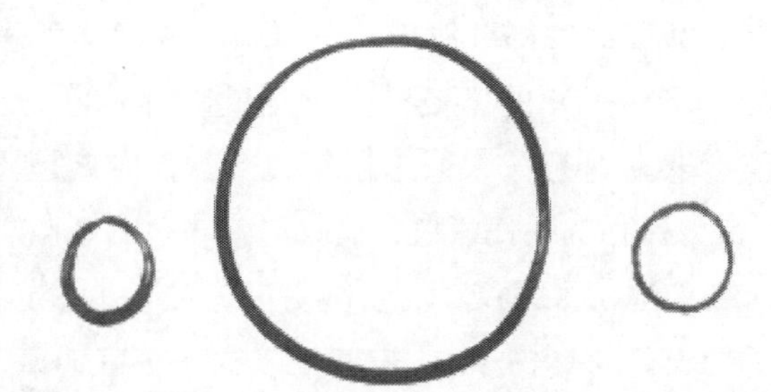

图3-48　新疆营盘汉晋墓地出土的铜耳环、手镯、指环

黄铜的冶炼在中国大约经历了两个阶段。第一个阶段，用铜和炉甘石炼制黄铜。最早记载于五代末至宋初（公元10世纪）的炼丹文献《日华子点庚法》中。宋代炼丹方士崔昉《外丹本草》（约成书于公元1045年）记载：“用铜二斤，炉甘石一斤，炼之即成鍮石一斤半。”炉甘石的主要成分是碳酸锌，此处“鍮石”指铜锌合金即黄铜。元代（公元1271～1368年）有记载：“赤铜入炉甘石，炼为黄铜，其色如金。”④ 至明代中期（16世纪中期）开始炼锌以后，黄铜才逐渐用铜加锌

① 周卫荣：《黄铜冶铸技术在中国的产生与发展》，《故宫学术季刊》（第18卷），2000年第1期。
② 李文英、周金玲：《营盘墓地的考古发现与研究》，《新疆文物》1998年第1期。
③ 李秀辉、韩汝玢：《青海都兰吐蕃墓出土金属文物的研究》，《自然科学史研究》1992年第11期。
④ 苏轼：《格物粗谈》（卷下），《丛书集成初稿》（第1344册），中华书局，1983年，第27、37页。

（倭铅）炼制，但铜加炉甘石法仍在采用。例如，宋应星（1587～?）《天工开物》记载："凡铜供世用，出山与出炉，只有赤铜。以炉甘石或倭铅参和，转色为黄铜"，"凡红铜升黄色为锤锻用者，用自风煤炭百斤，灼于炉内，以泥瓦罐载铜十斤，继用炉甘石六斤，坐于炉内，自然熔化。后人因炉甘石烟洪飞损，改用倭铅"[①]。李时珍的《本草纲目》也记载："炉甘石大小不一，状如羊脑，松如石脂，赤铜得之，即化为黄，今之黄铜皆此物点化也。"直到明代晚期天启年（1621 年）才开始大规模用单质锌配炼黄铜。例如，明代的宣德炉是中国古代杰出的黄铜铸件（图 3-49），现藏于首都博物馆。

图 3-49 首都博物馆馆藏宣德炉

黄铜在天文仪器、佛造像中都有使用。在《金铜佛像集萃》图录中收录的明代永乐年间（1403～1424 年）的宫廷作品旃檀佛（高 30.5cm）、药师佛（高 25cm）即为黄铜鎏金佛像，都有"大明永乐年施"款，应该是较早黄铜的佛像铸件。[②] 南京紫金山天文台保存的明代浑仪、简仪是宝贵的科学仪器，在世界天文学发展史上占有十分重要的地位。浑仪、简仪是明正统二年（公元 1437 年）制作的，距今已有 500 余年的历史。《明史·天文志》《明实录·英宗朝》《明实录·世宗朝》《明会典》中对两件仪器的制作年代、后期改进及修整都有所记载。1988 年，南京博物院技术部在整修浑仪、简仪过程中，[③] 与冶金与材料史研究所合作研究其材质及制作技术，在浑仪的阴经环、阳经环等附件残断处取样鉴定发现，有几件是由铸造的黄铜、铅黄铜制成的，这在《中国古代金属材料显微组织图谱·有色金属卷》中已经刊出。

黄铜从明代中期开始用于铸钱，据周卫荣等对 200 余枚明代铜钱合金成分的分

---

① 宋应星（明 1587～?），《天工开物·五金》（卷十四），明崇祯十年刻本（1637 年），广东人民出版社，1976 年，第 854～857 页。

② 王家鹏、沈卫荣：《金铜佛像集萃》，北京紫禁城出版社，2011 年，第 174、178 页。

③ 北京科技大学冶金史研究室、南京博物院：《浑仪、简仪合金成分及材质的研究》，《文物》1994 年第 10 期。

析结果表明[①]，嘉靖元年（公元 1522 年）之前，铜钱主要成分是铜锡铅，为青铜钱。嘉靖通宝的锌含量达 10%～20%，此为黄铜钱的开始，之后黄铜钱的锌含量进一步增加，万历通宝、天启通宝、崇祯通宝等含锌量多在 30%以上。按铜锌二元合金相图推测，它们的组织均应为 α 相或 α 相和 α+β 相组成。

3. 镍锌二元相图

由镍锌二元相图可知，在中国古代未发现镍锌含量为主的金属文物，而是在铜合金中发现有含镍、锌元素，如云南白铜，已在前面提及。铜中的镍锌含量均在此二元相图中（Ni）固溶体很宽的区域内，其组织也会显示 α 相或 α 相和 α+β 相，其余 β′、γ 和 δ 相都不会出现。最富锌的相，按包晶反应生成 L+γ→δ 相。这些相在金属文物显微组织的研究中尚未见到（图 3-50）。

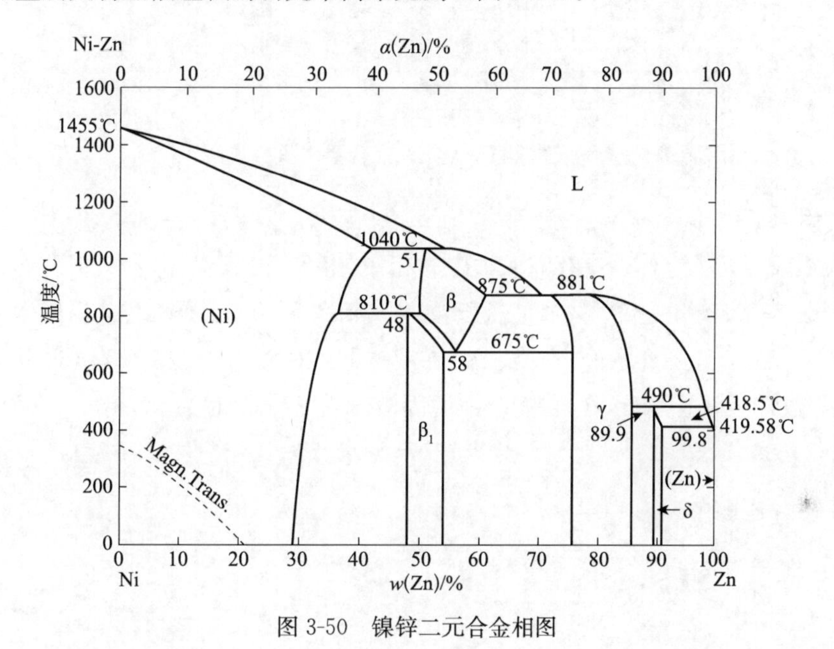

图 3-50　镍锌二元合金相图

在古代铜器显微组织的研究中，涉及的相图还有金汞、银汞的二元相图。它们也主要是包晶反应，是在铜器、银器表面装饰处理中使用，称为鎏金、鎏银。

4. 金汞二元相图

在金汞合金二元相图体系中存在的固相：Au、α_1（16%～23%）（原子分数）Hg、ζ（Au_3Hg）和 Hg。α_1、ζ、Au_2Hg 相分别在 419℃、338℃和 122℃下按照包晶反应生成（图 3-51）。

---

① 周卫荣：《黄铜冶铸技术在中国的产生与发展》，《故宫学术季刊》2000 年第 1 期；赵匡华等：《明代铜钱化学成分剖析》，《自然科学史研究》1988 年第 1 期；周卫荣：《中国古代钱币合金成分研究》，中华书局，2004 年，第 70、76、416 页。

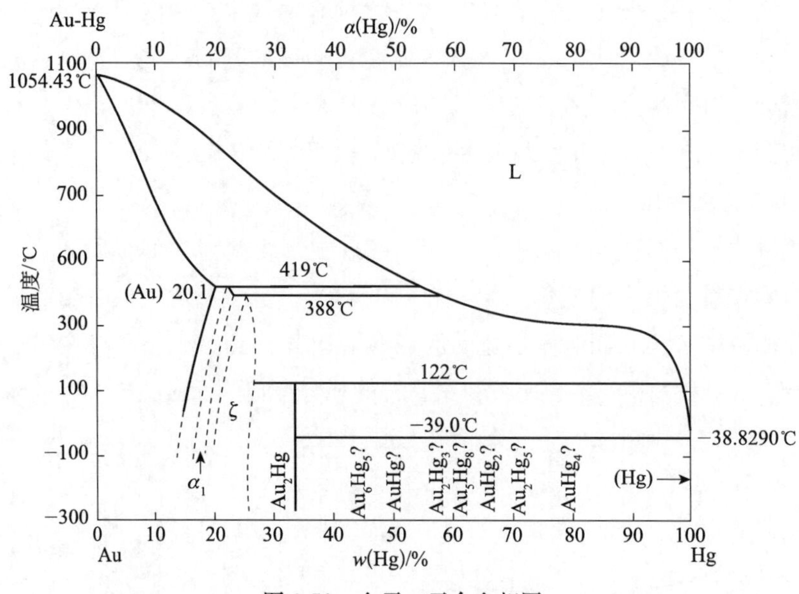

图 3-51　金汞二元合金相图

5. 银汞二元合金相图

在银汞二元合金体系中存在两种中间相：ζ 相和 γ 相。ζ 相在 276℃ 下经包晶反应生成，含 Hg 量 44.65%（原子分数）；γ 相在 127℃ 也是由包晶反应生成，含 Hg 量 55.7%～57%（原子分数）。Ag 在液体 Hg 中的溶解度在 500℃ 时为 38.5%（原子分数）。固态下 Hg 在（Ag）中的固溶度在 276℃ 时为 37.3%（原子分数）（图 3-52）。

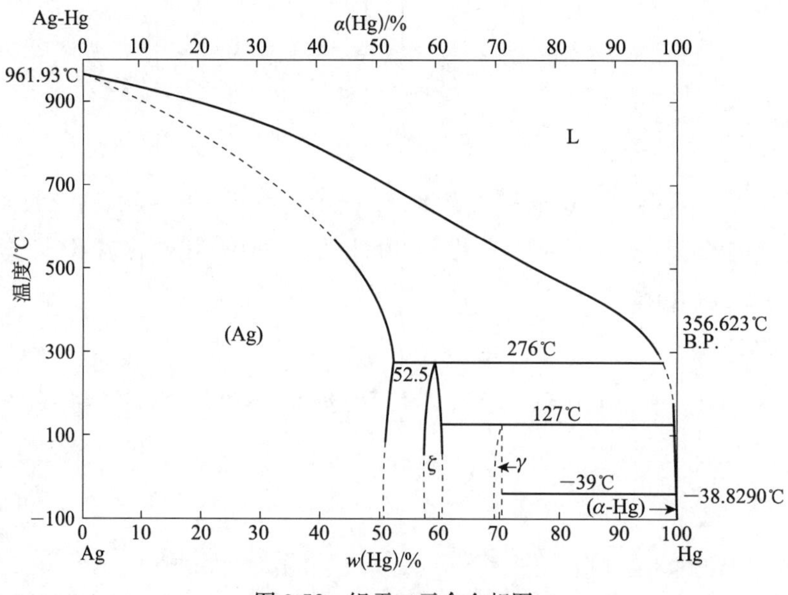

图 3-52　银汞二元合金相图

鎏金、鎏银是我国古代在金属器物上进行表面装饰的技术，是以金汞、银汞合金为原料，在器物的铜基体、银基体金属表面进行加工的工艺，也称火镀金（银）或汞镀金（银），如云南存在“乌铜走银”的制品。

鎏金技术在我国起始于战国，汉代时称为“金涂”或“黄涂”。鎏金是将金和水银（汞）合成金汞齐，涂在铜（银）器表面，然后加热使水银蒸发，金就附着在器物表面不脱落。以银汞齐为原料，按上述工艺操作即为鎏银。

关于金汞齐的记载，最初见于东汉炼丹家魏伯阳的《周易参同契》书中。关于鎏金技术的记载，南朝陶弘景曾说：“水银……能消金、银使成为泥，人以镀物是也。”① 这个记载比鎏金器物的出现晚了8个世纪。明代方以智的《物理小识》一书中对鎏金工艺有翔实的记述：“以汞和金，涂银器上成白色，入火则汞去而金存，数次即黄。”罗马博物学者普林尼（Pliny，公元27～97年）在公元1世纪的著作中有关于金能溶于水银的记载，埃及在公元3世纪有关于金汞合金用于镀金的记载。② 值得重视的是，1993年4月，在四川省绵阳永兴双包山二号西汉木椁墓后室，发现一件银白色膏泥状金属，质软，捏之可随意成形，其中并有固体颗粒存在的感觉，甚为奇异。经孙淑云等细致的测定分析认定，该银白色膏泥状金属主要是由液态汞和金汞合金颗粒组成。由于液态汞包裹着无数金汞合金的小颗粒，故呈现膏泥状，可随意成形，与鎏金所用原料金汞齐，俗称“金泥”形态相同。结合墓主的王侯身份和墓中其他随葬物品的分析，推断此银白色膏状金属应是与炼丹术的养生益寿产品有关，可能是鎏金原料——金汞齐，或是制作金粉的中间产品。绵阳西汉墓这件银白色膏状金汞齐应是世界上第一件出土的金汞合金。③

早期以小型鎏金铜器为多，如山西长治县分水岭战国墓中出土的鎏金车马饰①，河南信阳长台关楚墓出土的鎏金带钩④，山东曲阜战国大墓的鎏金长臂猿等。另外，在浙江、湖南、湖北、安徽等地都有战国鎏金器出土。在河南洛阳中州路车马坑中出土的马络饰为鎏金和鎏银制品。⑤

秦朝时期的鎏金器物出土较少，如陕西咸阳塔儿坡出土的漆器，配有鎏金铜口沿，也出土了鎏金器物，器座通体鎏金，饰柿蒂纹⑥。到汉代，鎏金技术已发展到很高的水平，且出土鎏金器物的地域较广且数量也多，不仅是小件器物，也有不少是大件的铜器。例如，河北满城汉墓中出土很多精美的鎏金器物，其中鎏金

---

① 李时珍《本草纲目》水银条引。

② 朱晟：《我国人民用水银的历史》，《化学通报》1957年第4期。

③ 孙淑云、何治国、梁宏刚：《汉代金汞合金研究》，《中国文物保护技术学会第二届年会交流论文》，2002年。

④ 河南省文化局文物工作队：《河南信阳长台山第二号楚墓的发掘》，《考古通讯》1958年第11期。

⑤ 韩汝玢、柯俊：《中国科学技术史（矿冶卷）》，2007年，第828页。

⑥ 咸阳市博物馆：《陕西咸阳塔儿坡出土的铜器》，《文物》1975年第6期。

长信宫灯以其优美造型和精湛的鎏金技术著称于世[①]；河北定县中山穆王刘畅墓也出土有大量的鎏金器物，总数达到五百余件[②]；吉林榆树老河深鲜卑墓葬中出土鎏金铜器共 9 种 67 件，经分析鉴定，与中原地区自战国开始盛行的鎏金工艺是相同的[③]；在广州南越王墓也出土了较多的鎏金器物，特别是那精美的大型鎏金屏风构件，已具有较高的鎏金工艺水平[④]；在青海省大通县上孙家寨汉墓中也出土了汞鎏金的铜车马器等[⑤]。另外，还有较多铜器是鎏金和鎏银同时存在的，如满城汉墓出土的乳丁纹壶、蟠龙纹壶（图 3-53)、当卢等均是以鎏金银为饰。部分是以鎏金为主，鎏银为辅；或是以鎏金为地纹，鎏银色描花纹。满城汉墓出土的铜枕、仪仗顶饰等则是在鎏金的基础上又分别嵌玉、绿松石、玛瑙等，可以说满城汉墓出土的鎏金银器比较集中和全面地反映了西汉时期鎏金银工艺的发展[⑥]（图 3-54)。1974 年，河南偃师寇店李家村窖藏出土鎏金奔羊，苍郁鎏金带盖的铜酒樽内，是汉代写实艺术的佳作。[⑦] 徐州东汉墓出土的兽形盒砚是一件珍品，其通体鎏金，满布鎏银的流云纹，同时点缀红珊瑚、绿松石、青金石，是青铜器装饰工艺发展成熟阶段的代表作品之一[⑧]。

图 3-53　河北满城汉墓出土蟠龙纹壶
（选自中国社会科学院考古研究所编
《满城汉墓发掘报告（下）》图版二）

图 3-54　河北满城汉墓出土
西汉长信宫鎏金铜灯

① 中国社会科学院考古研究所等：《满城汉墓发掘报告》，文物出版社，1980 年，第 255～261 页。

② 定县博物馆：《河北定县 43 号汉墓发掘简报》，《文物》1973 年第 11 期。

③ 韩汝玢：《吉林榆树老河深鲜卑墓葬出土金属文物的研究》，《榆树老河深》，文物出版社，1987 年，第 146～156 页。

④ 孙淑云：《西汉南越王墓出土铜器、银器及铅器鉴定报告》，《西汉南越王墓（上）》，文物出版社，1991 年，第 397～410 页。

⑤ 李秀辉、韩汝玢：《上孙家寨汉墓出土金属器物的鉴定》，《上孙家寨汉晋墓》，文物出版社，1993 年，第 241～249 页。

⑥ 中国社会科学院考古研究所等：《河北满城汉墓发掘报告》，文物出版社，1980 年，第 38～43 页。

⑦ 国家文物局：《中国文物精华大辞典青铜卷》，上海辞书出版社，1995 年，第 340 页。

⑧ 韩汝玢、柯俊：《中国科学技术史（矿冶卷）》，2007 年，第 828 页。

魏晋南北朝时期的鎏金器物较少。北京市延庆县出土了一件北魏时期的释迦牟尼法像。1973 年山西寿阳县贾各庄发现一座北齐时期的早期木构建筑大墓，其中有鎏金锥斗、鎏金瓶、碗、盒，鎏金莲花烛台等共 60 余件①。1965 年辽宁北票发现十六国时期北燕冯素弗及其妻墓葬有鎏金车骑大将军章等器物②。冯素弗墓出土的考 5118 鎏金带卡（图 3-55）鉴定有 Hg 存在，是汞鎏金，金层为 22.4K 金，金层较薄且不连续，鎏金层厚约 20μm，基体金相组织显示是等轴晶和孪晶。③

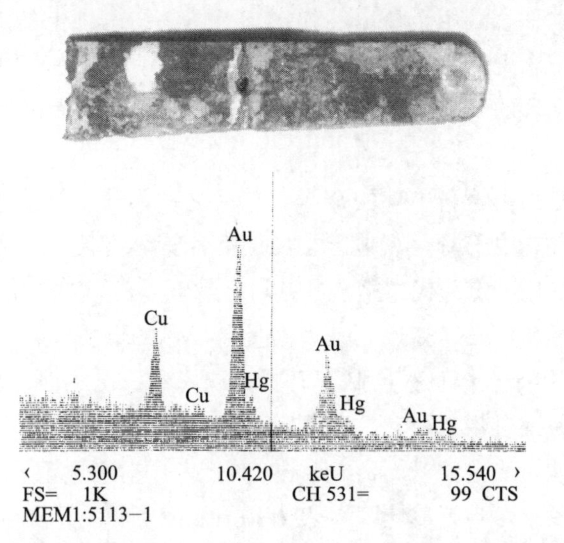

图 3-55 辽宁北票冯素弗墓出土鎏金牌饰 118 及其表面扫描电镜能谱分析图

隋唐时代的鎏金器物数量较汉代更多，仅江苏镇江丹徒县出土的 950 件器物中，鎏金器物已占到 10%，多为银胎的盘、盒、碗、瓶等④。青海省都兰县吐蕃墓葬（其时代相当于唐代中晚期）中也出土有鎏金器物⑤。乌鲁木齐唐墓中出土有鎏金铜马络及各种形状的鎏金铜饰件⑥。

在宁夏西吉发现一批唐代鎏金铜造像⑦。唐代鎏金器物多为银胎上鎏金。另外，鎏金铜币很多，如“大泉五十”、“小泉直一”、“五铢”、“开元通宝”等。辽宁建平张家营子辽代契丹人墓中出土双龙鎏金银宝冠，是用银胎模制锤打，再经錾花、表面鎏金而成⑧。

明清时期鎏金技术使用更为广泛，除装饰品和佛像外，还在宫殿的宝顶等建

① 王克林：《北齐库狄回洛墓》，《考古学报》1979 年第 3 期。
② 黎瑶渤：《辽宁北票西官营子北燕冯素弗墓》，《文物》1973 年第 3 期。
③ 同②。
④ 丹徒县文管会等：《江苏丹徒丁卯桥出土唐代银器窖藏》，《文物》1982 年第 1 期。
⑤ 李秀辉、韩汝玢：《青海都兰吐蕃墓葬出土金属文物的鉴定》，《自然科学史研究》1992 年第 3 期。
⑥ 王炳华：《盐湖古墓》，《文物》1973 年第 10 期。
⑦ 李怀仁：《宁夏西吉发现一批唐代鎏金铜造像》，《文物》1988 年第 9 期。
⑧ 公孙燕：《双龙鎏金银宝冠》，《北方文物》1999 年第 2 期。

筑物上使用鎏金工艺。例如，北京故宫御花园、乾清宫等处的鎏金铜兽、铜缸，雍和宫的鎏金铜佛像，青海湟中塔尔寺的大金瓦寺的鎏金铜瓦等。①

从以上可以看出，自有鎏金器物以来，无论在中原地区或边远地区，也不论历史朝代的长短，均有数量不等的鎏金器物出现。可以说明鎏金这一金属表面装饰工艺具有很强的生命力，被广泛应用在兵器、车马器、礼器、生活用具、玺印、饰品及宗教造像等。这些鎏金器物为我们后人了解鎏金工艺提供了大量的实物证据。

传统鎏金技术一直沿用至今。例如，军事博物馆塔顶上的五星军徽；天安门广场上人民英雄纪念碑上毛泽东和周恩来的题字；毛主席纪念堂的题字等。

根据国内外学者的研究成果，汞的存在是区别鎏金与其他表面镀金方法的主要依据②。

乌铜走金银是云南驰名中外的金属工艺品之一，其生产技术是继承古代鎏金技术的进一步发展，由于时代、地区、民族等因素，在配料、着色、艺术造型上又别具一格。云南用“走”代“鎏”，所以“走金、银”遂成为“鎏金、银”的又一称谓。乌铜器顾名思义，知道它是表面呈乌黑色的铜质器物，《新纂云南通志》工业考中记载：“甲于全国乌铜器制于石屏，如墨盒、花瓶等，錾刻花纹或篆隶正草书于上，以屑银铺錾刻花纹上，熔之，磨平，用手汗浸渍之，即成乌铜走银器。形式古雅，远近购者珍之。”③《石屏县志》物产考中对乌铜记载为“以金及铜化合成器，淡红色，岳家弯产者最佳”。④ 表明我国云南昆明、石屏生产的乌铜走银器，在明清时期已闻名遐迩，且以岳家制品为最佳，至今仍为精美的工艺品，远销海内外。图 3-56 是 1979 年作者访问云南昆明省文物商店时葛季芳女士赠送的乌铜走金银的艺术品照片。

图 3-56　云南省文物商店珍藏的乌铜走金银艺术品

四、具有中间化合物的相图

1. 砷铜二元相图

铜砷二元相图是具有两个共晶相和两个中间化合物的二元相图。

---

① 吴坤仪：《鎏金》，《中国科技史料》1982 年第 1 期。

② Lins P A, et al. The oringins of mercury gilding. Journal of Archaeological Science. 1975：365-373.

③ 《新纂云南通志》卷一百四十二，1939 年，第 7～8 页。

④ 《石屏县志》卷十六，1938 年，第 9 页。

图3-57相图中，砷含量0.10%～7.96%的α（Cu）相和含砷28.2%～31.2%的γ相是最重要的固溶体，后者习惯称为Cu_3As。根据铜砷二元合金相图可知，砷在α铜中的最大固溶度是7.96%，也就是说当砷含量超过此值时，才会有共晶的（α+γ）相出现，而在经过分析的样品中有砷含量仅为3%左右的样品（火烧沟M6的铜刀883）就有γ相析出，这点在P. Budd①和H. Lechtman②的研究中也有发现。实际操作时不可能保证凝固过程在平衡状态下进行，固溶线应该往左移，从而析出γ相，并且随着砷含量的增加而增加，对应地使铜合金的硬度增加。

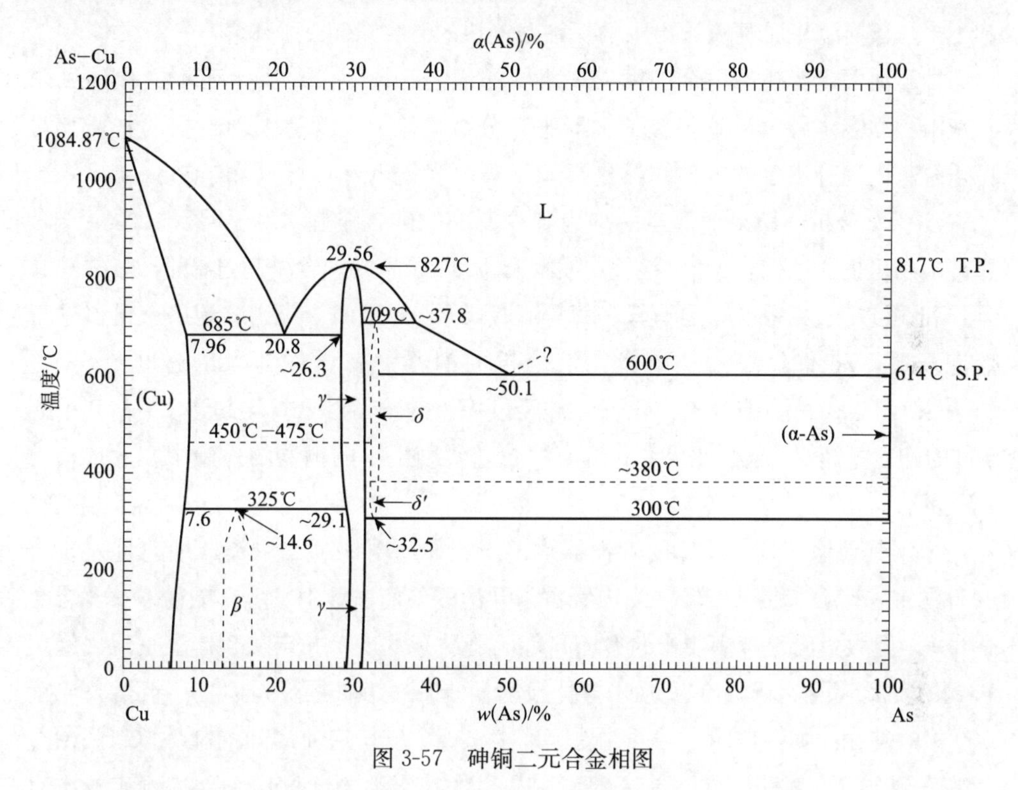

图3-57　砷铜二元合金相图

砷铜合金器物在新疆哈密地区发现较多。梅建军③鉴定了哈密五堡水库墓地出土的2件含砷3%～4%的砷铜器。新疆天山北路墓地出土的未锈蚀的铜器，经过潜伟④检验的39件砷含量超过2%的占30%，砷含量超过1%的占57%。南湾墓地

① Budd P A. Metaingraphic investigation of eneolithic arsenical copper artifacts from Mondsee，Austria. JHMS，1991：99-108.

② Lechtman H. Arsenic bronze：dirty copper or Chosen alloy? Journal of Field Archaeology，1996：477-514.

③ Mei J J. Copper and Bronze Metallurgy in Late Prehistoric Xinjiang. Dessertation for the Ph. D. degree，University of Cambridge，1999：137-177.

④ 潜伟：《新疆哈密地区史前时期铜器及其与邻近地区文化的关系》，知识产权出版社，2006年，第62～63、66～78页。

经过检验的14件铜器样品中有3件砷含量超过2%，11件样品的砷含量超过1%；焉不拉克墓地的10件样品中，有4件砷含量超过2%，7件砷含量超过1%。南湾和焉不拉克这两个墓地还发现有砷含量超过10%的砷铜合金器物。这说明含砷的青铜在这里使用广泛。高砷砷铜的存在，在目前其他早期墓地中还没有发现。哈密地区年代较晚的黑沟梁和拜契尔墓地各有1件铜器砷含量超过2%，分别有5件和3件砷含量超过1%。这些说明砷铜是哈密地区早期铜器的一个重要特点，并且在新疆南湾和焉不拉克墓地时期，达到了最高峰。新疆其他地区发现的砷铜器物却不多，仅有克里雅河流域出土的1件残铜块的砷含量超过2%。[①]

甘肃河西走廊是另一个砷铜发现集中的地区。孙淑云对属于四坝文化的民乐东灰山和酒泉干骨崖墓地出土的铜器进行分析检验，发现有铜砷合金的材质。对民乐东灰山遗址出土的8件铜器进行原子吸收光谱（atomic absorption spetroscopy，AAS）分析，结果全部样品均为砷铜制品，砷含量在2%～6%[②]。酒泉干骨崖墓地出土的46件铜器经过检验，发现有15件样品的砷含量超过2%，其中既有耳环和铜泡等装饰品类，也有锥、刀等工具类[③]。对玉门火烧沟墓地出土铜器进行鉴定表明，26件经过扫描电镜能谱分析的铜器中有8件砷含量超过2%，占31%[④]；而年代稍晚的沙井文化有7件经过检验的铜器砷含量均超过1%，其中有5件的砷含量超过2%。此外，在青海都兰吐蕃墓出土的铜器的检验中，发现一件唐代的含砷15.9%的铜镞[⑤]。

中国其他地区只有零星的砷铜器物出土，如河南偃师二里头二期遗址发现有一件铜锥，砷含量为4.47%[⑥]，内蒙古朱开沟的早商遗址中发现有铜锡砷三元合金的戈[⑦]，但大量出土砷铜器物的遗址和墓地还没有发现，并未从整体上呈现出经历砷铜的发展阶段。新疆哈密地区与甘肃河西走廊发现的公元前2000年至公元前500年的砷铜器物，说明中国西北地区确实出现了较普遍使用砷铜制品，新的冶金考古发现与研究表明，这一地区砷铜制品出现与当地工匠使用含砷的铜矿资源有关。我国其他地区砷铜制品有待考古发现及研究。出土的铜砷合金文物在《中国古代金属材料显微组织图谱·有色金属卷》已刊出较多的显微组织照片。

---

① 潜伟：《新疆哈密地区史前时期铜器及其与邻近地区文化的关系》，知识产权出版社，2006年，146页。

② 孙淑云：《东灰山遗址四坝文化铜器的鉴定及研究》，《民乐东灰山考古——四坝文化墓地的揭示与研究》，科学出版社，1998年，第191～195页。

③ 孙淑云、韩汝玢：《甘肃早期铜器的发现与冶炼、制造技术的研究》，《文物》1997年第7期。

④ 北京科技大学冶金与材料史研究所等：《火烧沟四坝文化铜器定量分析及制作技术的研究》，《文物》2003年第10期。

⑤ 李秀辉、韩汝玢：《青海都兰吐蕃墓葬出土金属文物的研究》，《自然科学史研究》1992年第11期。

⑥ 金正耀：《二里头青铜器的自然科学研究与夏文明探索》，《文物》2000年第1期。

⑦ 李秀辉、韩汝玢：《朱开沟遗址早商铜器的成分及金相分析》，《文物》1996年第8期。

2. 铜锑二元相图

铜锑二元相图中，Sb 含量在 15%～35%（原子分数）的区域较复杂，生成 6 种中间相。在古代出土的铜锑合金中少见，即使存在也含有铅、硫等元素，亦非二元平衡态的组织（图 3-58）。

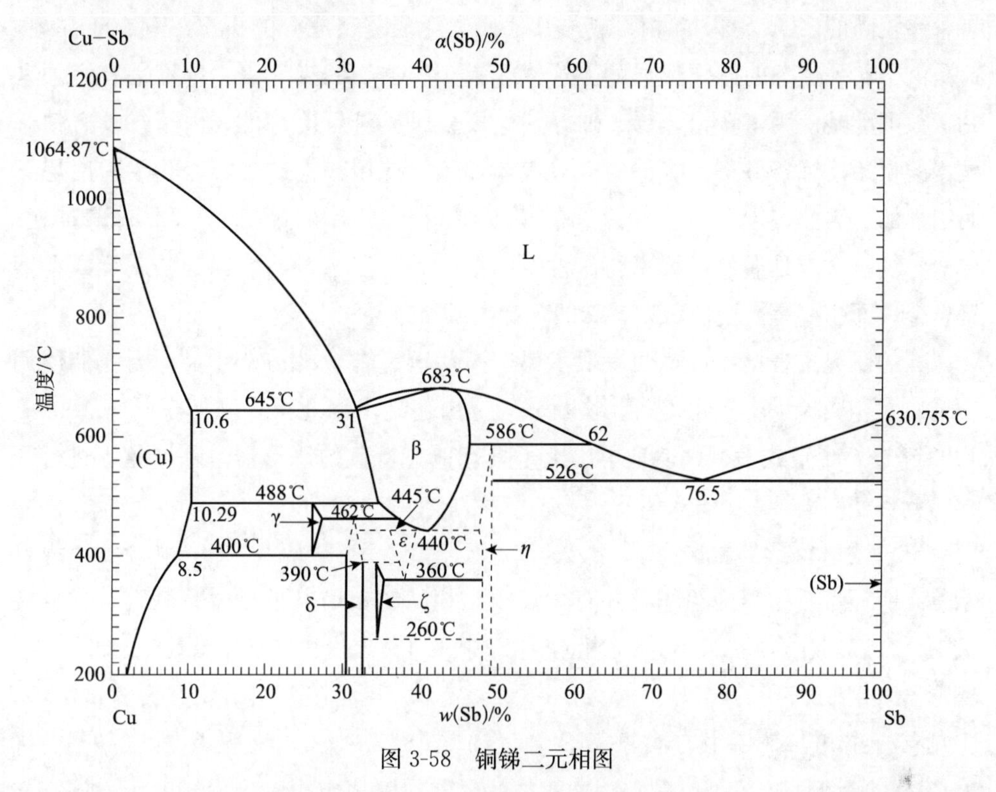

图 3-58　铜锑二元相图

在 R. F. Tylecote 撰写的冶金史（*A History of Metallurgy*）的著作中刊出了欧洲、美洲、非洲、亚洲等地零星出土了含锑的金属器①；意大利 Bergamo 博物馆收藏的早期青铜时代铜锭，含锑 14.5% 和含银 6.2%②；美国大都会博物馆馆藏的铜壶、铜盘，属于埃及第五或第六王朝（公元前 2500～前 2200 年）的制品，其表面镀锑。③ 已知的库班文化约公元前 12 世纪～前 5 世纪可能存在使用铜锑合金传统。④ 中国境内出土的早期铜器鉴定为铜锑合金的器物并不多，如甘肃火烧沟四坝

① Tylecote R F. A History of Metallurgy. The Institute of Materials，1992：11，16，43.

② Fink C G，Kopp A H. Ancient egyptian antimony plating on copper objects：a rediscovered ancient egyptian craft. Metropolitan Museum Studies，1933：63-167.

③ Dyson R. Sciences meet in ancient Hasanlu. Natural History，1964：73.

④ Pike G，Cowell R，Curtie E. The use of antimony bronze in the koban culture. Historical Metallurgy，1996：11-16.

文化出土的铜刀含锑1.2%、铜泡含锑4.8%,[①] 云南玉溪出土铜锛含锑4.2%,[②] 陕西城固湑水出土商代镰形器(HZ272)含锑5.8%[③]。多数器物的锑含量分布在1.0%~5%,锑固溶于α固溶体中,最大固溶度为10.29%。有少数器物的锑含量达到10%以上,但这些器物是含有铅、砷、铋、锡、银等元素的多元合金,发现有含锑较高的(Cu_9Sb_2)δ相、或与其他元素形成复杂成分的析出相存在于晶界,这是由于非平衡态的制作形成的。这些含锑金属器物的锑元素,都不是有意加入的,很可能是使用了含铅、锑、砷等共生多金属矿进行冶炼的,由于在没有精炼技术的初始冶炼条件下,未能完全分离,如可能使用黝铜矿($Cu_8Sb_2S_7$)冶炼铜时引入的。因此,铜器成分中含锑的现象在世界范围内的铜器中并非普遍存在,多数含锑合金应是偶然冶炼所得。古时的技术并不能通过冶炼得到金属锑或者铜锑合金,而主要是与当地所用特殊的含锑的矿料有关。

新的研究报告指出,陕西发现了属于商代铜锑合金的铸造制品,为我们使用铜锑二元相图提供了实物资料。陕西城固宝山遗址由西北大学文博学院于1998~1999年进行了正式发掘,遗址中出土了具有地方特色的镰形器,陈坤龙等进行了科学分析[④](图3-59~图3-61)。

SH41:2镰形器含铜92.3%、锑4.9%、铅2.5%、硫0.2%,其金相组织显示是有明显偏析的铸造组织,并有少量析出相,经扫描电子显微镜测定其成分接近铜锑金属间化合物Cu_9Sb_2(δ相),组织中还可见硫化物夹杂及铅颗粒。SH41:3镰形器含铜92.7%、锑5.6%、铅1.5%、硫0.2%,其金相组织亦为铸造组织,也见有析出相,基体中有含铜74.4%、锑17.8%、硫7.8%及含铜66.3%、锑33.7%的δ相,也可见铅颗粒。这两件镰形器在陕西宝山地区发现,为我国存在铜锑二元合金提供了新的实物证据。

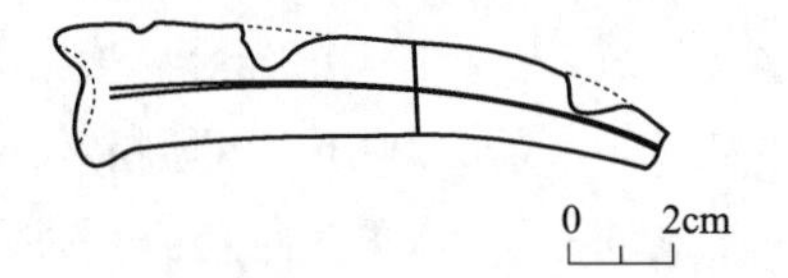

图3-59 陕西城固宝山遗址出土的镰形器SH41:2

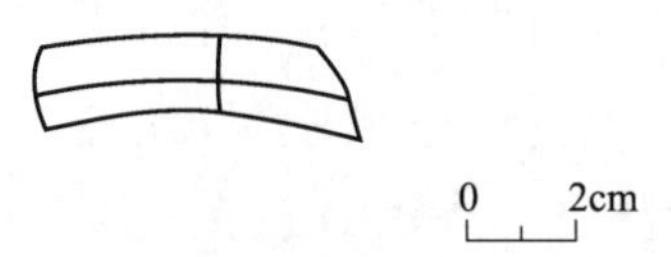

图3-60 陕西城固宝山遗址出土镰形器SH41:3

---

① 孙淑云、潜伟、王辉:《火烧沟四坝文化铜器成分分析及制作技术的研究》,《文物》2003年第8期。

② 李艳萍、王建平、杨帆:《昆明羊甫头墓地出土青铜器的分析研究》,《文物保护与考古科学》2007年第2期。

③ 陈坤龙:《从陕西汉中地区出土铜器的科学分析看商王朝周边地区金属技术的区域性特征》,北京科技大学科学技术史博士生论文,2009。

④ 陈坤龙、梅建军、赵聪苍:《城固宝山遗址出土铜器的科学分析及其相关问题》,《文物》2012年第8期。

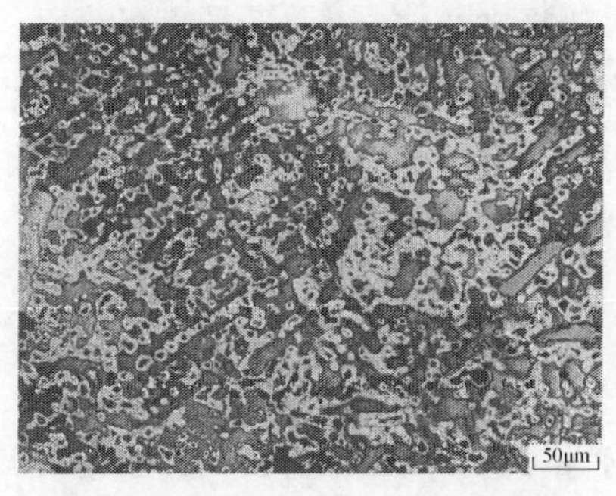

图 3-61　镰形器 SH41：2 的金相组织

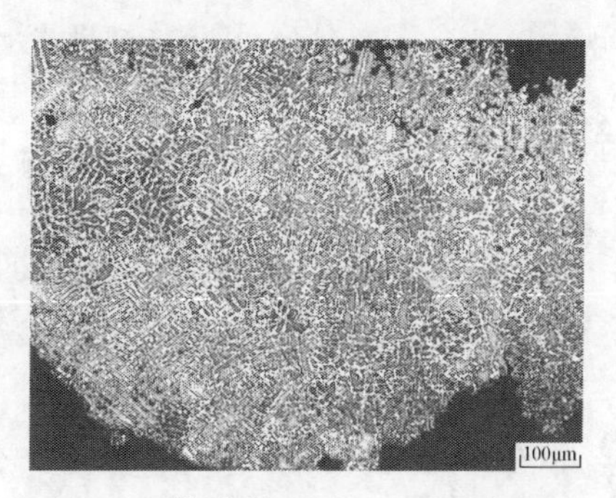

图 3-62　镰形器 SH41：3 的金相组织

2008 年 1～5 月，经国家文物局批准，云南省文物考古研究所主持，于剑川海门口遗址进行了第 3 次考古发掘，并获 2008 年中国六大考古新发现。此次发掘获得金属器 19 件，有铜镯、铜凿、铜料、铁镯、铜环、铜针、铜钻头、铜刀、铜箭镞、铜铃、铜锥和铜条等。为进一步研究剑川海门口古文化遗址出土金属器的年代和相关问题，贠雅丽、李晓岑对第 3 次发掘所获部分铜器进行了取样和分析鉴定。采取剑川海门口遗址第 3 次发掘出土铜铁器 7 件，计有出土于第 4 文化层的铜镯 2 件，铜凿 1 件，铜块 1 件，出土于第 5 文化层的铜块 1 件，出土于第 6 文化层的铜块 1 件，铁镯 1 件。以上铜器，出土时外观情况都很好，表面极少锈蚀。

第 6 文化层出土的铜块（9916），含锑 5.3%，显微组织为铸态枝晶偏析（图 3-63），有类似（α＋δ）的共析组织析出，应为富锑相的合金，晶内可见少量滑移带，说明经过铸后冷加工。[①]

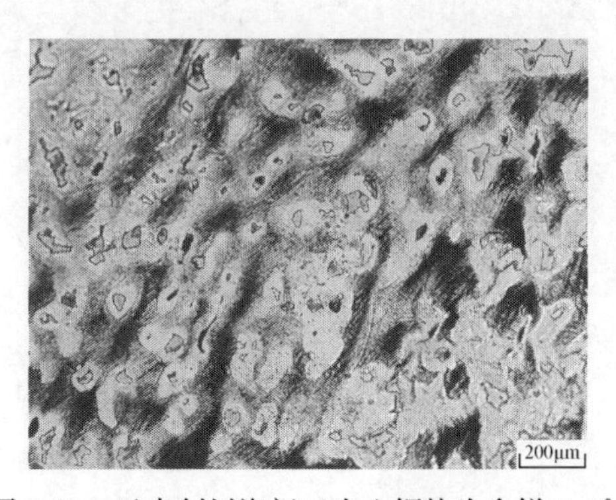

图 3-63　云南剑川海门口出土铜块为含锑 5.3%

此铜块出自第 6 层，也是出土金属器地层的最下层，其化学成分为铜锑合金，这是一种较少见的合金。在滇西地区，锑合金还发现于弥渡县的合家山，为铅锑砷铜四元合金，时代约为战国期至西汉初。[②] 铜锑合金在滇东和滇南地区也时有发

① 李晓岑：《云南科学技术简史》，科学出版社，2013 年，第 25～26 页。

② 李晓岑、员雅丽：《滇西和滇南地区几件青铜时代铜器的科学分析》，《大理学院学报》2008 年第 12 期。

现。这种合金成分也见于中国西北地区的火烧沟四坝文化[①]，以及新疆克里雅汉代遗址[②]。剑川海门口的含锑的铜器，可能与冶炼中的矿物来源有关，产品是当地生产还是与其他地区青铜文化交流有关尚无法判断。此遗址发现铜锑二元合金的铜块是重要的研究结果。

五、三元合金相图

在金属文物显微组织的研究中不仅是要了解相关的二元合金相图，还需要知道常见的铜锡铅三元合金相图读图法，不同的合金成分的性能可以为所研究的青铜文物提供更多的技术信息。古代金属文物中还涉及铜镍锌三元合金（云南白铜）及金银铜三元合金，另外在金属文物鉴定时还会发现合金中存在其他的杂质元素，如青铜器中有锌、砷、铁等，情况复杂。我们主要是了解基体中的主要三种元素成分、显微组织与性能之间的关系，为考古学等学科提供必要的技术信息和资料。

1. 三元合金相图中合金成分的表示方法

以等边三角形表示浓度，以纵坐标为温度，则构成立体的三元系相图。

图 3-64 是画出的浓度表示方法，以等边三角形内任一点 o 作平行于各边的三个线段，om、on、op，其长度总和等于三角形的任意边长，即 $om+on+op=AB=BC=AC$。如果设等边三角形的边长为 100%，则各线段 om、on、op 的长度相应代表该合金中组元 A、B、C 的百分含量。由图可见 $om=a$、$on=b$、$op=c$，因此在浓度三角形中可分别用 a、b、c 线段长度表示 A、B、C 三组元的百分含量。请读者按浓度三角形图 3-65 读出 E 合金、F 合金的成分，通过练习进一步体会三元图的合金浓度表示方法。

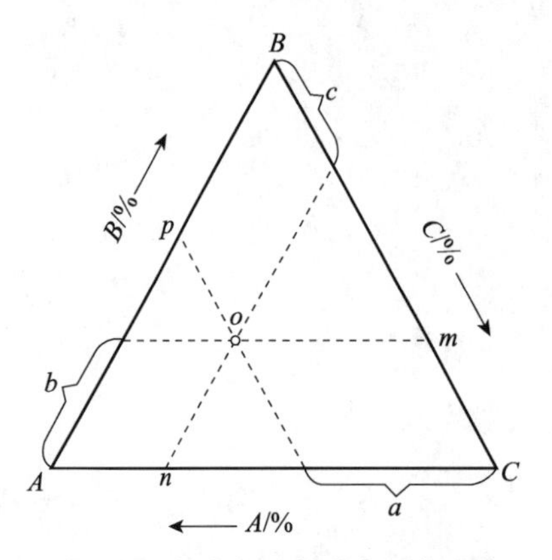

图 3-64 在浓度三角形内测定成分

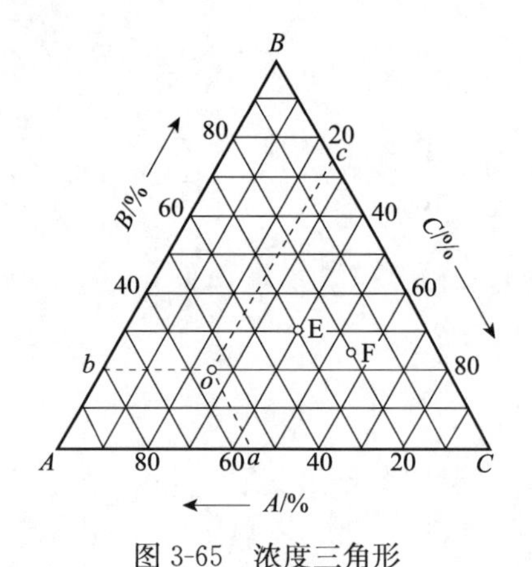

图 3-65 浓度三角形

① 孙淑云、潜伟、王辉：《火烧沟四坝文化铜器成分分析及制作技术研究》，《中国冶金史论文集》（第4辑），科学出版社，2006年，第117～135页。

② 潜伟、孙淑云等：《新疆克里雅河域出土金属遗物的冶金学研究》，《中国冶金史论文集》（第4辑），科学出版社，2006年，第231～242页。

铜锡铅三元合金室温相图，见图 3-66[①]。当含锡 13.5%～23.5%时，锡铅的青铜与二元锡青铜存在的 α 相固溶体组织基本类同，而铅在铜锡合金中不溶，以独立相存在。铅在铜合金的显微组织中呈现是黑色的颗粒，这种以软质点分布于组织中，应可弥合锡青铜铸造时形成的缩松，同时由于铅的密度为 11.34g/cm^2，较铜 8.9g/cm^2 大很多，因此若合金中铅含量较高，易造成比重偏析。合金中铅的尺寸、形状和分布状态对器物性能有影响。

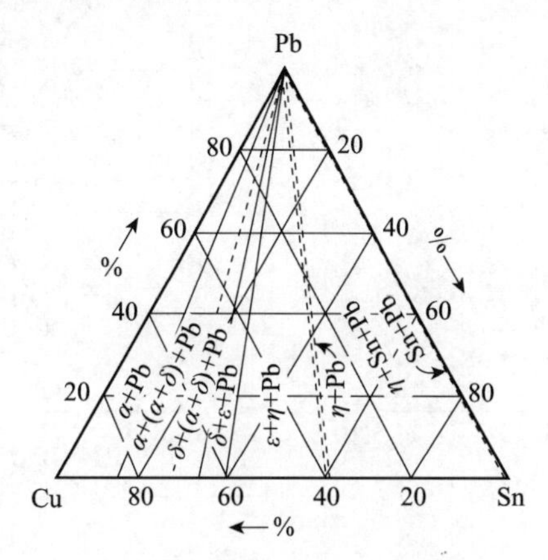

图 3-66　铜锡铅室温三元系统相图

下面举一研究实例，以馈读者。

北京市文物研究所山戎考古工作队的考古工作者对出土铜器进行金相学研究的重要性有较明确的认识。1988 年，北京市文物研究所与北京科技大学冶金与材料史研究所密切合作，对发掘出土的延庆军都山山戎墓地出土的铜器首次进行了系统的金相学研究，为深入揭示这一内涵丰富的春秋时期山戎文化墓地提供了许多新的宝贵的研究成果。[②]

这次集中研究的山戎文化墓地涉及玉皇庙、葫芦沟及西梁垙三处墓葬群，发掘清理墓葬共 579 座，出土各类器物非常丰富，其中青铜器就有 1.7 万件。青铜器出土有生产工具、兵器、装饰器、车马器、容器五类，以生产工具、装饰品、兵器三类居多。进行金相学研究的青铜器来自三座墓地中的 58 座墓葬，取样时充分考虑到墓葬的分期，大、中、小型墓葬的贫富差别，男女性别，铜器种类等因素，并对具有独特风格的直刃匕首式短剑和削刀，根据其型、式给予较多的重视。此项金相学分析对山戎三座墓地有代表性的铜器，共计 122 件，进行了成分及金相组织的研究。[①]属兵器类器物 33 件，含铜 56.9%～78.2%，含锡 3.8%～25%，含铅

① Hanson D，Pell-Walpole W T. Chill Cast Tin Bronzes，London，1951：76.

② 韩汝玢、许征尼：《北京市延庆县山戎墓地出土铜器的鉴定》，《军都山墓地：葫芦沟与西梁垙》，文物出版社，2009 年，第 598～638 页。

8.9%～36.5%；属青铜工具类器物 53 件，含铜 58.1%～86.7%，含锡 7.1%～23.4%，含铅 0.3%～25.0%；青铜饰品车马器和容器 36 件，含铜 52.8%～91.6%，锡 6.2%～24.6%，铅 1.5%～35.7%。这批青铜器铜、锡、铅含量未见依器物种类不同，呈现有规律性的变化。[①] 用铜锡铅三元合金状态图分兵器、工具、饰品等三类成分分布，如图 3-67，可以看出它们之间的异同。

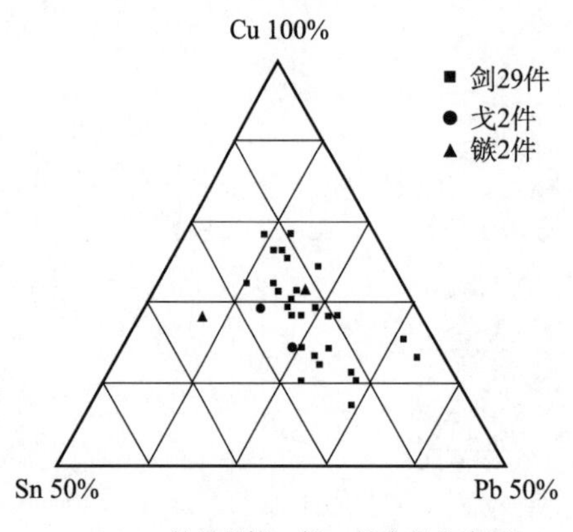

(a) 33件兵器铜、锡、铅含量分布图

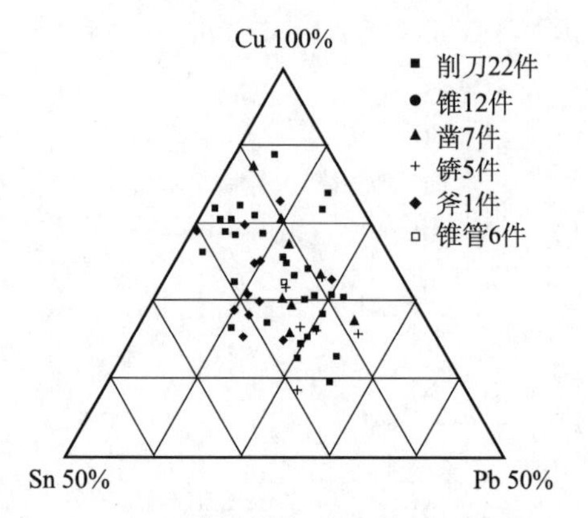

(b) 53件工具铜、锡、铅含量分布图

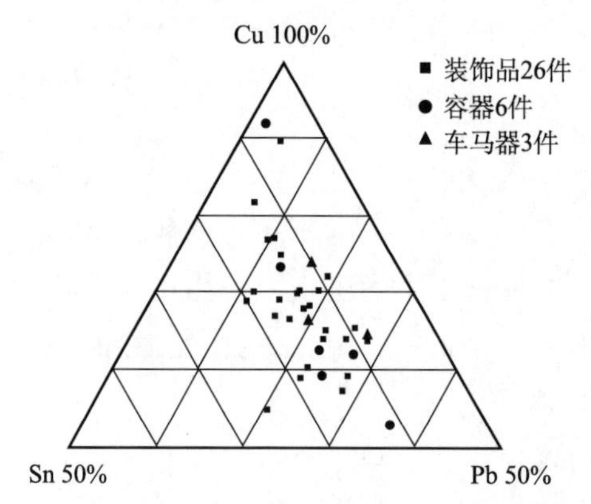

(c) 36件装饰品、容器和车马器工具铜、锡、铅含量分布图

图 3-67 延庆军都山山戎墓地出土的铜器的铜锡铅含量分布图

我们研究所用铜锡铅三元状态图显示成分的结果还有数例，如吴坤议、孙淑云对云南 8 类 95 面铜鼓所做的成分分析[②]，见图 3-68。按八种类型绘制在三元系坐标上金相组织显示铅的分布状态有很大差异。铅分布有的均匀、有的不均匀，有的呈细颗粒状、枝晶状、粗大圆球状、块状，有的在晶界分布，有的沿加工方向变形拉长。这种铅分布不均匀性，未发现明显的规律性。

① 韩汝玢、许征尼：《北京市延庆县山戎墓地出土铜器的鉴定》，《军都山墓地：葫芦沟与西梁垙》，文物出版社，2009 年，第 598～638 页。

② 韩汝玢、柯俊：《中国科学技术史（矿冶卷）》，科学出版社，2007 年，第 789 页。

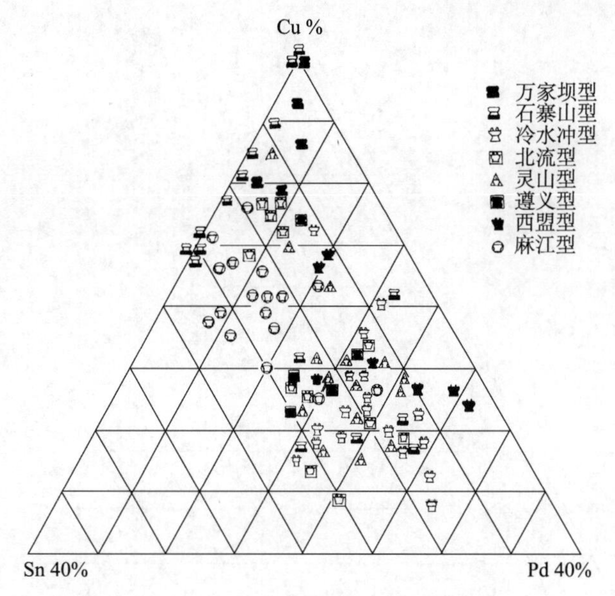

图 3-68　95 面铜鼓的铜、锡、铅含量

2. 铜锡铅三元合金的机械性能

关于铜锡铅三元合金的机械性能经常引用 W. T. Chase 文章[①]中给出的 Cu-Sn-Pb 成分与 HB（硬度）、σ_b（抗拉强度）、δ（延伸率）的关系图（图 3-69～图 3-71）。从图中可知，含锡在 12%～18%的铜合金中，若加入 6%左右的铅，总的机械性能较好。同时，铅的加入可以提高合金溶液的流动性和产品的耐磨性。合金中铅的尺寸、形状及分布状态对器物的性能有较大影响，当铅以小颗粒状或细枝晶状均匀分布较为理想。若要使铅在合金中获得较好的分布状态，应当在合金熔化后充分搅拌再浇注，浇注后应当快速冷却。这是极重要的两项工艺措施。

关于铜锡铅三元合金的颜色在 T. Chase 的文章有图示[②]，见图 3-72。把室温时的平衡相及金相抛光后的颜色都画在图中，由铜的橙红色、红黄色、橙黄色、黄灰白、银白色到灰白色，铅的加入显示少许的光泽。这对初学者也是有用的知识。美国华盛顿弗利尔美术馆收藏了许多中国青铜器包括商周时期的礼器、金属货币，唐宋时期的铜镜等。这些青铜器使用 XRF 分析仪进行了成分测定，并出版了图录，公布了大量数据。韩汝玢 1996 年曾应约去美国华盛顿弗利尔美术馆与 T. Chase 博士合作研究时，T. Chase 博士赠送了《考古化学》一书给她（图 3-73）。其中也有

---

① Chase W T，et al. Ternary Representations of Ancient Chinese Bronze Composition，Archaeological Chemistry-Ⅱ，Advances in Chemistry Series 171，American Chemistry Society，Washington D. C. 1978：303-305.

② Chase W T，et al. Ternary Representations of Ancient Chinese Bronze Composition，Archaeological Chemistry-Ⅱ，Advances in Chemistry Series 171，American Chemistry Society，Washington D. C. 1978：302.

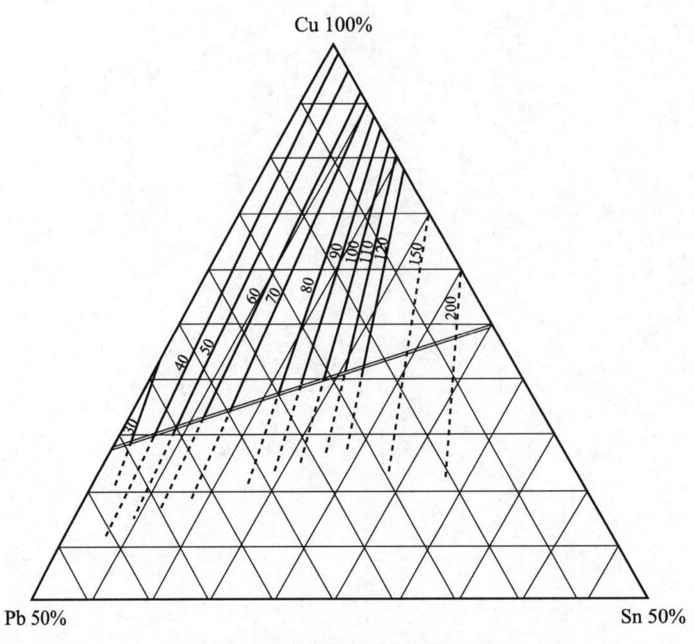

图 3-69　铸造铅锡青铜的布氏硬度

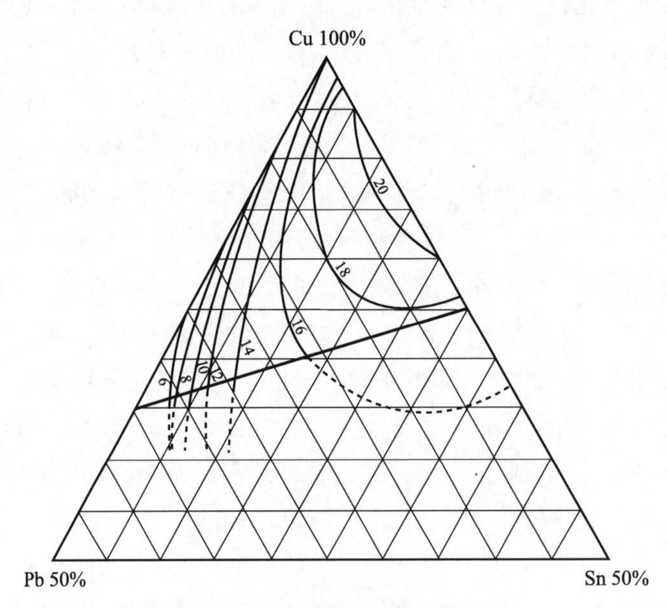

图 3-70　铸造铅锡青铜的抗拉强度

弗利尔美术馆收藏的中国铜镜成分的铜锡铅三元合金分布图（图 3-74）。[①]

① Chase W T，et al. Ternary Representations of Ancient Chinese Bronze Composition，Archaeological Chemistry-Ⅱ，Advances in Chemistry Series 171，American Chemistry Society，Washington D. C. 1978：311.

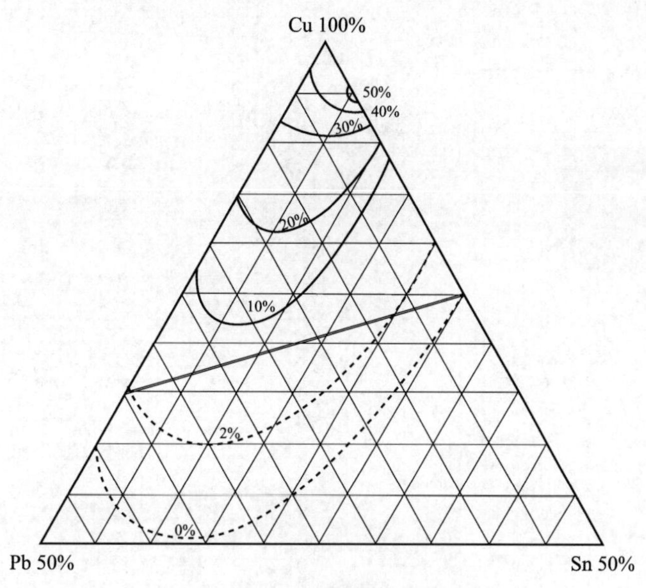

图 3-71　铸造铅锡青铜的延伸率

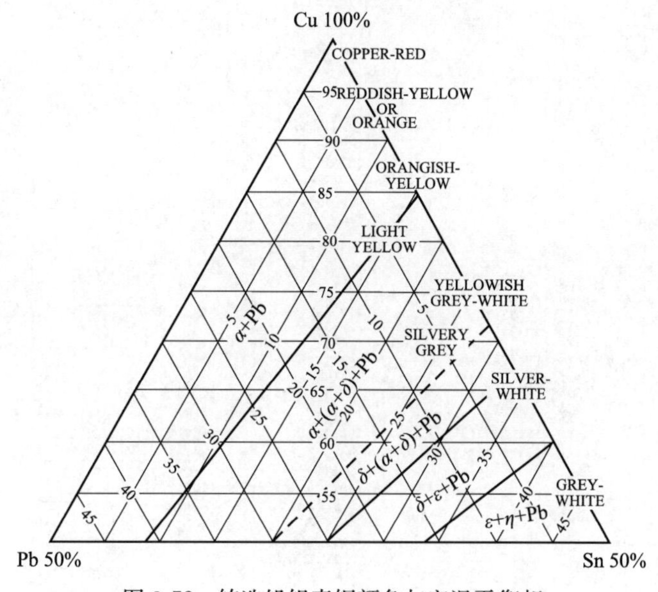

图 3-72　铸造铅锡青铜颜色与室温平衡相

3. 金银铜和铜锌镍

选自美国 *ASM handbook* 合金相图第三卷的金银铜三元合金只有在 300℃和 775℃时的等温截面图（图 3-75、图 3-76）[①]。在检测出土的银金合金或金银合金文物时都含有一定数量的铜，由于器型完整，多数仅能做无损的成分分析，允许进

① ASM handbook. Alloy Phase Diagrams. 1991，3：3-5.

Archaeological Chemistry—II

Giles F. Carter, Editor
Eastern Michigan University

Based on a symposium sponsored by the Division of the History of Chemistry at the 174th Meeting of the American Chemical Society Chicago, IL, August 31–September 1, 1977.

ADVANCES IN CHEMISTRY SERIES 171

AMERICAN CHEMICAL SOCIETY
WASHINGTON, D. C. 1978

18

Ternary Representations of Ancient Chinese Bronze Compositions

W. T. CHASE
Freer Gallery of Art, Smithsonian Institution, Washington, DC 20560

THOMAS O. ZIEBOLD
Braddock Services, Inc., 17200 Longdraft Rd., Gaithersburg, MD 20760

The simple method of representing the percentages of copper, tin, and lead in an alloy on a three-component plot has helped to categorize ancient Chinese bronze compositions. While the representation method is straightforward and the plots can be drawn by computer, some of the problems involved, such as the methods of grouping values on the plot and the normalization procedure, are not trivial. The ternary representations give new insights into the evolution of bronze alloys in China, show clearly the great control over alloy composition exerted by ancient Chinese foundrymen, and reveal the caster's remarkable grasp of the metallurgy of the copper–tin–lead system. Ternary representations have helped to assess the date at which an object could have been made and to show, graphically and imemdiately, any inconsistencies between stylistic and technical attribution to period.

Metal compositions of Chinese bronze ceremonial vessels and other bronze objects have fascinated scholars for some time. It seems that Chinese bronze founders must have had good intuitive control of composition. They must have considered the final uses of these objects and must have adjusted the compositions accordingly. Economics, availability of ore sources, trade routes, and many other factors influenced the metals placed in the crucible. One has long thought that the compositions of ancient Chinese bronze objects should vary in a regular manner with the time and place of manufacture and with the object type.

图 3-73 《考古化学》一书

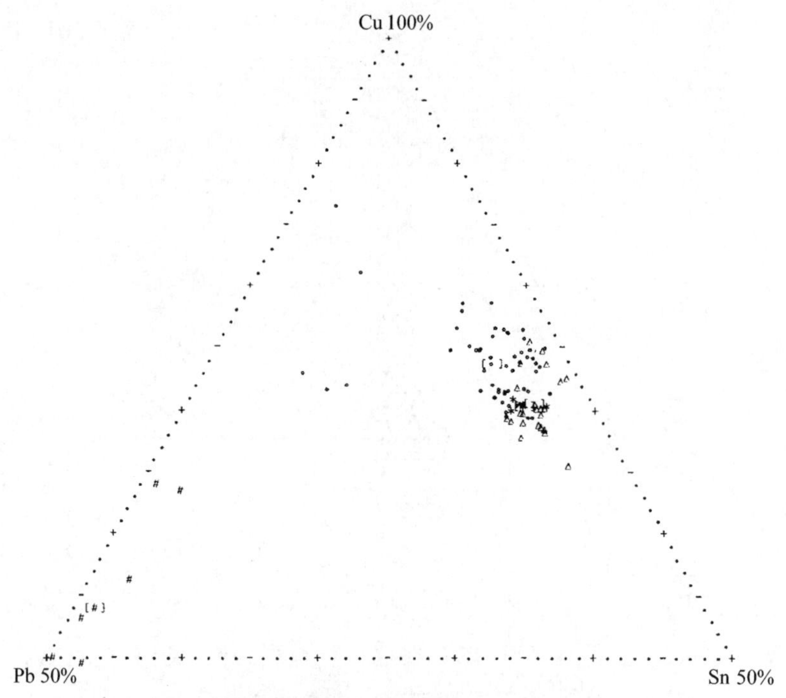

图 3-74 弗利尔美术馆收藏的中国铜镜成分的铜锡铅三元合金分布图

行取样的合金残片又多数为经过锻造加工的制品，它们显示的金相组织与相图的应用有较大距离。请读者与金银二元合金和银铜二元合金的相图部分联系进行认

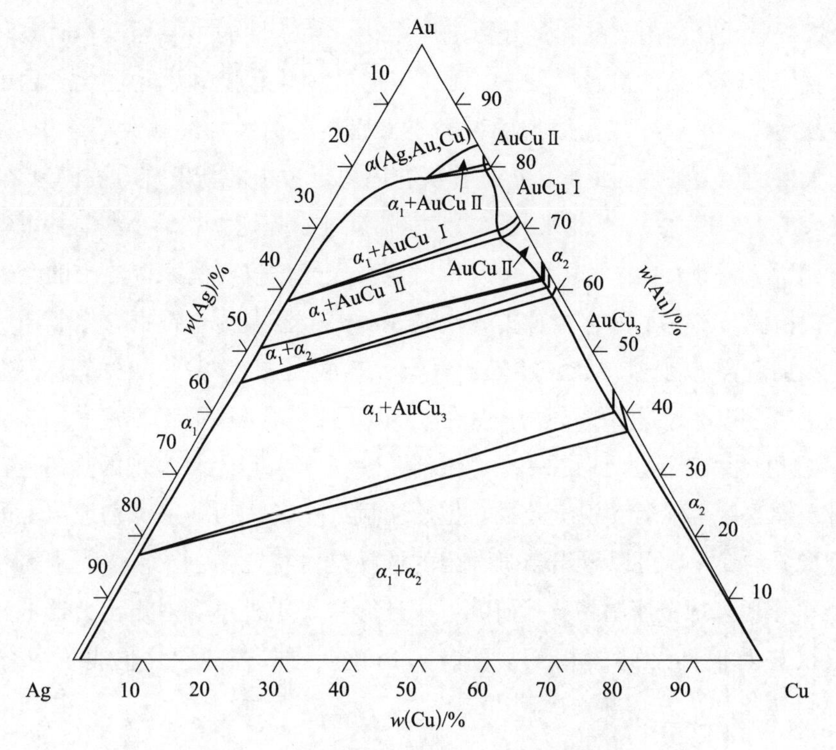

图 3-75　银金铜三元合金 300℃等温截面图

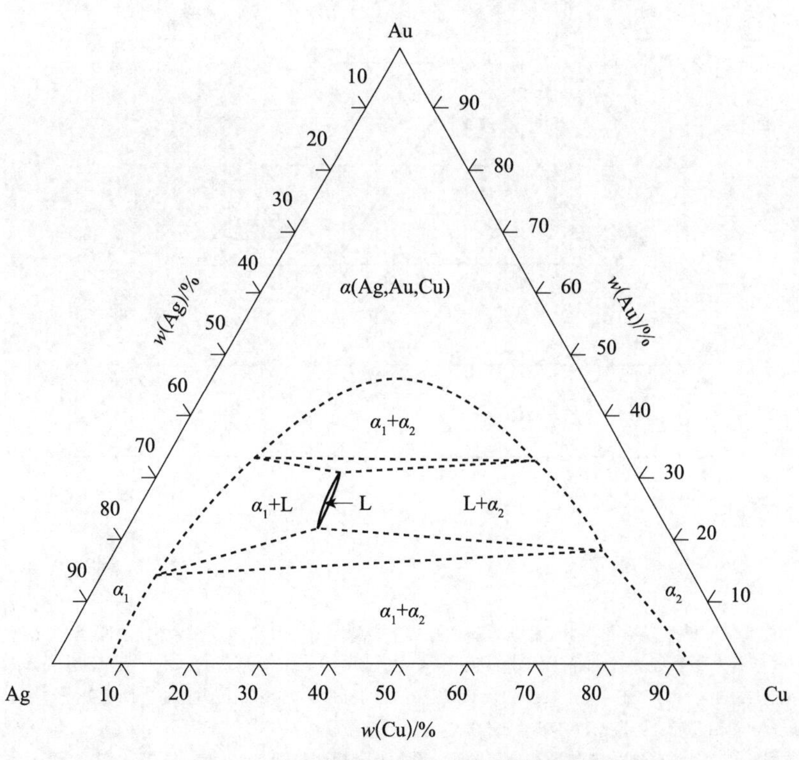

图 3-76　银金铜三元合金 775℃等温截面图

知。金银铜三元合金中金的含量是影响合金化学稳定性的主要因素，而银和铜的比例则直接影响合金的颜色、硬度、强度、时效硬化程度和熔化温度。甘肃天水马家源墓地出土了属于战国时期的各类丰富而精美的装饰品和大型豪华车马器，并发现大量使用金银器的情况，这是首次在国内考古中的新发现，被评为 2006 年全国十大考古发现之一。① 北京大学文博学院黄维、陈建立、吴小红与甘肃省文物考古研究所王辉等人合作，用便携式 X 射线荧光光谱仪对马家源出土的金银器进行了无损检测，判定了其合金种类。检测表明，金器多为金银铜合金制成，银制品多为银铜金合金制成。从银金铜三元合金的颜色（图 3-77）② 可知，自然金多为红黄色，当含银不超过 20％，铜含量在 3％以下时，金器仍为红黄色；若银含量超过 20％或更多，金器会泛白或变绿。银器若含银 60％以上，呈现的是白色，虽然金含量及铜含量会削弱其视觉效果，但不明显。作者认为马家源墓地出土的金银器合金成分的变化，可以看出当时合金的选择是对特定颜色及审美需求需要的反应。③《马家塬墓地金属制品技术研究》中还介绍了国外学者对出土金器的颜色与功能、权势及信仰之间的相互关联。V. Pingel 的研究成果，值得大家学习和思考。④

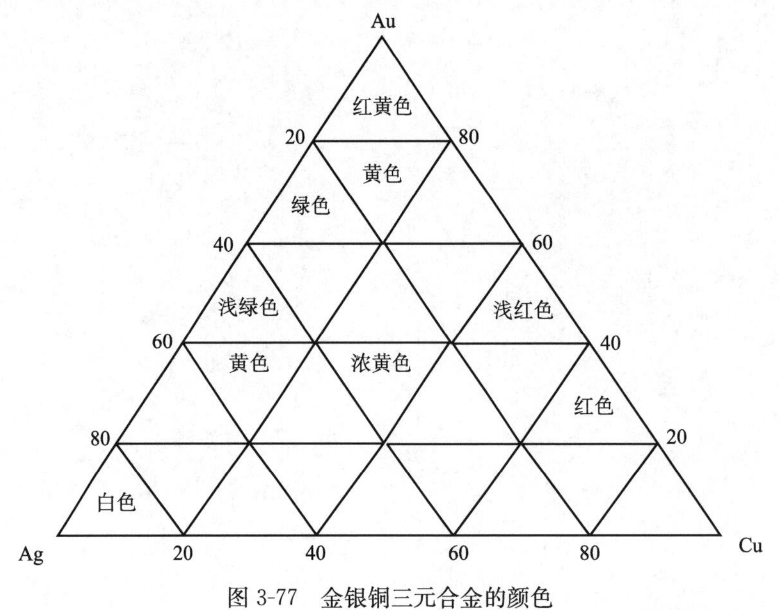

图 3-77　金银铜三元合金的颜色

① 北京大学文博学院黄维等：《马家源墓地金属制品技术研究》，北京大学出版社，2013 年，第 2 页。

② Pingel V. Technical Aspects of prehistoric Gold Objects on the Basis of Material Analysis. In Giulio Morteoin and Jeremy P. Northover（eds.），Prehistoric Gold in Europe：Mines，Metallurgy and Manufacture. KluwerAcademic Publishers，1995：395.

③ 黄维：《马家塬墓地金属制品技术研究》，北京大学出版社，2013 年，第 198、199 页。

④ 同②，200－202。

美国 *ASM handbook* 合金相图第三卷中有铜锌镍三元合金，在研究中国云南白铜的课题时可以参考（图 3-78）。

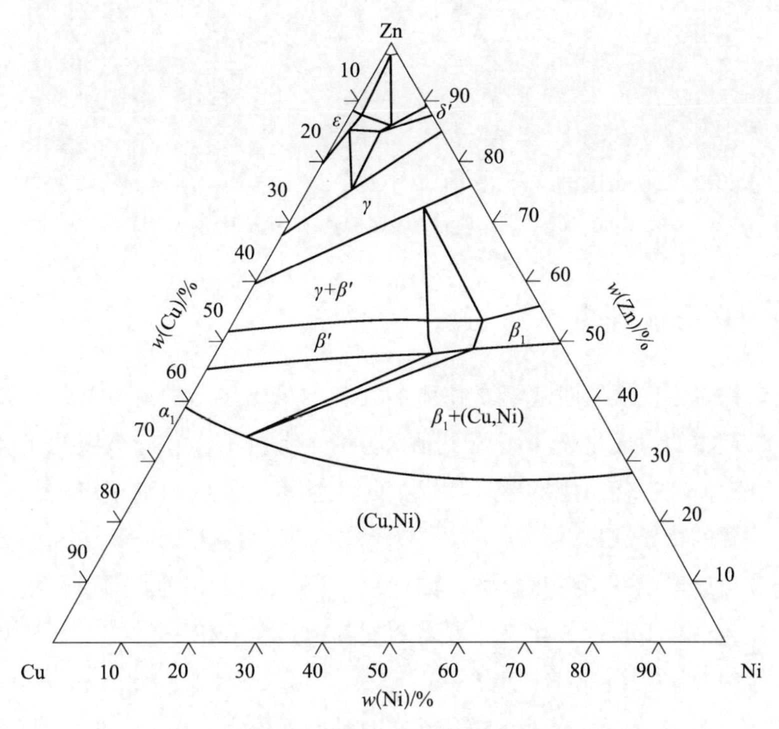

图 3-78　铜锌镍三元合金室温时的等温截面图①

北京科技大学科学技术史专业博士生黄超在梅建军教授的指导下正在进行云南白铜的研究，图 3-79 和图 3-80 是征集到的两件云南白铜的实物及其金相组织，用扫描电镜能谱分析测定手镯含铜 70.4%、镍 8.0%、锌 21.6%，取样部位显示是热锻组织；短烟杆含铜 58.2%、镍 14.5%、锌 35.3%，是铸造组织。它们是 20 世纪初的云南白铜制品。此课题仍在进行中。

图 3-79　云南昆明征集镍白铜手镯及其金相组织

① ASM handbook. Alloy Phase Diagrams. Vol 3，Printed in the United of America，1991，section：3-5，3-51.

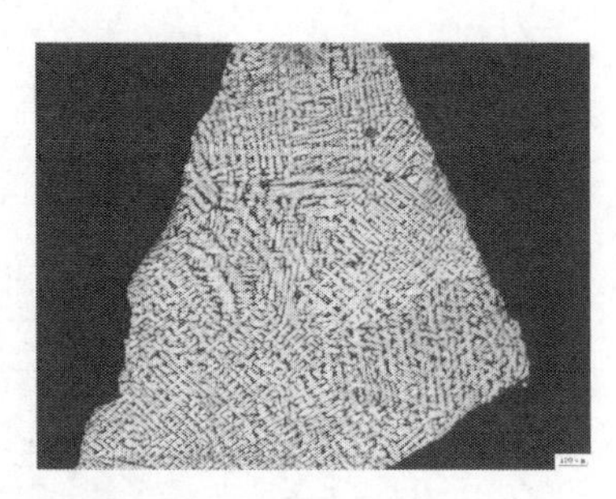

图 3-80　云南牟定县征集镍白铜短烟杆及其金相组织

六、铁碳合金相图

钢与铸铁是古代铁器时代经常使用的材料，虽然显示的成分与组织不同，品种很多，但基本的组成是铁与碳两个元素。冶金考古工作者应该熟悉了解铁碳合金相图，这对研究古代出土的钢铁制品的加工技术、显示的金相组织是重要的工具并具有重要的指导意义。

铁与碳可以形成一系列化合物，如 Fe_3C、Fe_2C、FeC 等。但研究古代钢质文物时其含碳量最高不超过 2.06%，在铸铁文物中其含碳量不超过 5%。所以，在研究铁碳合金时仅研究 Fe-Fe_3C 部分。

铁的熔点为 1534℃，在固态时，铁有两种同素异构状态。在 910℃以下，铁具有体心立方晶格，晶格常数 α=2.86Å，称为 α-Fe 在 910～1390℃，铁具有面心立方晶格，晶格常数 α = 3.61Å，称为 γ-Fe；在 1390～1534℃，铁又成体心立方排列，晶格常数 α=2.93Å，称为 δ-Fe。α-Fe 和 δ-Fe 在晶格类型上没有区别，只因它们所在的温度范围不同，取不同的名字以示区别。低温的 α-Fe 具有很强的磁性，当加热超过 769℃时，铁磁性趋于消失。磁性的改变是铁原子最外层电子排列改组的结果。

铁可与许多元素形成固溶体，与金属元素形成置换固溶体，而与碳、氮和氢形成间歇固溶体。α-Fe 中可以溶解微量的碳约 0.008%～0.02%，碳在 α-Fe 中的固溶体称为铁素体；碳在 δ-Fe 中的固溶体称 δ 铁素体或 δ 固溶体。当加热到 1493℃时，碳在 δ-Fe 中最大溶解度为 0.1%。碳在 γ-Fe 中的固溶体称为奥氏体，其最大空隙半径略小于碳原子的半径，溶碳能力比 α-Fe 高。在加热到 1147℃时，碳在 γ-Fe 中的最大溶解度为 2.06%，在 723℃ 时为 0.8%。高温下的奥氏体[①]显微组织晶粒呈多面体。晶粒内常有孪晶出现。奥氏体塑性高、强度不大，无磁性。

渗碳体 Fe_3C 是铁与碳的化合物，具有复杂的斜方晶格，在固态下不发生同素

① 也称沃斯田铁或 γ-Fe，是钢铁的一种显微组织，通常是 γ-Fe 中固溶少量碳的无磁性固溶体。

异构转变。渗碳体硬度高、塑性极低，非常脆。渗碳体在钢和铸铁中呈片状、球状、网状或板状（一次渗碳体）。渗碳体在钢中形状与分布对钢的性能有很大影响。渗碳体在一定条件下，可以分解形成石墨状态的自由碳：$Fe_3C \rightarrow 3Fe + C$（石墨），这在古代铸铁制品中有重要意义。

在 $Fe\text{-}Fe_3C$ 状态图中（图 3-81），ABCD 为液相线，AHJECF 为固相线，ES 是碳在奥氏体中溶解度曲线，GOS 是从不同含碳量的奥氏体中析出的铁素体的开始线，通称 A_S 线。

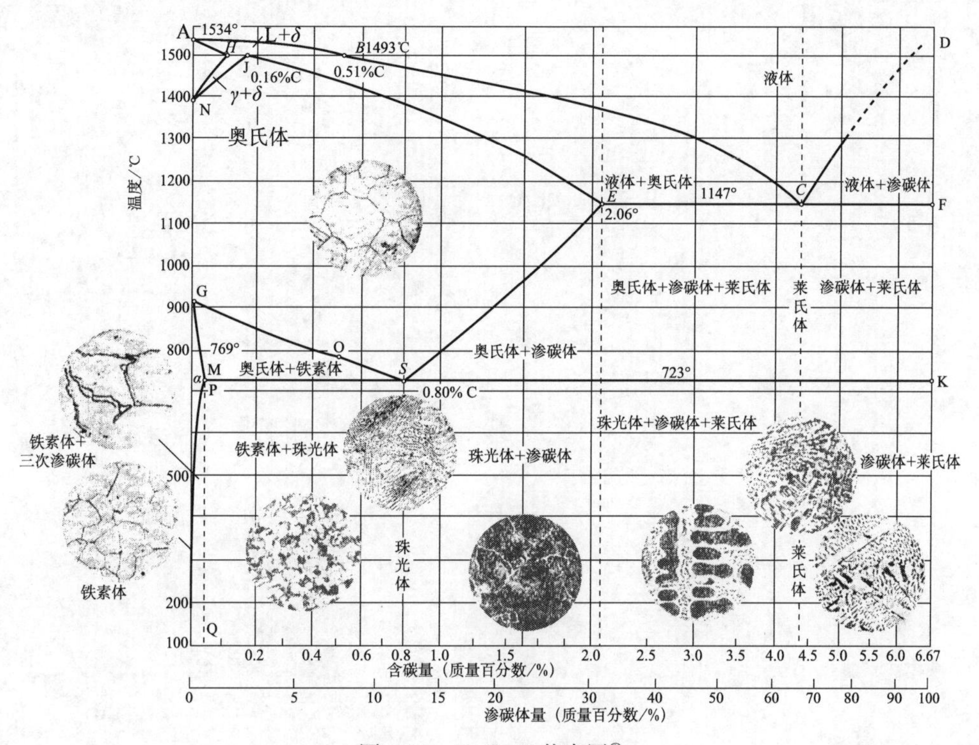

图 3-81　$Fe\text{-}Fe_3C$ 状态图①

图中有三条三相平衡的水平线：

（1）1493℃，HJB 水平线为包晶线，发生包晶转变 $L_B + \delta_H \xlongequal{} \gamma_J$，包晶转变的产物是奥氏体，仅在含碳量为 0.1%～0.5%的铁碳合金中发生。

（2）1147℃，ECF 水平线为共晶线，发生共晶转变 $L_C \xlongequal{} \gamma_E + Fe_3C$，即从 C 成分的液体中同时结晶出 E 成分的奥氏体与渗碳体，反应产物称为共晶体，也称莱氏体②，用 E 表示。

① 宋维锡：《金属及热处理》，科学出版社，1980 年，第 84 页。

② 命名得自德国矿物和冶金学家阿道夫·莱德布尔。1982 年，莱德布尔在弗莱贝格工业大学对铁碳合金的金相结构进行研究，发现了存在着共晶混合物。将此共晶混合物称为莱氏体。

（3）723℃，PSK 水平线是共析线，发生共析转变 $\gamma_S = \alpha_P + Fe_3C$，即从 S 成分的奥氏体中同时析出 P 成分的铁素体与 Fe_3C，反应产物（$\alpha_P + Fe_3C$），通称为共析体，在铁碳合金中又叫珠光体，用 P 表示。

对于铁碳合金在金属文物中显示的各类钢及铸铁的金相显微组织、特点及其与性能的关系等，将在本丛书的《中国古代金属材料显微组织图谱·钢铁卷》中分别论述与展示。

第四章 光学显微技术

光学显微技术是根据金属样品表面显示的不同组织组成物的光反射特征，用显微镜在可见光范围内，对这些组织进行研究的一种技术，可显示 500～0.2μm 尺度内的金属组织特征。1841 年，俄国人阿诺索夫（П. П. Аносов）用放大镜研究了大马士革钢剑上的花纹。1863 年，英国人索比，把岩相学的方法，包括试样的制备、抛光和腐刻等技术移植到钢铁研究，发展了金相技术。索比与他同代的德国人马滕斯（A. Martens）及法国人奥斯蒙（F. Osmond）的科学实践，为现代光学金相显微技术奠定了基础。20 世纪初，光学金相显微技术日趋完善，并普遍推广使用于金属和合金的微观分析，至今仍然是金属学领域中的一项基本技术。①

第一节 光学金相显微镜

光学显微镜是用可见光作为照明源的显微镜，分立式和卧式，包括光学放大、照明和机械三个系统。这部分的内容主要摘选自任怀亮主编的《金相实验技术》一书，此书为高等学校教学用书（冶金工业出版社，1986 年）。王岚等主编的第二版《金相实验技术》于 2013 年作为北京市高等教育精品教材由冶金工业出版社出版。第二版前言中明确指出第二版是在任怀亮主编的《金相实验技术》的基础上

① 中国大百科全书编辑委员会：《中国大百科全书·矿冶》，中国大百科全书出版社，1984 年，第 223 页。

修订的，修订的主要之处有：光学显微镜型号、样品制备设备、数码照相和图像分析技术及显微硬度计的更新，新增加现代金属材料分析技术简介等内容。

一、金相显微镜的放大系统

显微镜主要由物镜和目镜组成，它们是影响显微镜用途和质量的关键。图 4-1 中为显微镜的成像原理。

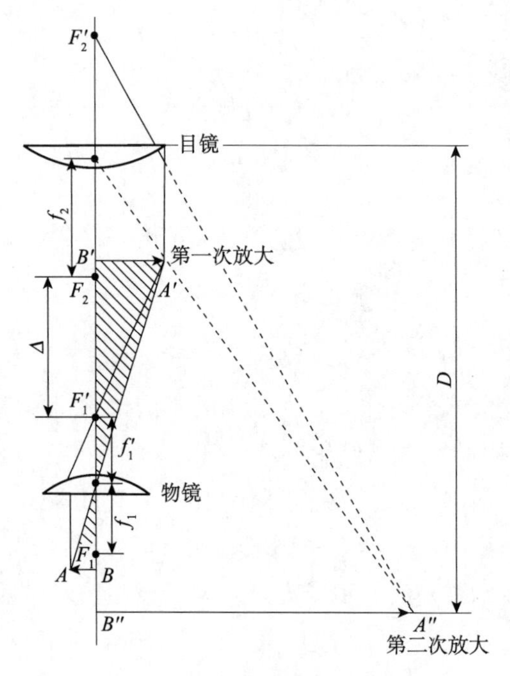

图 4-1　金相显微镜放大原理

图 4-1 中，L_1为物镜，L_2为目镜，人眼在目镜后一定位置上，位于物镜物方焦点以外的物体 AB，经物镜成为一个放大倒立的实像 A′B′位于目镜物方焦点 F_2 或之后很靠近 F_2 的地方；目镜再将 A′B′放大成一个正立的虚像 A″B″位于明视距离，供人眼观察。显微镜的放大率为 $M_{显}$。

$$M_{显}=L/f_{物}\times 250/f_{目}=M_{物}\times M_{目}$$

$M_{物}$、$M_{目}$和 $f_{物}$、$f_{目}$分别表示物镜和目镜的放大率和焦距，L 为光学镜筒的长度，250 为明视距离。长度单位均为毫米。

衡量显微镜质量的重要标志是透镜的分辨率和像差的矫正程度。在金相技术中分辨率指的是物镜对目的物最小分辨距离。由于光的衍射现象，物镜的最小分辨率是有限的。德国人阿贝（Abbé）对最小分辨距离（d）提出以下公式：

$$d=\lambda/2n\ \sin\phi$$

式中 λ 为光源波长，n 为样品和物镜间介质的折射系数（空气 $n=1$，松节油

$n=1.5$)；ϕ 为物镜的孔径角之半。

从上式可知，分辨率随 n 和 ϕ 的增加而提高。由于可见光的波长 λ 在 4000～7000Å，在 ϕ 角接近 90°的最有利的情况下，分辨距离也不会比 0.2μm 更小。因此小于 0.2μm 的显微组织，必须用电子显微镜观察，尺度在 0.2～500μm 的组织形貌、分布、晶粒度的变化，以及滑移带的厚度和间隔等，都可以用光学显微镜观察。这对于金属文物的显微组织的研究有重要作用。

像差——透镜所成的像和原物面貌不是准确相似的映像，这是由于物点发出的靠近主轴的光线和经过透镜边缘的光线不能完全聚合在一点造成的。像差的矫正程度是影响成像质量的重要因素。在低倍情况下，像差主要通过物镜进行校正；在高倍情况下，则需要物镜目镜配合校正。

物镜——其性能标志主要是标在物镜的外壳上。内容有物镜类型的汉语拼音字头，如平面消色差物镜标以“PC”或“PL”。物镜的类型直接影响显微镜成像的质量。物体通过所成像的边缘带有颜色的现象称为色差，这是由于玻璃对不同色光的折射率不同所致。消色差物镜只矫正红绿光，而平面消色物镜使像域弯曲得到较好的矫正。

物镜的数值孔径表征物镜的聚光能力，是物镜的重要性质之一，增强物镜的聚光能力可提高物镜的鉴别率。物镜的数值孔径均有直接标注，如 0.30，0.65，0.95。

物镜的放大率是按设计的光学镜筒长来标定的，必须在指定的镜筒长度上使用，否则其放大倍数会改变。物镜放大倍数直接标以 10×、20×、40×等。适用的机械镜筒长度标有 170mm、190mm、∞/0。

凡油浸物镜均有特别标志。

目镜——用来观察由物镜所成的像的放大镜。在显微观察时，于明视距离处形成一个清晰放大的虚像；在显微摄影时，通过投射目镜使在承影屏上得到一个放大的实像。测微目镜是在目镜中加入一片有刻度的玻璃薄片，用于金相组织定量测量，或显微硬度的压痕长度测量。为减轻显微观察时眼睛的疲劳，多数的显微镜改用双目同时进行观察的双筒目镜。

二、照明系统

一般金相显微镜采用灯光照明，借棱镜或其他反射方法使光线投在金相样品的磨面上，靠金属自身的反射能力，部分光线被反射而进入物镜，经放大成像后被我们观察到。金相显微镜各部设置示意图见图 4-2。

显微镜对光源的要求是：光强度要大，并在一定范围内可任意调整。因为不同的组织衬度，不同的放大率，需有不同的照明强度。最好使用可调式光源，或

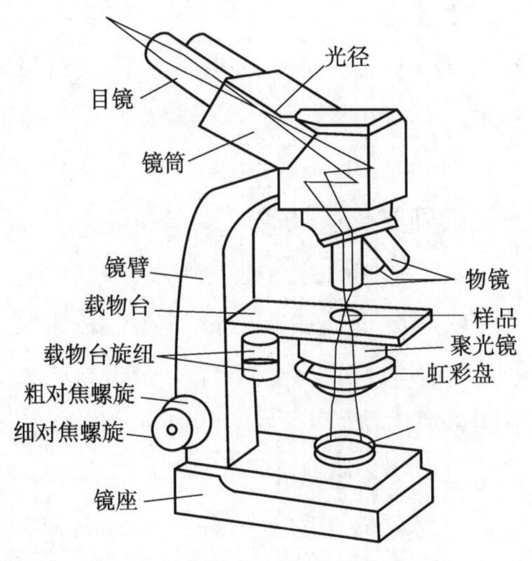

图 4-2 简易光学显微镜示意图

利用滤光片、光栏调节。光源的强度要均匀。光源的发热程度不宜过高，以免损伤仪器的光学附件。光源位置的高低、前后、左右，均可以调整。

金相显微镜最普通应用的光源是白炽灯和氙灯。中、小型金相显微镜都用白炽灯（钨丝灯），工作电压 6～12V，必须备有调压变压器。圈绕钨丝灯的功率多为 15～30W。超高压氙灯是球形强电流的弧光放电灯。辐射出从紫外线到接近红外线的连续光谱，可见区光色近于日光，具有亮度大、发光效率高及发光面积小等优点。保证氙灯的正常工作电压为 18V，额定电流 8A，功率 150W。氙灯适于作偏光、暗场、相衬观察及摄影时的光源。大型金相显微镜要同时备有这两种光源。金相显微镜的光源多置于镜体一侧，需要垂直照明器起垂直换向作用。由于金相观察目的的不同，对试样采光的要求不同。据此，可分明视场照明和暗视场照明两类，其采光方式的光路行程如图 4-3～图 4-5 所示。

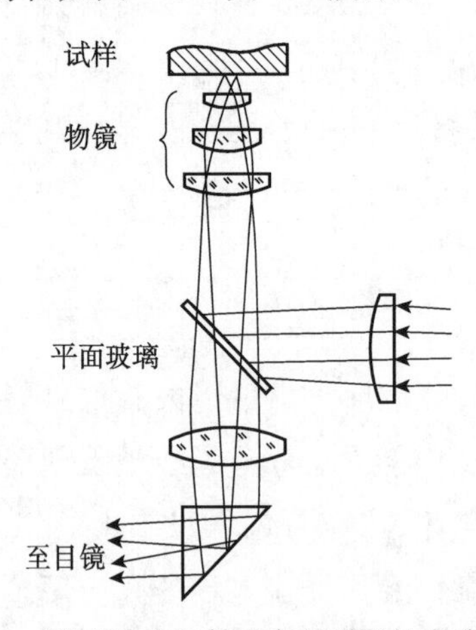

图 4-3 平面玻璃反射垂直照明器的光路行程

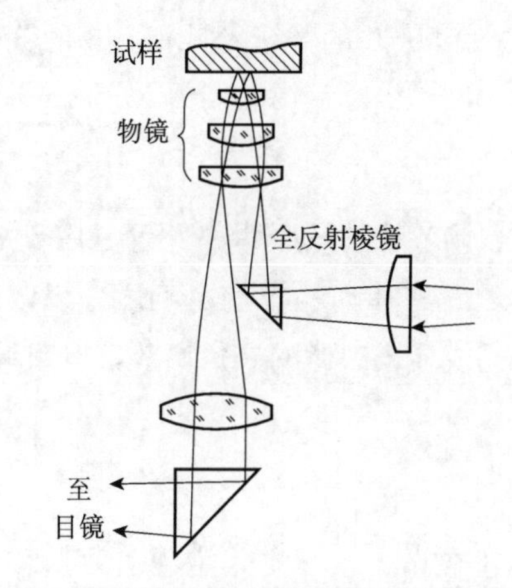

图 4-4　棱镜反射垂直照明器的光路行程

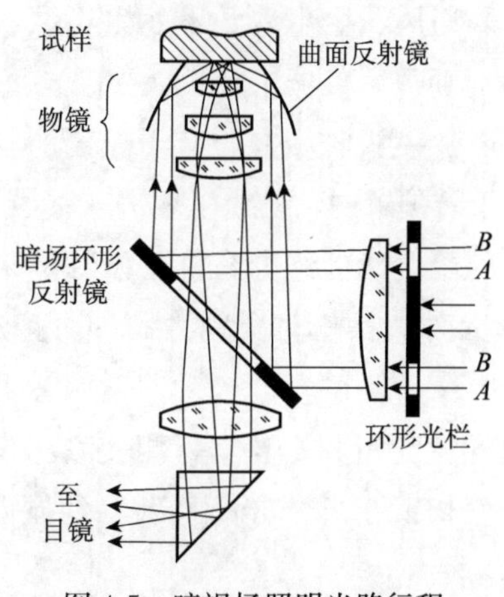

图 4-5　暗视场照明光路行程

三、光路系统中的附件

光阑：在金相显微镜的光路系统中，一般有两个光阑，以进一步改善映像质量。靠近光源的为孔径光阑，作用是控制入射光束的大小，缩小孔径光阑可减小球差和轴外相差，加大景深和衬度，使映像清晰，但却会使物镜的分辨能力降低。按经验可取下目镜直接观察筒内灯丝面积，当目镜占整个筒面积的 1/2～3/4 时，为适宜的孔径光阑。另一个孔径叫视域光阑，位于经光学系统造像形成的金相样品的磨面上，调节光阑的大小可改变视域的大小，但并不影响物镜的鉴别率，视域光阑越小，映像衬度越佳。为了增加衬度，观察时调至与目镜内视域同样大小。

滤色片：作用是吸收白色光中波长不合需要的部分，是金相显微摄影（黑白）时有力的辅助工具。使用滤色片的主要目的为：增加映像衬度或提高某种色彩组织的微细部分的鉴别能力，校正残余像差，得到较短的单色光以提高鉴别率，如

采用 λ=4400Å 的蓝光比 λ=5500Å 的黄绿光具有更高的鉴别率。

四、机械系统

主要有底座、载物台、调节螺丝及照明部件等。用于放置金相样品的载物台，备有在水平面内能作前后、左右移动的螺丝及刻度，以改变观察部位。调节螺丝供调节镜筒升降之用，以完成显微映像的聚焦调节，有粗调和微调螺丝。

五、操作与维护

金相显微镜属精密的光学仪器，操作者必须了解其结构特点、性能及使用方法，并严守操作规程。

（1）显微镜应放在干燥通风、少尘埃及不发生腐蚀气体的室内。室内相对湿度应小于 70%，要注意适时通风。仪器不宜长期受阳光直射。

（2）显微镜用完后应取下镜头收藏在置有干燥剂的容器中，并注意经常更换干燥剂；将物镜、目镜放于防护罩内，防止尘埃进入，最好用罩子将显微镜盖好。

（3）操作时双手及样品要干净，绝不允许将浸蚀剂未干的试样在显微镜下观察，以免腐蚀物镜等光学元件。操作时要精力集中，接通的电源要通过变压器；装卸或更换镜头时必须轻、稳、细心。

（4）聚焦调整时，应先转动粗调螺丝，目测使其尽量接近试样，然后从目镜观察，并调节粗调螺丝，使物镜渐离开样品直到看到显微组织映像时，再使用微调螺丝。

（5）显微镜的光学元件严禁用手或手帕等擦摸，必须用专用的橡皮球吹去表面尘埃，再用镜头纸轻轻擦净。

六、金相显微镜举例

用于金属文物制作技术研究的金相显微镜种类很多，这要看使用的目的、经费状况及实验室的条件等因素，要安排专人管理和维护，定期请专业人员检修、调试。购置的金相显微镜以北京科技大学科学技术与文明研究中心实验室为例主要有两种显微镜，用于金相样品观察的显微镜（图 4-6）和用于拍照的金相显微镜 LEICA DM4000（图 4-7）。

图 4-8 是尼康公司推荐的手持式数码显微镜（型号 Nikon Shuttlepix P-400R）的照片及使用时的情况（图 4-9）（图片来自尼康公司宣传材料）。手持式数码显微镜也是北京科技大学科学技术与文明研究中心实验室选择拟采购的设备。

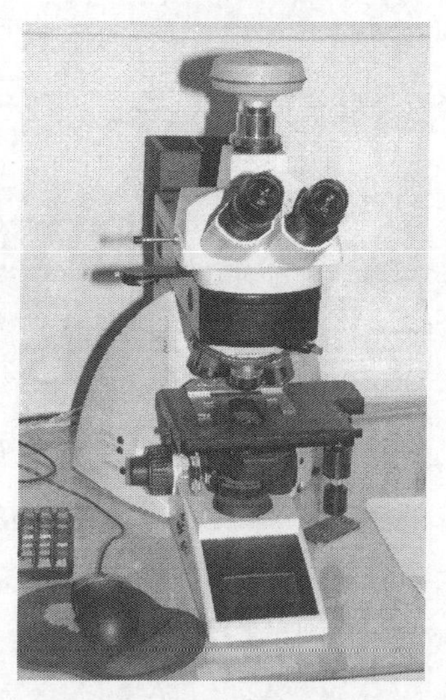

图 4-6　北京科技大学科学技术与文明研究中心实验室用于金相样品观察的显微镜 J12-50

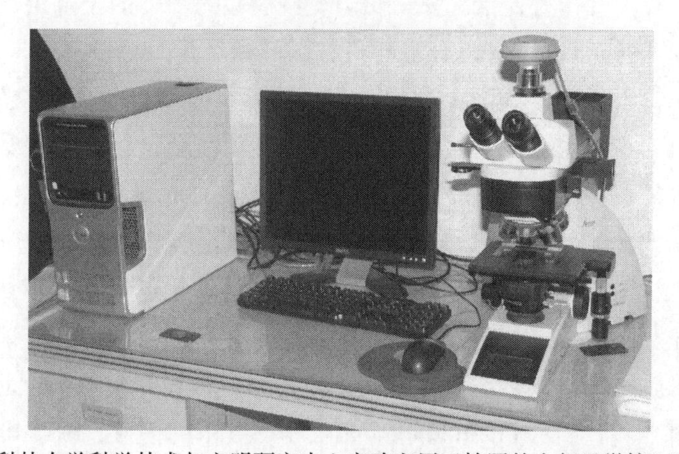

图 4-7　北京科技大学科学技术与文明研究中心实验室用于拍照的金相显微镜 LEICA DM4000

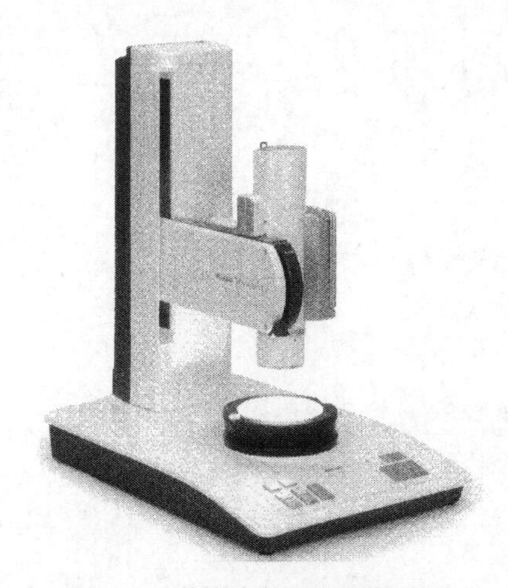

图 4-8　手持式数码显微镜全貌

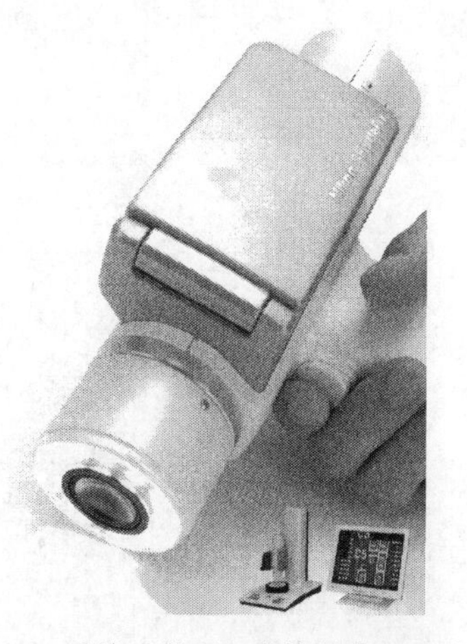

图 4-9　手持式数码显微镜的使用照片

第二节 实体显微镜及其在金属文物研究中的应用

实体显微镜又称体视显微镜，在金属文物金相组织的鉴定中要给予应有的重视。它是一种具有正像立体感的目视仪器。① 其原理是由一个共用的初级物镜采集图像，对实物成像后，两个光束被中间两个物镜（亦称变焦镜）分开，并组成一定的角度，称为体视角，再经各自的目镜成像。它的倍率变化是由改变中间镜组之间的距离而获得。利用双通道光路，双目镜筒中左右两光束不是平行，而是具有一定的夹角，所以可为左右两眼提供一个具有立体感的图像。仪器主要由机械系统的底座、镜身、观察筒组成，其光学系统包括物镜、目镜、聚光器、光源。实体显微镜的特点是在观察物体时能产生正立的三维空间影像，立体感强，成像清晰和宽阔，视场直径大、景深大，便于观察被检测物体的全部层面，还可选用不同的反射和透射光照明，放大倍数也可连续可调。

冶金史工作者取得的金属文物样品多为残片，或取自金属器物的边角残破、范缝处，样品量小，在制备金相样品前最好在实体显微镜下进行观察，特别是对金属器的残片需要在实体显微镜下观察。样品不需加工，直接放在镜头下配合照明即可以获得残片断面的情况，对进一步截取样品及观察特殊痕迹有重要作用。对小件不能取样的金属器物，如金器、银器，若能在实体显微镜下认真观察，可以发现其中不少有价值的信息。例如，在陕西考古研究院、法门寺博物馆的支持下，2012 年我所硕士生谭盼盼在法门寺地宫，用实体显微镜对出土的金银器进行了细致观察和照相，揭示了许多唐代金银器制作技术的信息。图 4-10 是北京科技大学科学技术与文明研究中心实验室配置的三维视频实体显微镜。

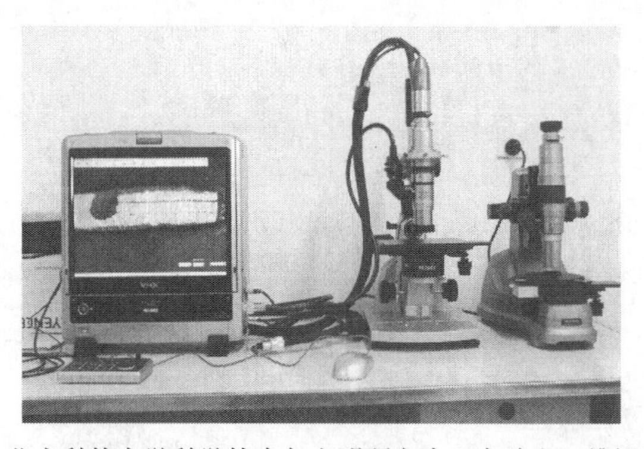

图 4-10 北京科技大学科学技术与文明研究中心实验室三维视频显微镜

① 中国社会科学院考古研究所：《科技考古的方法与应用》，文物出版社，2012 年，第 150 页。

陕西省宝鸡市石鼓镇石嘴头村，南依秦岭，北临渭河。2012 年 3～6 月，在石嘴头村东南土崖下连续三次发现商周青铜器，引起了学界的高度关注。3 月 20 日出土的铜器，据整理者推测应出自一座西周早期的墓葬。这批铜器包括容器、兵器和车马器等。尤为引人注意的是其中包括一组铜甲残片（图 4-11），其造型、工艺和表面彩绘均属罕见，是此类金属护甲目前所知年代最早的实物例证，为研究西周时期金属加工技术史和军事装备史提供了极为珍贵的实证资料。

图 4-11　陕西宝鸡石鼓镇出土铜甲残片标本

陈坤龙博士最先利用基恩士（Keyence）VHX-600 超景深视频显微镜和蔡司（Zeiss）Stemi 2000－C 体式显微镜观察铜甲残片标本表面的颜料层及加工痕迹，认为甲片边缘的卯孔可能是用于不同部位相互连接或与内衬连缀。利用视频显微镜三维成像及剖面测量功能分析，卯孔形状的剖面呈不规则的圆柱形，周围的甲片在正面有明显向下凹陷的迹象，部分小孔在甲片背面开口处还可观察到有金属翘起并经敲打休整的痕迹（图 4-12）。根据以上现象，推测卯孔系由硬度较大的锥子之类的工具冲压而成。工具的材质尚有待进一步研究。这是应用实体显微镜研究的实例。[①]

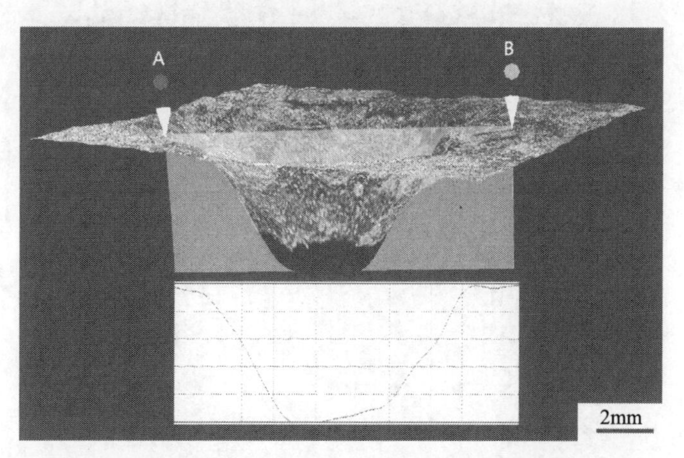

图 4-12　利用视频显微镜三维成像及剖面测量功能分析

① 陈坤龙等：《陕西宝鸡石鼓山新出西周铜甲的初步科学分析》，《文物》，2014 年。

第三节　金属文物金相样品的制备

一、金属文物样品的截取

1. 必要性

冶金考古工作者为了把出土的金属文物中隐藏的信息充分挖掘出来，最好的办法是对金属文物进行取样，但这对于考古及文物保护工作者来说是件为难的事情。他们总是希望用无损的方法进行鉴定，但是目前已有的无损鉴定的方法，获得的信息是有限的，仅为金属器物表面的信息，而且在器物表面有黏污物和锈蚀的干扰，取得的只是定性的成分分析结果，虽然也有一定意义，但是很不全面。例如，使用手提式X射线荧光仪无损方法测得出土的早期铜器为纯铜，仔细观察也可以鉴别为铸造的器物，而当允许采取少量样品进行金相鉴定得知，其中含有约小于2%的砷、锡、锑、铅、锌元素之一或几种时，显示的铸造组织是与纯铜的铸造组织是完全不同的（图4-13）。有的铜器测得的锡含量均约为8%～9%，但当取样进行金相分析时显示的组织是不同的，如鄂尔多斯地区采集的两件削刀2681（E194）是铸造组织（图4-13），2680（E27）削刀是铸造后又经过冷加工，显示晶内偏析沿加工方向变形，见图4-14所示；而新疆哈密天山北路墓地出土的耳环（M456：4）组织是α固溶体等轴晶和孪晶，显示是热加工的制品（图4-15）。因此，不取样分析是不能真正看出它们的差别。

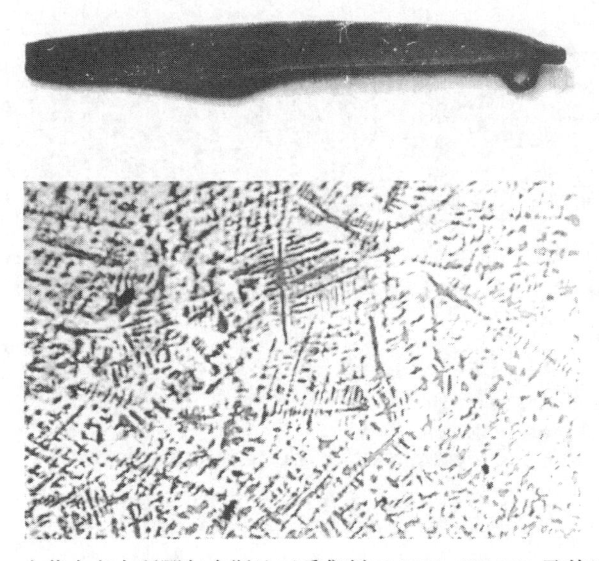

图4-13　内蒙古考古所鄂尔多斯地区采集削刀2681（E194）及其显微组织

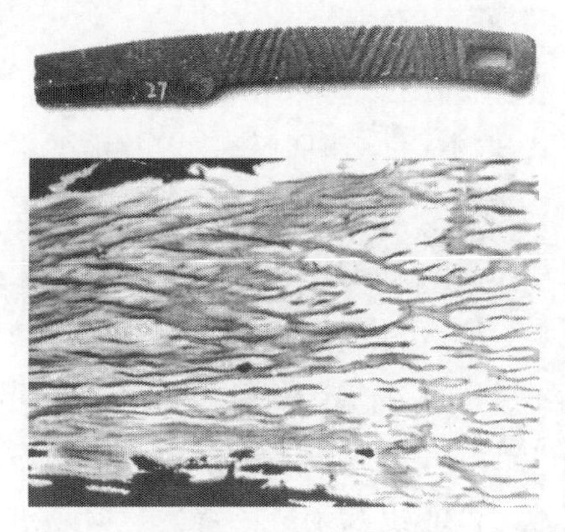

图 4-14　内蒙古考古所鄂尔多斯地区采集削刀 2680（E27）及其显微组织

图 4-15　新疆哈密天山北路墓葬出土的耳环（M456：4）热加工组织

虽然曾对关中地区出土铜器取样进行成分分析，但未对其金相组织进行观察，研究者在之后的观察中发现一些铜容器样品曾经加热过，使原有的铸造组织特征发生了变化，这在已发表的考古报告中是没有的，表明研究者发现了这些铜器所包含的新的信息。

以上几例说明取样进行金相组织的鉴定是非常必要的，这不仅对了解相同或不同时代、不同地区出土的铜器制作技术、使用的矿石来源等特点提供了科学的研究途径，还可以对出土铜器提取更为全面的信息。孙淑云等人在《考古》2009年第 2 期发表的文章《淮阴高庄战国墓出土铜器的分析研究》，对出土焊料取样进行的分析研究，也可以看出取样研究的重要性；进行金相鉴定与焊料有关的样品是铜鉴足底部残片 Ssyt12-3，在铜鉴足中的两件填充物。经取样鉴定，铜鉴底部的焊料为高锡焊料，在焊接面有 η 相（Cu_6Sn_5），是熔化的焊料与基体青铜接触而形成的。填充物是没有使用的铅锡焊料，成分虽与现代焊料有差别，但仍可以判定为是低熔点焊料。这一研究成果为战国时期淮阴高庄铜器制作中的焊接技术提供了重要实物资料，也反映了此时期江淮下游地区铜器制作技术的发展水平，为中国冶金史的研究提供了新材料。

对铁器文物的鉴定，我所于 20 世纪 70 年代末曾使用金相显微镜在铸件铁器文物表面进行鉴定的方法，对铁器组织，如白口铁、或者灰口铁以及一些大型铸铁件，有时可以得到较满意的结果；当时由于样品制备条件及金相显微镜设备的限制，往往不能拍摄到满意的照片。此外，有些铁器的表面组织不能显示全部的组织状态，影响对铁器文物制作技术的准确判定。目前，拟新购置的手持式数码显微镜型号 Nikon Shuttlepix P-400R 及 DG-3 便携式数码显微镜、VHX-500 超景深三维显微系统，为冶金史工作者进行现场金相鉴定创造了条件；但这是一项新技术，如何更好地使用它，需要我们不断积累经验。因此，对金属文物取样依然是很重要的，取样部位的正确与否，直接影响金相鉴定的结果。

2. 注意的问题

若想要对古代某一遗址或墓葬出土的金属文物提供当时制作技术及水平更有价值的结果，以充实、丰富该遗址反映的社会经济、文化、生活的内涵，需要与考古、文物工作者密切合作，取得共识。在与考古文物工作者合作时，要注意以下4个问题：①鉴定出土相当数量的各类金属文物；②最有可能代表当时冶金技术水平的是农具、工具、兵器类金属文物，对于生活用具、装饰品也不应忽视；③除选择出土金属器物外，对本遗址或附近出土的冶金遗物，如矿石、炉渣、炉壁、鼓风管、铸造时留下的浇口、陶模、泥范、范芯以及半成品等，也必须进行取样鉴定；④取样的数量要看课题研究的目的，选择有代表性的出土金属文物，并不是越多越好。

古代工匠制作金属器物多凭经验，限于当时条件会有许多偶然因素，使得它们的显微组织与现代出版的金相图谱有许多不同。对金属文物的金相组织的鉴定需要不断积累经验，这也是作者们写这本图录的本意。

冶金史工作者需要对金属文物进行取样时，要与文物考古工作者紧密合作，要了解墓葬、遗址较详细的背景资料，这点非常重要。下面的一个实例可以充分说明鉴定金属文物详细了解出土情况的必要性。

夏鼐先生于1972年发表的《西晋周处墓出土的金属带饰的重新鉴定》文章，详细论述了1953年西晋周处墓考古发掘、文物出土情况、年代问题，以及历经数次、用各种方法对银质带饰和小块铝片取样分析、鉴定结果等问题，都有明确、具体的描述。之后，几所大学和研究所再次对小铝块取样进行了分析研究，并确定其主要成分的确是铝，“中国晋朝时期已经有铝”的答案呼之欲出！如果真是这样，说明公元4世纪的中国就可以将铝冶炼出来！这个研究结果轰动了全世界，英国舆论更是对本国炼铝技术的发展缓慢纷纷指责。众所周知，应用较广的提炼金属铝的方法是用钠元素还原，先把钠加入到氧化铝中，之后钠和氧结合就可以得到铝，但这需要用电，而晋朝时期不可能有电。因此，夏鼐先生认为：从化学角度上讲，这块饰片不应该是铝。后来国内几所著名大学对样品又进行了几次检验，得出的结论是相同的，其主要成分仍然是铝。从那以后，我国许多专家学者想方设法地证明古代中国可以炼出铝。这一误解被英国学者李约瑟在中国科技史第五卷（化学卷）中错误地加以肯定。柯俊教授接受委托后，他深入了解周处墓发掘时的情况，发现此墓被泥沙充填，而检测的样品就出自泥沙中，与之同出的13件带扣没有进行鉴定。他重新对样品进行了仔细深入的鉴定，发现这块铝片样品主要是含铝元素，但还含有铜元素，且表面含有钙镁矿物质的堆积层（来自随葬物的银和海水中溴碘化合物），因而通过化合物还原得到的只能是后来加工产生的镁元素。此外，铝片的金相显微组织显示小铝块是经过轧制得到的，类似第一次世界大战被击落的德国飞机上用“硬铝”（发明于1906年）的成分，是西晋所没有的工艺。同时，在相关单位的配合下，柯俊教授把西晋周处墓同出的13件带扣全部进行了测试，确定它们都是银制品，与前面的铝质“文物”残片成分截然不同，所以它不应是西晋周处墓的墓葬品，应是混入的近代铝合金制品，否定了中国公元4世纪就有铝的说法。这一事例充分说明了解金属文物发掘出土情况的重要性。

对要鉴定的金属文物取样尽量取残片，但需要知道原器物的出土地点、器物名称、取样部位。若取自器物残断处，要考虑不要影响原器物的纹饰及形状；若为基本完整的器物尽量在缺陷、范缝、毛刺处取样；还可以用0.1mm钼丝线切割机切下一小块，待鉴定完毕可以复原修复。

取样部位确定以后，应进一步确定哪个试样面作为磨面，要注意锻造器物的平行或垂直的锻造方向，并在研究报告中要说明截取试样的部位。确定金相样品磨面的方向，必要时需要用照片或绘图示意，并认真记录绘制在金属文物取样时的部位，这往往是年轻工作者忽略之处。这些原始资料对后续工作人员来说是非常宝贵的。金属文物样品也可以用空心钻截取，选用的钻头大小要根据金属文物的厚度和选定钻孔的位置决定。钻头直径为0.16～0.48cm，供分析用的有50～60mg样品。在某些情况下，需从一件制品上多处取样，部位选在不引人注意的部位，如器物内表、底足内平坦部分、圈足边缘、铸件的范缝等。对分铸的部件，如盖、把手、足或钮，经过鉴别修补的部分也需分别取样。取样后留下的孔或新茬，需要填充和着上颜料。

金相鉴定结果的正确与否，与取样过程也有关系，不管用什么方法截取，要求不对其组织发生改变。截取时要注意：①需防止发生范性形变，改变样品的金相组织；②防止取样时因受热引起金相组织的变化；③对低熔点的合金要给予特别注意。切割试样的工具很多，如手锯、砂轮切割机、显微切片机、空心钻等。对于大块的样品，如炉渣、浇口铁等，需要先在砂轮机或粗砂纸中磨出平面。

二、金相试样的镶嵌

金属文物的试样大多是较小的，需要镶嵌成较大尺寸，便于操作。

选择镶样的材料需有下列特性：必须不溶于酒精、要有足够硬度、有适当的黏附性与试样的棱边处不形成缝隙、操作时不会影响试样组织的变化、有强的抗腐蚀能力、操作方便、镶样所需时间要短、不易出现缺陷。

有两种镶嵌方法：

热压镶嵌法：树脂+压力+热=聚合物

浇注镶嵌法：环氧树脂+固化剂= 聚合物+热

镶嵌的方法最常用的是在镶样机上进行电木粉热压镶嵌。电木粉原是酚醛树脂加入木质填充料制成的人造塑料粉，是拜克兰德（Bakeland）首先创制，电木粉又名为拜克兰托（Bakelite），于1909年进入商业市场，1930年后才用作金相镶样材料。

镶样机主要包括加压设备、加热设备和压模三部分。有现成的设备可以购置，各种型号样式大同小异。镶样时，将试样磨面清除油渍后，磨面向下放于下模中，于套筒间隙放入电木粉、上模，加压、加热，待温度、压力分别达到规定要求，停止加热，此时镶嵌成型，约5分钟，去掉压力，即可取出镶嵌试样。用电木粉镶样加热温度一般在135～170℃，相应所加的压力为175～295kg/cm^2。在加热加压时，电木粉已聚合成大分子的络合物，高温下成为坚硬的凝聚块。电木粉镶样所需时间短，若连续镶样，因为模具已加热，镶样时间会更短。但要注意镶样温度过高，电木粉会烧坏，会产生裂纹；温度过低或加热温度范围停留时间过短，所镶试样疏松；若凝聚时压力不足，可能产生鼓形表面。一般情况下，由于温度低、时间短不会引起金属文物显微组织的变化。

三、金相样品的磨光

经截取镶嵌好的金相样品，表面粗糙，形变层厚。在显微镜观察前，必须经过磨光和抛光。磨光是为了消除取样时产生的变形层。需用不同粒度的金相砂纸逐步磨光。金相用砂纸有两种：刚玉干砂纸和碳化硅磨料的湿砂纸。表4-1、表4-2分别列出干、湿砂纸编号和粒度尺寸，请参考。①

表4-1　干砂纸编号和粒度尺寸

编　号		磨料尺寸/μm	备　注
按粒度标号	特定标号		
280	—	50～40	一般钢铁材料用280、W40、W28、W20四个粒度磨光即可，或用特定标号为0、01、02、03号的砂纸磨光也可
W40	0	40～28	
W28	01	28～20	
W20	02	20～14	
W14	03	14～10	
W10	04	10～7	
W7	05	7～5	
W5	06	5～3.5	
W1.5	—	3.5～2.5	

① 王岚等：《金相实验技术》（第二版），冶金工业出版社，2013年，第68～69页。

表 4-2　水砂纸的编号、粒度号和粒度尺寸

编　号	粒度号	粒度尺寸/μm	备　注
320	220	—	一般钢铁材料用 240、320、400 和 600 四个粒度号的砂纸磨光即可
360	240	—	
380	280	63～50	
400	320	50～40	
500	360	40～28	
600	400	—	
700	500	28～20	
800	600	—	
900	700	20～14	
1000	800	—	

磨光操作有手工和机械磨光两种，近来多使用砂纸抛光机替代费时的手工操作。首先，把各种粒度的砂纸黏附在电动机带动的圆盘上进行磨光，并控制转动速度，其次，要用水砂纸，用流水冲刷试样不受热，磨削后的残渣会被水冲走。使用机械磨光的注意事项是先用粗砂纸，而后逐渐更换细砂纸；磨面和砂纸要均匀压平；在更换下一个砂纸操作时要把双手和样品磨面冲洗干净，看清抛痕方向，与原方向垂直后进行下一步操作，如果不注意磨、抛光的方向，会影响制备金相样品的质量，也会对观察和拍照有影响。当砂纸磨粒变钝，磨削作用减小，磨粒与磨面会产生滚压现象，这时会引起表层产生变形金属层，应及时更换新砂纸。对于质地较软的金属文物样品，如纯铜、低合金组成的铜合金、金和银样品、铅锡合金、铁素体组织等，在磨光、抛光金相样品时，用力要轻而均匀。

四、金相样品的抛光

抛光是金相样品制备过程的最后操作。金相试样经过磨光后磨面会存在明显磨痕，要消除样品表面的形变扰动层，必须进行抛光。抛光前要检查样品磨面的磨光质量，抛光结果好坏与磨光质量密切相关。常用机械抛光机。实验室最好有快、慢、中不同速度的抛光设备，有单盘和双盘抛光机。机械抛光时将帆布、呢绒等在水中均匀泡湿，用夹箍紧紧地蒙在抛光盘上，并将微粉磨料与水均匀洒在织物上，之后开动抛光机，将试样磨面接触磨料和织物进行抛光操作。织物纤维间隙可储存抛光微粉磨料，产生磨削作用，同时可阻止磨料因抛光盘转动离心力飞出散失；织物的纤维与样品磨面摩擦，能使磨面更加平滑光亮。

抛光钢铁文物样品先粗抛，选用帆布或无毛呢绒；欲鉴定钢中夹杂物或铸铁中的石墨时，要选用细软呢绒抛光。对于有色合金的金属文物样品也需选择较软的织物。抛光操作时手要拿牢试样，与织物执平接触，压力适当，若压力过大会使样品发热，还会增厚形变扰动层，而用力太小，则增加抛光时间。在抛光操作时，要将试样逆着抛光盘的转动而且自身要转动，也要由抛光盘边到中心往复移

动，可以避免样品磨面产生“曳尾”现象。同时，要减少抛光织物的局部磨损。如果抛光织物太湿润抛光时间又长，会出现蚀坑、麻点；如果抛光织物不清洁、磨料中混入灰尘，抛光面会出现物理缺陷、刻痕。若这两种情况出现则需要返回最后一道细砂纸磨光，重新抛光。对不同种类的金属文物制备金相样品要有耐心，不断积累经验才能得到满意的抛光磨面。抛光盘上织物不使用时要将抛光盘盖好，或单独保管，避免灰尘落进影响抛光质量。

目前使用的抛光磨料是不同粒度的 SiC 碳化硅和氧化铝，这是广泛应用的磨料，从粗抛（5～10μm）到细抛（≤1μm）都有比较满意的效果。机械抛光是现在年轻学者常用的方法，要注意抛光织物的选择、新旧、湿度，也要分粗抛、细抛；抛光时，要将样品拿牢执平，压力适当；研磨膏要适当调成糊状，用量适中，均匀涂抹在湿润的抛光织物上，使其纳入织物缝隙，开动马达进行抛光。

当样品抛光表面扰动层没有完全消除，且试样浸蚀后不能清晰地显示组织时，消除的办法是采用化学浸蚀与细抛光交替进行操作，一般反复三次，即可得到光亮如镜的样品磨面。在低倍显微镜下观察，样品未见制样过程中产生的缺陷，直接可以浸蚀显示组织，并进行显微组织的观察与照相。

化学抛光是将经过机械磨好的样品试样，清洗干净浸入适当的抛光液中，摆动试样，几秒到几分之后，表面的粗糙痕迹便会去掉。得到无变形的抛光面，清洗干净后即可在显微镜下鉴定。铅、锡及其合金硬度低，不适用机械抛光，需用化学法抛光，通常用 30ml HCl＋10ml H_2O_2＋60ml H_2O 抛光液浸泡。化学抛光应用于金相样品的制备已有数十年，但直到现在还没有一个确切解释这个过程的理论。①

五、金属文物金相试样显微组织的显示

常规显示组织的方法主要有化学浸蚀和电解浸蚀，化学浸蚀是试样表面化学溶解或电化学溶解过程。一般把纯金属和单相合金的浸蚀主要看作是化学溶解过程，两相和多相合金的浸蚀，主要是电化学浸蚀。

纯金属与单相合金的显微组织由许多位相不同晶粒组成，晶粒之间存在晶粒界。晶粒界原子排列不规则，自由能高，易快速腐蚀形成沟凹，而晶粒本身浸蚀轻微，各个晶粒位向不同，溶解程度不同，在垂直光线的照明下，可清晰显示明暗不同的晶粒组织。

两相合金的浸蚀主要是电化学浸蚀过程。不同的相由于成分结构不同，具有不同的电极电位，在浸蚀液中形成了许多微电池，具有较负的电极电位的相为阳极，浸蚀时发生溶解，在抛光面上微区变成低洼粗糙，在光学显微镜下显示黑暗

① 任怀亮：《金相实验技术》，冶金工业出版社，2006 年，第 90 页。

色；具有正电的相为阴极，基本不受浸蚀，在显微镜下显示白亮色。对两相合金进行浸蚀操作时，应当考虑相的相对量，相的大小弥散程度以及物镜鉴别率等。对组成相细小、分布弥散的两相合金，进行高倍观察要求浸蚀浅一些，低倍观察则可以浸蚀深一点。

多相合金的浸蚀同样也是电化学溶解的过程，由于存在负电位的相都发生溶解，只有正电位最高的相未被浸蚀，只能显示黑白两种色彩，只有根据金相知识和实践经验及形状特征才能加以区别。

样品浸蚀液的浸蚀时间需要研究人员耐心摸索。显示的组织与金属文物样品的材质、制作工艺、组织均匀状态，锈蚀情况有关。

（1）铜及铜合金金相样品浸蚀液。氯化铁盐酸水溶液：$FeCl_3$ 5g，HCl 50ml，H_2O 100ml；氯化铁盐酸乙醇溶液：$FeCl_3$ 5g，HCl 2ml，C_2H_5OH 96ml；氢氧化铵过氧化氢溶液：NH_4OH 20ml，H_2O 10ml，H_2O_2 10ml；过硫酸铵水溶液：$(NH_4)_2S_2O_3$ 10g，H_2O 90ml。

（2）金器样品的浸蚀液。王水（浓硝酸：浓盐酸＝3∶1，体积比）＋铬酸酐（少许）。

（3）银器样品的浸蚀液。一般用硫酸、重铬酸钾、氯化钠配成溶液，以1∶9水稀释。

（4）铅、锡及其合金样品的浸蚀液。铅浸蚀液：1份过氧化氢加3份醋酸；锡浸蚀液：2%盐酸乙醇溶液；铅锡合金浸蚀液：1份醋酸、1份硝酸、8份甘油。

（5）钢铁样品的浸蚀液。硝酸酒精溶液：HNO_3（1.4），1～5ml，酒精，100ml。含一定量的水可加速浸蚀，而加入一定量甘油可延缓浸蚀作用；如为较好显示样品组织中的晶粒间界及滑移带，需要多次重复抛光、浸蚀。铸铁中的石墨要仔细的抛光，以保存石墨。如要作夹杂物的成分分析，需要在抛光时注意钢铁样品中的夹杂物存留情况。选用此溶液显示碳钢中的珠光体变黑，增加珠光体区域的衬度，能识别马氏体和铁素体。

（6）苦味酸酒精溶液。苦味酸，4g；酒精，100ml。能清晰显示珠光体、马氏体，回火马氏体与贝茵体；显示淬火钢的碳化物；识别珠光体与贝茵体。[①]

六、化学浸蚀操作

把抛光好的样品表面清洗干净，最好立即进行浸蚀，否则将因抛光面上形成氧化膜而改变浸蚀的条件。浸蚀的方法有两种：一是浸入法，把抛光面浸入盛有浸蚀剂溶液的玻璃皿中，不断摆动，但不得擦伤表面，一定时间后，取出立即用

① 王岚等：《金相实验技术》（第二版），冶金工业出版社，2013年，第87、88、186页。

流水冲洗，再用酒精漂洗，之后用热风吹干，可以在显微镜下观察。二是擦拭浸蚀法，用不锈钢钳夹脱脂棉球擦拭抛光面，待一定时间后停止擦拭，然后按上述操作顺序进行。浸蚀合适的时间是以样品抛光面颜色变化来判断，光亮的表面失去光泽变成银灰色或灰黑色，则终止浸蚀，快速用清水冲洗、再用酒精漂洗和热风吹干，使水在样品停留最短时间，否则样品表面会有水迹残留，造成误判，影响正确的鉴定。当试样浸蚀不足，最好重新抛光再浸蚀。如果不经抛光重复浸蚀，会在晶界形成“台阶”的伪组织；当样品过浸蚀，必须抛光再浸蚀，必要时还要回到细砂纸上磨光。

七、铁器样品的硫印、磷印实验

1. 硫印实验

利用硫印实验主要是用以显示金属中硫化物分布的一种宏观检测方法。设备及操作简单，检验可直接在钢铁制品上进行，特别对于大型铁质文物来说选用硫印法是适宜的。

硫印实验的基本原理是：铁器文物中的硫化物与相纸上的稀硫酸发生反应，生成硫化氢气体；硫化氢气体与相纸上的溴化银作用生成棕色的硫化银沉淀。化学反应式：

$$MnS\text{（或 }FeS\text{）}+H_2SO_4 \rightarrow MnSO_4\text{（或 }FeSO_4\text{）}+H_2S\uparrow$$

$$H_2S+2AgBr \rightarrow Ag_2S\downarrow+2HBr$$

先将铁器文物表面用砂纸除锈，使金属暴露，并用水冲洗保持清洁。试面的制备光洁度越高，硫印实验效果越好。将涂有溴化银的相纸，浸泡在2%～5%硫酸水溶液中约2分钟，将相纸药面紧贴在待测的铁器文物试面上（用手压紧），经5分钟后揭下，将相纸用清水冲洗后，再进行定影冲洗和烘干，得到硫印照片。在相纸上呈现的棕褐色斑点，即为铁器文物中硫化物聚集处，依斑点的数量、大小、色泽深浅和分布，可评定铁器中含硫量的高低及均匀性。

2. 磷印实验

将滤纸浸泡在钼酸铵硝酸溶液中，取出浸透的滤纸放在样品的抛光面上约3～5分钟，取下滤纸放入饱和 $SnCl_2$ 5ml、HCl 50ml、H_2O 100ml和明矾1g的溶液中显影，约3～4分钟后，含磷较高的地方在相应的滤纸上显示蓝色。

第四节　偏光显微镜在金属文物显微组织研究中的应用

一、金相显微镜的偏光装置

一般大型光学显微镜均带有偏光装置等附件，可同时进行明视场、暗视场、偏光等观察。显微镜的偏光装置就是在入射光路和观察镜筒内各加入一个偏光镜而构成。称前一个偏光镜为“起偏镜”，作用是把来自光源的自然光变成线偏振光；称后一个偏光镜为“检偏镜”，其作用是分辨被线偏振光照射于金属磨面后出射光的偏振状态（图 4-16）。①

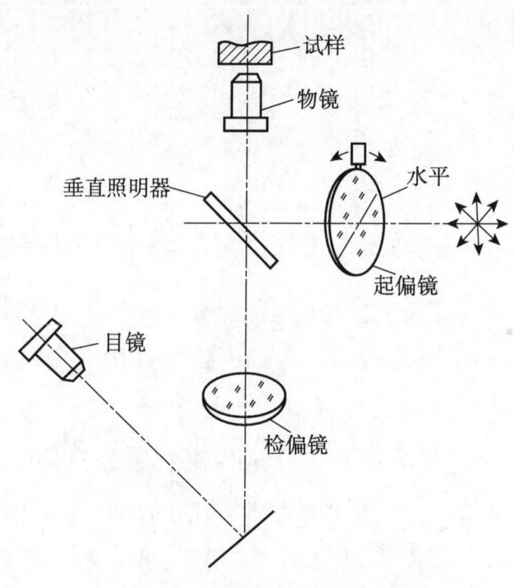

图 4-16　偏光显微镜结构示意图

与普通光学显微镜相比，偏光显微镜除增加两个附件：起偏镜和检偏镜外，尚要求载物台沿显微镜的机械中心在水平面内做 360°的旋转。为读出角度变化，载物台上标有角度刻度。

二、工作原理②

金属材料按它的晶体结构可分为各向同性和各向异性。属立方点阵的金属具有各向同性的特征，一般情况下偏振光不起作用；非立方点阵的金属，如正方晶系、六方晶系、三斜晶系均属各向异性类，对偏振光极为敏感。

（1）偏振光在金属磨面上的反射随晶粒位向的不同，光学性质发生改变。用光矢量进行分析，发现反射光将分别平行或垂直于晶体光轴（图 4-17）。

图 4-17 以 R 表示平行光轴的反射光强度，以 S 表示垂直光轴的反射光强度。基于各向异性的原则必须 $R>S$。当强度为 P，偏振方向为 PP 的偏振光以与光轴成 ω 角垂直照到晶体表面时，将分成两个相互垂直的分振动 $P\cos\varphi$ 和 $P\sin\varphi$，那么它的反射光矢量（强度）分别变为 $R\cdot P\cos\varphi$ 和 $S\cdot P\sin\varphi$，由于 $R>S$，所以

① 王岚等：《金相实验技术》（第二版），冶金工业出版社，2013 年，第 31、32 页。
② 王岚等：《金相实验技术》（第二版），冶金工业出版社，2013 年，第 33～36 页。

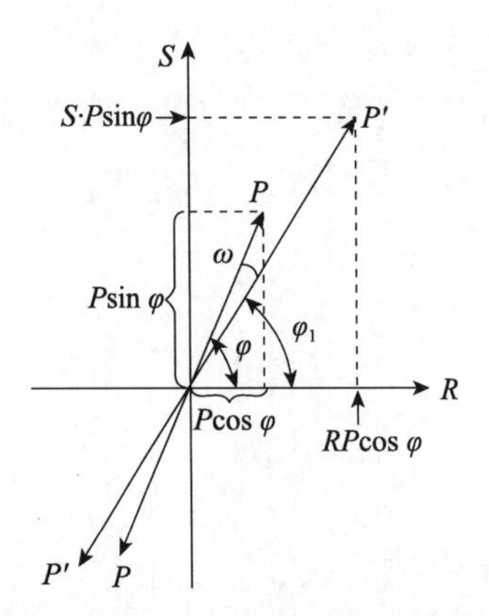

图 4-17　偏振光在各向异性金属表面反射的光矢量分析

$R \cdot P\cos\varphi$ 和 $S \cdot P\sin\varphi$ 合成后的反射偏振光矢量 $P'P'$ 不再沿 PP 方向，而是向 R 方向转了一个角度 ω（$\omega=\varphi-\varphi_1$）。振动面转角 ω 的大小与 φ 有关。振动面的转动在偏光观察时，即起偏镜与检偏镜成正交位置时，由于振动面发生旋转，使反射偏振光与检偏镜改变正交位置，部分光线就能通过检偏镜。振动面旋转越大，通过的光线越多。转动载物台，相当改变振动面与晶体光轴的夹角 ω（360°）中观察到四次明亮四次黑暗。因而可以推想，在正交偏振光下能直接观察到一个各向异性多晶体磨面的组织。

（2）偏振光在各向同性金属磨面上的反射时，各向同性金属由于各方向的光学性质一致，光矢量分析 R=S，不能使反射偏振光的振动面旋转，在正交偏振光下不能通过检偏镜。转动载物台（改变 ω 大小）始终只能看到一片黑暗。

（3）偏振光下透明物相的特殊光学效应是透明物相在偏振光下易于观察的原因（图 4-18）：当试样被线偏振光照明时，从平滑外表面反射的光线仍为线偏振光，不能通过处于正交位置的检偏镜，呈现黑暗；但在透明物相处光线既在外表面反射，又在透明物相内反射时，折射至透明物相与基体界面处产生不规则的内反射，因而改变了入射光的振动方向，故通过检偏镜可观察到物相的颜色与亮度，亮度表征其透明度。

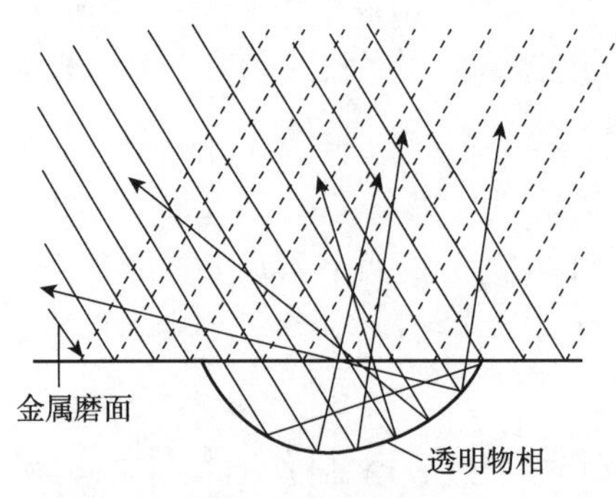

图 4-18　透明物相在偏振光下的反射

各向同性体在偏振光下观察到的颜色与暗场下一致，即为白光照明时，透射光所显示的颜色一致。各向异性透明物相在偏振光下观察的颜色包括体色和表色。体色与不规则内反射有关，表色与磨面反射时发生振动面的旋转有关。

三、在金属文物金相研究中的应用①

在偏振光下研究金相组织，一般只需抛光而不需要浸蚀便可获得清晰、真实的组织。

（1）组织与晶粒显示的各向异性金属的多晶体，其晶粒在正交偏振光下可看到不同亮度。亮度不同，表征晶粒位向的差别。具有相同亮度的两个晶粒，有相同的位向。图 4-19 是具有六方结构的纯锌在常温下变形后显示的金相组织。正交偏振光下晶粒显示出不同的深浅层次，较明视场下观察到更为清晰的孪晶。

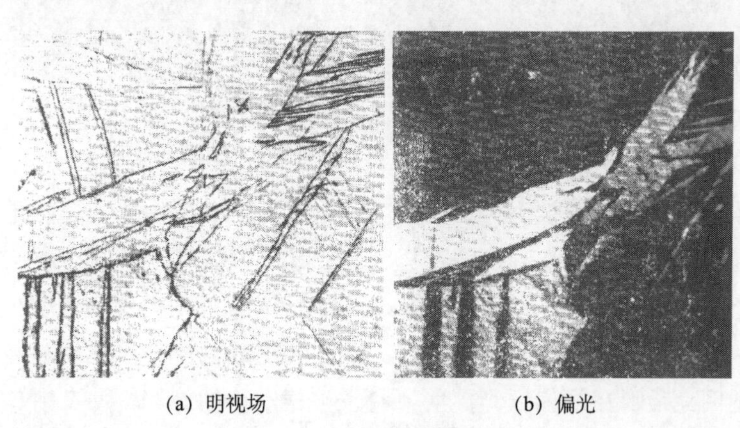

(a) 明视场　　(b) 偏光

图 4-19　纯锌的金相组织

图 4-20 是河南铁生沟冶铸遗址出土的铁镢（T_3：28）的金相组织，其中的石墨是六方晶体，属各向异性。在同一颗球状石墨显示出不同的亮度，表征每颗石墨是一个多晶体。

图 4-20　河南铁生沟冶铸遗址出土铁镢（T_3：28）的金相组织

---

① 王岚等：《金相实验技术》（第二版），冶金工业出版社，2013 年，第 35～37 页。

（2）多相合金的相分析。两相合金中一向为各向同性，另一向为各向异性，极易由偏振光鉴别。若两相都属各相同性，如 55SiMnMo 正火后的组织为马氏体加贝氏体，因马氏体较贝氏体难浸蚀，经 4%硝酸适度浸蚀后，贝氏体形成倾斜的晶面，在正交偏振光下可观察到明暗不同的贝氏体，而未被浸蚀的马氏体呈现一片黑暗（图 4-21）。

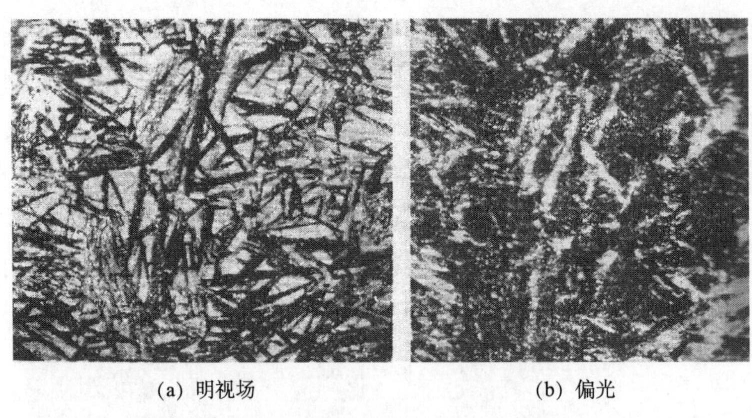

(a) 明视场　　(b) 偏光

图 4-21　55SiMnMo 正火后的金相组织

（3）非金属夹杂物的鉴别。用金相法对金属合金夹杂物进行分析是常用的方法之一，通常是在显微镜下利用明视场、暗视场、偏振光下进行分析。在正交偏振光下各类的夹杂将有不同的反射规律：①如 FeO 属各向同性不透明夹杂物反射光仍为线偏振光。正交偏振光下呈黑暗一片。转动载物台一周无明显变化。②各向异性不透明夹杂物在线偏振光照射下将发生振动面的旋转，使反射偏振光与检偏镜改变正交位置，部分光线可通过检偏镜。转动载物台一周观察到四次明亮，四次消光，如钢中的 FeS 夹杂。③各向同性透明夹杂物在正交偏振光下可观察到与暗视场相同的颜色（体色），如 MnO 具各向同性，在正交偏振光下与暗场下观察到相同的颜色——绿色。④各向异性透明夹杂物在正交偏振光下可观察到包括体色和表色组成的色彩，如钛铁矿（FeO · TiO_2）呈玫瑰色和褐色。⑤透明球状夹杂物除可显示透明度及色彩外，还可看到黑十字效应及等色环，如球状玻璃质的 SiO_2夹杂及铁硅酸盐（2FeO · SiO_2）夹杂。

（4）在对金属文物进行显微组织的研究时，对样品表面或内部常存在的锈蚀产物，可以利用暗视场、偏振光进行鉴定。在偏光下的金相检验中，可以直接辨认和区别孔雀石、蓝铜矿、氧化亚铜和硫化铜。一价铜的氧化物呈现出血红色，可以与一价铜的硫化物区别。锡的氧化物是一种白色或褐色胶状物。青铜中的铅在被腐蚀以后，铅离子可以迁移到青铜器的表面，形成氧化物或碳酸铅。碳酸铅的白色晶体也可以在金属铅腐蚀后的孔洞中形成，但仍保持原始铅颗粒的形状。所以，青铜器腐蚀所产生的矿物可以从它们的物理形貌加以分辨。

墓葬出土的铜器表面通常有锈蚀层覆盖，这是金属与地下水、空气和其他化学活泼物质进行了化学反应的产物（表 4-3）。古代金属埋于地下几十世纪以上的真实条件的再现是非常困难的。土壤中存在的有机酸、碳酸化的水和空气等亦会变化，使金属的腐蚀产物较复杂，这也与器物的成分、组织有关。在埋葬的土壤中金属都有向它们相应的矿物转化的倾向，如铜及青铜的腐蚀产物（表 4-3）。例如，北京延庆葫芦沟墓地 YHM39 出土的青铜剑（5046）其锈层基体的孔洞中有 Cu_2S，外层有孔雀石，内层 SnO_2 及少量 Cu_2O（图 4-22）；葫芦沟墓地出土 YHM24 出土的削刀（5013），其外层锈蚀有孔雀石和不纯的 Cu_2O 及 SnO_2，内层锈蚀以 Cu_2O 为主（图 4-23）。

表 4-3　铜及青铜的锈蚀产物①

矿物名称	化学名称	化学分子式
赤铜矿	氧化亚铜	Cu_2O
黑铜矿	氧化铜	CuO
孔雀石	碱式碳酸铜	$Cu_2(OH)_2CO_3$
蓝铜矿	碱式碳酸铜	$Cu_3(OH)_2(CO_3)_2$
氯化亚铜矿	氯化亚铜	$CuCl$
δ 氯铜矿	δ 碱式氯化铜	$Cu_2(OH)_3Cl$
γ 氯铜矿	γ 碱式氯化铜	$Cu_2(OH)_3Cl$
辉铜矿	硫化亚铜	Cu_2S
铜蓝	硫化铜	CuS
羟铜矾	碱式硫酸铜盐	$Cu_3(OH)_4SO_4$
水胆矾	碱式硫酸铜盐	$Cu_4(OH)_6SO_4$
—	碱式硝酸铜盐	$Cu_2(OH)_3NO_3$
—	碱式磷酸铜盐	$Cu_2(OH)PO_4$
锡石	二氧化锡	SnO_2
—	偏锡酸	H_2SnO_3
—	氢氧化亚锡	$Sn(OH)_2$
白铅矿	碳酸铅	$PbCO_2$
氯铜矿	氯化铜	$PbCl_2$

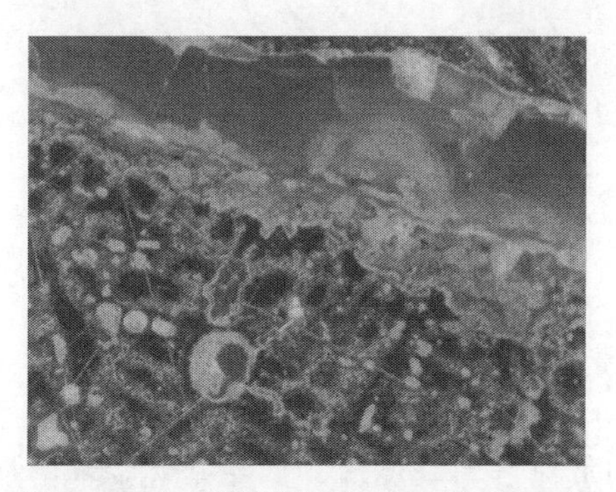

图 4-22　北京延庆葫芦沟墓地 YHM39 剑

图 4-23　北京延庆葫芦沟墓地 YHM24 削刀

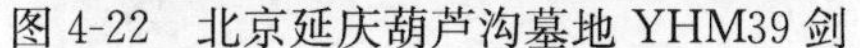

① Pearson C. Corrosion Products on Bronzes——Identification and Stabilization——but，is Bronze Disease Still a Problem? Ancient Chinese and Southeast Asian Bronze Cultures，Australia，1988.

现在新型式的光学显微镜功能虽然较多，但都包括偏振光装置，所以在进行金属文物制作技术研究时，应该多使用偏光显微镜并积累经验。这对揭示金属文物存储技术可提供更多有用的信息，是既简单又节约的研究方法，因此冶金考古工作者应该重视及应用。

第五节　显微硬度仪的使用

硬度的测定是材料在力学性能研究中最简单、最常用的方法，如果用小载荷测试金属材料中的相或结构组成，即缩小到显微尺度，就称为显微硬度。显微硬度是金相分析中常用的分析手段，对判定金属文物中的相，如青铜合金淬火组织、古代钢制品中的组织及锈蚀铸铁制品中的残留组织等时，最好做显微硬度的鉴定。

一、显微硬度测试原理①

对金属文物进行显微硬度测量常用的是压入法。将具有极小的金刚石锥体，重约 0.05～0.06Ct（1Ct＝0.2g）镶在压头的顶尖上。显微硬度压头分为两种类型：一种是锥面夹角为136°的正方体压头，又称维氏（Vikers）锥体，压痕形状如图 4-24 示，且 $d_1=d_2$，应用广泛，在我国及欧洲各国均使用此类压头；一种是菱面锥体压头，又称克诺伯（Knoop）型压头，压痕形状如图 4-25 示，此类压头在美国使用较普遍。

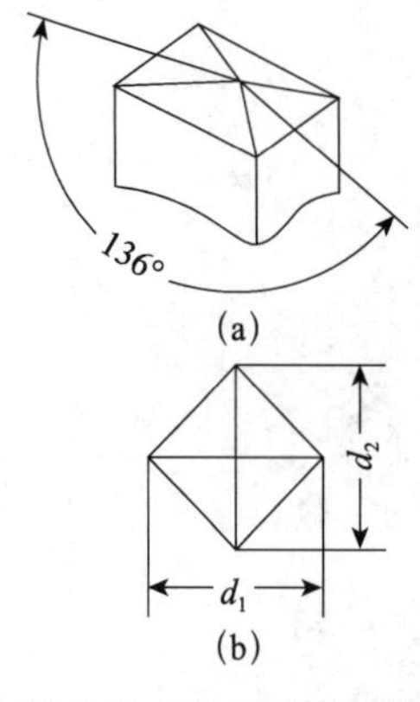

图 4-24　正方锥体压头

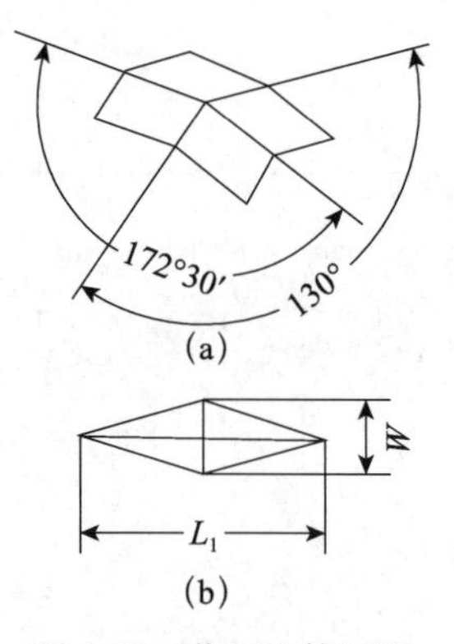

图 4-25　菱面锥体压头

显微硬度以单位压痕凹陷面积所承受的负荷作为硬度值的计量指标，单位是 $kg \cdot mm^{-2}$。压痕面积的计算方法随压头几何形状的不同而异。硬度值与压痕对角

① 王岚等：《金相实验技术》（第二版），冶金工业出版社，2013 年，第 152～153 页。

线间的关系可通过几何关系导出。维氏硬度值以 HM 或 HV 表示。一般仪器中均附有 HM 与 d 值的换算表，测量时只需测量压痕两对角线平均值 d 的长度，即可在相应的表中得到一定负荷下的硬度值。

二、在金属文物金相研究中的应用要点

（1）被测金属文物样品的试样表面状态直接影响测试结果的可靠性。金属文物的金相样品制备时要避免表面微量的变形，使其中待测相产生加工硬化，影响测试结果。磨面表层氧化膜的形成也会造成硬度值的升高。因此，抛光好的样品经适度浸蚀后应立即进行显微硬度测定。

（2）在光学显微镜下测压痕对角线数值与成像条件有关。孔径光阑减小，基体与压痕的衬度提高，压痕边缘渐趋清晰。测试者要有多次的显微硬度的鉴定经验，对同一组测量数据，孔径光阑选择相同数值，获得一致的成像条件。

（3）为保证测量的准确度，试验负荷的选择应尽可能大，压痕大小与待测组织晶粒大小有一定比例，被测组织截面直径必须四倍于压痕对角线长，若发现有裂纹的压痕表明负荷已超出材料的断裂强度，获得的硬度值是错误的，需要调整负荷重新测量。表 4-4 中列出了钢及铸铁组成、铜合金组成相的显微硬度值 HM，此表摘抄于任怀亮主编《金相实验技术》一书第 231～233 页的附录六表 A，是任怀亮教授根据许多学者测定的结果汇总而成；原表中也列出测定学者的名字。为方便冶金科技工作者现将与金属文物有关组成相的显微硬度值摘录于下（表 4-4）。

表 4-4　合金中各相的显微硬度值（HM）

组成相	荷重/g	压痕对角线长 μ/mm	HM/kg・mm^{-2}	测定学者
Ⅰ　钢及铸铁				
奥氏体		10	340～450	Onitsch
			239	Haneman
贝茵体	30		485	Girschig
渗碳体		10	1020～1080	Onitsch
	100		771	Vidman
			750～980	Unckei
			595～825	Sommer
	50		612	Taylor
	35		820	Lips
铁素体	10		225	Bergsman
	20		266	Taylor
	5		69～93	Sommer
	30		205	Gieschig
	25		215	Bergsman
			170	Unckei
		10	150～250	Ontsch
石墨	0.2		2～4	Sommer
	20	11		Taylar

续表

组成相	荷重/g	压痕对角线长 μ/mm	HM/kg·mm^{-2}	测定学者
马氏体	10		760	Bergsman
			868～1100	Hanemann
	35		865	Lips
		10	670～1200	Omitsch
	25		800	Bergsman
珠光体	20		175～235	Sommer
			310～320	Unckel
	100		142	Vidman
	25		250～350	Lips
		10	350～500	Onistsch
	25		217	Lysaght
	20		212	Taylor
	35		300～395	Lips
索氏体		10	230～320	Unckel
磷共晶	20		370～480	Somner
	100		300	Vidman
	35		775	Lips
Ⅱ 铜合金				
黄铜中的 α 相	50	35.4	75	
黄铜中的 α 相	50	25.5	143	机械抛光后
黄铜中的 β 相	50	26.4	135	
黄铜中的 β 相	50	22.0	191	机械抛光后
青铜中的 α 相			97.1～121	
$Cu_{31}Sn_3$（δ 相）			325.2～537.7	
Cu_3Sn（ε 相）			560.4	
Cu_6Sn_5（η 相）			342.8～369.2	
青铜中的 ω 相			13.9～12.1	
Ⅲ 其他合金相				
Cu_2O		10	240～260	Onitsch
Cu_2Sb		10	78	Rapp&Hanemann
Cu_3Sn		10	460	Rapp&Hanemann
Cu_6Sn_5		10	421	Rapp&Hanemann
SnSb		10	107	Rapp&Hanemann

（4）压痕的弹性回复。对金刚石压头施一定负荷，样品表面会留下压痕，当去除负荷，压痕将因金属的弹性恢复而稍微缩小。根据恢复后压痕尺寸求得的显微硬度值则比较高。对同一材料，不同仪器、不同实验人员往往会测得不同的结果，即使同一人员在同一仪器测量，选取的负荷不同，测量结果差异也较大。这与仪器的精度、试样制备的优劣、样品成分、组织的均匀性有关。

这些是在用显微硬度值判定金属文物的相组织时必须注意的问题，在对其显示的金相组织分析时需要配合其他方法，如用不同的浸蚀液再予以确认。韩汝玢与柯俊研究徐州出土的五十炼剑时，显示有磷元素偏析亮带的金相组织，做了显微硬度测定，HV 为 299、311，比该样品含碳相近的组织的显微硬度值 HV292、296 略高。图 4-26 和图 4-27 是北京科技大学科学技术史硕士研究生宋薇在测试大沽铁炮样品进行显微硬度测试的实例（表 4-5）。

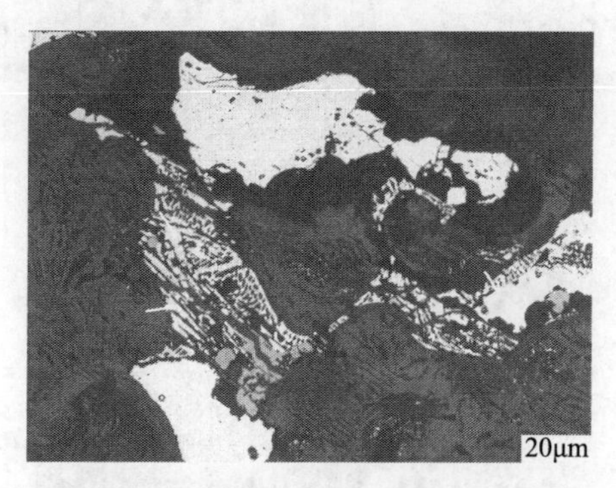

图 4-26　大沽 3 样品 296、292HV 测试区（图中箭头处）

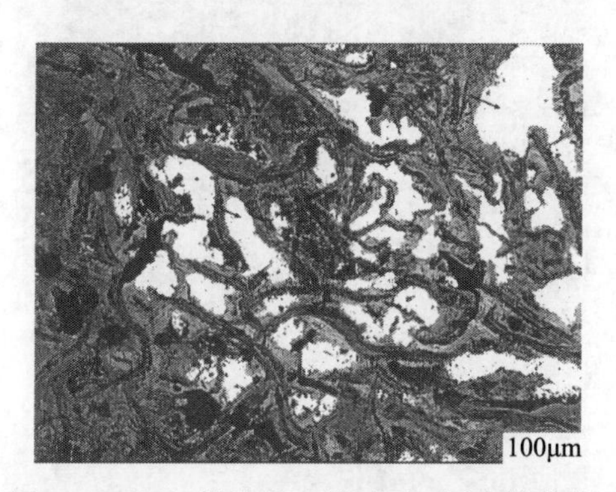

图 4-27　DG4 样品 HV 测试区（图中箭头处）

表 4-5　大沽炮台铁炮样品显微硬度（HV）检测结果　（单位：N/mm²）

样品编号	取样部位	显微硬度			平均值	组织	材质	图号
大沽 3	不明	1017.5	932.7	996.3	982.2	渗碳体	白口铁	图 4-26
DG4	低炮台进门第 3 门炮身	161.8	139.5	152.1	151.1	铁素体	灰口铁	图 4-27
DG8	大沽炮台第 7 门炮内层	208.8	288.5	211.3	236.2	珠光体	灰口铁	

显微硬度计的类型大体可以从 20 世纪 80 年代前后划分：80 年代以前应用的显微硬度计基本属于传统的机械类产品，仪器由金相显微镜、荷重机构、载物台、机座构成。全部由人工、手动操作完成观测后，根据施加的荷重和压痕对角线长度，查表获得相应的硬度值。进入 90 年代后，随着电子技术的迅速发展，出现了集光学、机械、电子一体化的新型显微硬度计。其最大的特点是仪器可通过电子控制系统完成物镜与硬度计压头的自动切换，自动加载和卸载、自动聚焦、自动测量、数字显示等功能。做到操作便捷、测量精度提高、硬度的显示与换算功能

迅速准确等优点。此类硬度计在国内外已有多种型号的产品。[①] 国内型号有 HXD-1000 TMB 视屏显示自动转塔显微硬度计、HXD-1000 TM/LCD 自动转塔数显显微硬度计、HVS-1000 /LCD 显微硬度计、HVT-1000 自动测量显微维氏硬度计。国外的型号有 LEICA VMNT 30 型显微硬度计。图 4-28 是北京科技大学科学技术与文明研究中心实验室常用的显微硬度计 MH-5L。

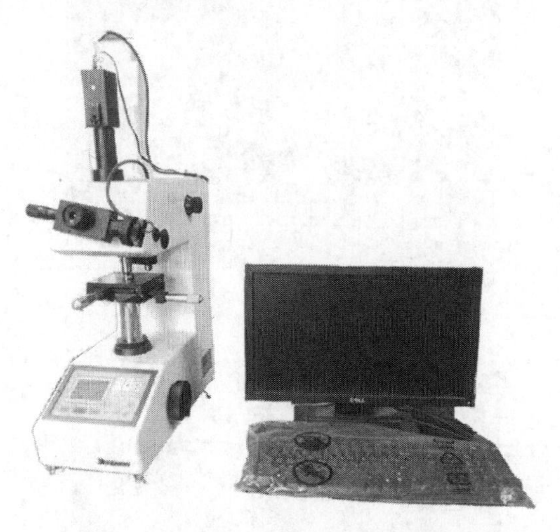

图 4-28　北京科技大学科学技术与文明研究中心实验室常显微硬度计

① 王岚：《金相实验技术》（第二版），冶金工业出版社，2013 年，第 155～156 页。

第五章

金属文物的成分分析

在对出土的金属文物进行制作技术研究时，要了解内部储藏的技术信息，必须对金属文物进行成分分析，只有知道其化学组成，才能较准确判定它采取的工艺技术，显示的显微组织所反映的技术信息，才可以为文物考古工作者提供更好的服务。金属文物的成分是指对样品中不同元素所占比例的分析。首先要知道需要解决的考古问题是什么，根据要求与可能，选择适合的成分分析方法。成分分析只提供有什么元素及其含量，而不能告知其结构；样品中的元素根据其含量分为常量（主要）元素、微量元素、痕量元素。常量元素是指器物在冶炼、铸造时有意配置的元素；微量元素指含量＜2%的元素，通常是指矿物在冶炼时留在器物内、而不是有意加入的元素；痕量元素是指含量＜0.1%的元素，通常用 ppm 表示其测定的含量，对于这些元素古代工匠不完全认知、也不能有意控制，因此就有可能为此器物使用的矿产来源提供信息。

第一节　化学分析方法

对金属文物进行成分分析最准确的方法是化学定量分析法。化学定量分析法是 20 世纪 50～60 年代常用的方法，包括重量法、容量法等，都是通过化学反应来测定的。自 60 年代开始，经典的化学分析已转变以物理、化学为基础的仪器分析方法。到 70 年代，用重量法、容量法进行成分分析的比重逐渐缩小，但北京科技大学冶金与材料史研究所在1974年成立后的最初10余年，由于条件所限，对金属文物进行分析时，中心化验室还只能用这种经典的方法做成分分析。当时由于需要的金属文物的样品数量较多，而且出土金属文物表面多有锈蚀，有的锈蚀很严重，在进行化学分析制样溶解时多有不溶物，影响了最终结果的准确性。80年代，对金属文物的成分分析使用过发射光谱、激光光谱进行定性分析，这两种设备对金属文物整体略有创伤。之后，在中心化学分析实验室老师的努力下，建立了原子吸收光谱分析方法，可以对铜器文物中的主要元素如铜、锡、铅、镍、锌等成分进行定量分析。自90年代开始，扫描电子显微镜在北京科技大学普遍使用。对金属文物的金相样品较多使用扫描电镜能谱分析仪进行成分分析，还可以对样品的显微组织进一步观察，对其中的第二相、夹杂、锈蚀产物进行分析，同时可以得到金属文物中的众多信息。这也是冶金与材料史研究所20多年来常用的SEM-EDX方法。在使用扫描电子显微镜分析方法的基础上，还可以采用化学分析方法或原子吸收分析法，进行必要的验证，如对钢铁文物中的硫、铸铁中的硫、碳、石墨碳、古铜渣中的铜硫比、铁渣中不同价的铁等进行化学定量分析，有时也是非常必要的。

本书的任务是对冶金与材料史研究所40年在金属文物显微组织研究中涉及的问题和经验进行综述，对成分分析方法的基本原理、选择何种方法对金属文物进行成分分析有利，各种分析方法的局限性等问题，只能给予简单介绍，不对使用仪器设备、型号等进行深入论述，若读者需要，可以查找、阅读专门的书籍。

一、重量法中的沉淀法

将选取的金属文物试样制备成溶液，加入试剂与被测组分生成难溶的化合物，经过过滤、清洗，烧后称重，测成分（单位:%）。具体条件是：①沉淀物溶解度必须很小，溶液中丢失的离子量可忽略不计；②沉淀物必须纯净，颗粒要大，因为与过滤操作有关；③烧灼后必须有固定的分子式，否则不能计算；④称重时要速度快，减少吸水量，不需要基准作比较，只要称重操作准确，相对误差0.1%～0.2%。沉淀法存在一些缺点，如操作手续多，时间周期长等。

二、容量分析法

利用浓度已知的标准溶液来滴定体积已知而浓度未知的试液，由所消耗标准溶液之体积来求出试液浓度的分析方法。

精确称取分析试样的重量，将其溶解成溶液，加入指示剂，利用浓度已知的标准溶液来滴定至终点；由所消耗标准溶液的体积求出原试样中某组分的含量。

采取容量分析法的条件：①标准溶液能长时间保持稳定；②与分析物的反应迅速且安全；③与分析物有明确的反应关系，且与溶液中的共生成分不产生副反应；④有比较简便方法确定计量点，即必须要有反应终了的指示剂。

容量分析法比重量法操作简便、速度快，应用范围较广，准确度高，所以到目前仍在应用。

这两种化学分析方法成本低，但测量过程较长，操作繁琐，从理论上讲可以得到精确值，实际上是与操作人员技术水平及经验有关；测量微量元素要得到适当的重量，必须有较多的样品，这对于金属文物使用化学分析方法受到限制。20世纪80年代，赵匡华、周卫荣、戴志强等学者分析了许多出土的古代钱币，包括春秋战国时期、秦汉、唐宋及明清时期的铜钱。先对铜钱表面进行除锈处理后，清洗干净，然后每枚样品刮去10ml粉末，对其主成分铜、铅、锡元素用容量法进行化学定量分析，其中铜用常规的碘量法测定，铅、锡用EDTA反滴定法测定，配合原子吸收分光光度法测定锌、铁、银、镍等微量元素。在测定中，他们取得了许多重要的数据，对古钱币的研究获得了突出成果。他们使用的分析方法和检测结果的论文收录在《钱币学与冶铸史论丛》（中华书局，2002年）一书中。由于铜钱使用数量极大，经过漫长朝代更替、时代变迁、货币改革等诸多复杂因素，对钱币金属除成分分析外，用显示金相组织进行制作技术的研究困难较大。陈玉云、李仲达、戴志强等对宋钱的铜锡铅合金做过组织分析，有少数学者对汉代五株钱进行了金相组织分析，但有价值的结果并不突出。这是冶金考古工作者经历过的历史。

使用仪器对金属文物进行成分分析速度快，成本高，要求操作人员有较高的技术水平，对仪器的使用必须经过培训。使用的分析仪器种类多、技术发展快，不同的分析仪器所涉及的原理、适用范围及局限也不同，在对金属文物进行显微组织研究和成分分析时都是需要了解的知识。本书对近年较少使用的中子活化分析、发射光谱分析及激光光谱分析方法予以省略。仅对目前化学定量成分分析常用的原子吸收及等离子体光谱（ICP法）做一简单介绍。

第二节　原子吸收光谱分析仪

一、AAS方法的建立

原子吸收光谱（atomic absorption spectroscopy，AAS）是1955年由澳大利亚科学家Welsh首先建立起来的，已经被公认为一种有效的化学分析方法，历史虽短，但发展块、通用性强。1963年，开始供应商品仪器，可检测70余种元素，分析过程简便，检测灵敏度高，测定准确。1985 年，全自动原子吸收光谱分析仪器价格为 10 万美元。AAS 法是冶金材料学者常用的化学分析方法，可以满足冶金考古、文物保护工作者选取的样品进行元素分析的要求。

二、基本原理

基于待测元素基态原子在蒸汽状态下对其原子共振辐射吸收进行定量分析的方法。为了能测定吸收值，试样需要转变成一种在适合介质中存在的自由原子。化学火焰是产生基态气态原子的简便方法，即采用空心阴极灯发出锐线光谱。此灯的阴极表面有一层待测元素金属，在真空管内放入一定压力的氖，密封，石英窗口便可吸收短波光。原子吸收光谱仪构造示意图见图 5-1[①] 所示。

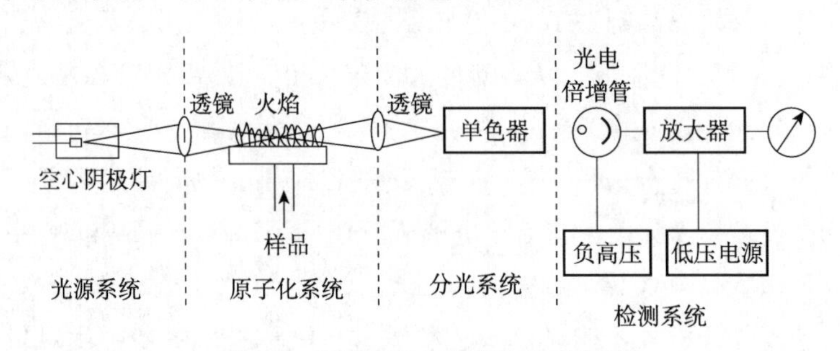

图 5-1 原子吸收光谱仪构造示意图

元素在热解石墨炉中被加热原子化成为基态原子蒸汽，对空心阴极灯发射的特征辐射进行选择性吸收。原子吸收主要是价电子的作用及跃迁。原子吸收波长是特定的。在一定浓度范围内，其吸收强度与试液中被测元素的含量成正比。定量关系用朗伯—比尔定律表示：

$$A=-LgI/I_0=-LgT=KCL$$

I 为透射光强度，I_0为发射光强度，T 为透射比，L 为光通过原子仪器光程长度，每台仪器 L 值是固定的，C 是被测样品浓度，

所以 $A=KC$

由上式可知，当实验条件一定时，吸光度与基态原子的浓度成正比。利用这一线性关系，用已知不同含量的几个标准样品，按分析方法所列出的同样条件，测得吸光度，绘制标准曲线。试样测得的吸光度在标准曲线上求得其含量。

利用待测元素的共振辐射，通过其原子蒸汽，测定其吸收光度的仪器称为原子吸收分光光度计，基本结构包括光源、原子仪器、光学系统和检测系统。

---

① 李士、秦广雍：《现代实验技术在考古学中的应用》，科学出版社，1991 年，第 205 页。

三、检测步骤

用天平称取一定重量的试样，用适当的溶剂进行溶解，稀释到一定体积，制成吸喷试液。试液经雾化后与燃料气体、助燃气体混合，由燃烧器上方燃烧的火焰提供能量，将待测元素解离成基态原子。由辐射源产生的共振线经过火焰时，被测定元素的基态原子吸收。透过火焰的共振线经单色气分光，然后由监测系统显示或记录试液的吸光度值。整个分析过程比常规以湿法反应为基础的分析方法大为简便。

北京科技大学分析化学中心主任徐录同研究员于1986年11月为冶金与材料史研究室的师生进行化学定量分析方法的讲课，每周一次，每次3小时。当时与他们合作进行金属文物制作技术的研究，也是刚开始使用原子吸收方法对金属文物做成分定量分析，徐录同对原子吸收定量分析方法的物理基础、基本原理、仪器设备以及操作步骤、注意事项、误差来源、矫正方法等做了系统的介绍，使我们受用至今，在此深表感谢。在他的领导下，化学分析中心的全体同仁，为冶金与材料史研究室师生能完成对古代青铜器及大型古天文仪器样品中的铜、锡、铅、锌、铁等元素的测定，做了大量工作，为北京科技大学原子吸收光谱研究室的建立和发展，做出了贡献。原子吸收方法只能一次测一个元素，在大多数情况下共存元素对被测元素不产生干扰。仪器较简单，价格低廉。他们的经验表明铜器中的铜元素灵敏度高，共存元素干扰少，是原子吸收分析较易测定的元素；铁有背景干扰，但铜合金中铁含量少，可以忽略；锌的灵敏度也很高，干扰少，亦较易测定；铅和锡灵敏度较差，在铜合金文物的常量分析并不困难。

美国洛杉矶艺术博物馆文物保护中心主任Dr. Peter Meyers撰文关于用原子吸收光谱仪对99件商代青铜器进行的取样分析，此文被译成中文在上海博物馆主办的杂志《文物保护与考古科学》（1994年，6（1)：53～59）发表。他选用了两种技术对青铜器样品进行分析，用原子吸收光谱测定主要成分，铜、锡、铅和铁，用中子活化法分析少量和痕量元素（锡、铁、锌、金、银、汞、砷、锑、钴及镍）。所有分析在国立布鲁克海文实验室进行。给出的做法是：①将每份样品精确称取10mg，溶于盐酸（10mg. 6mol/l）和过氧化氢（2ml. 30％H_2O_2）中；②从生成的溶液中移走过量的过氧化氢后，加水使溶液调整至50ml；③将从国家标准局得到的标准铜合金，以同样的方法配制出适当的标准溶液，用原子吸收光谱仪分析样品和标准溶液中的四个元素，每次独立进行五次测定，取平均值，与标准溶液中的相同元素测定的平均值进行比较，计算样品的成分。文章对测试数据的精确度进行了讨论和分析。使用的原子吸收光谱仪的型号IL351aa /ee，是美国马萨诸塞州威尔明顿仪器制造公司生产，带一个同一公司生产及澳大利亚维多利亚斯普林韦尔的瓦里安・特克特龙专利有限公司生产的管状阴极管。

第三节　电感耦合等离子体发射光谱

电感耦合等离子体发射光谱（ICP）属于原子发射光谱的一种。它以等离子体为光源，具有较高的激发能力，检出极限低、分析速度快、范围宽，基体影响小等优点。通过发射光谱能判断金属文物样品中含有微量元素的种类，可进行元素的定性分析，根据强度也可以进行定量分析。

一、ICP 仪器设备结构

在电感耦合等离子发射光谱等离子仪设备示意图中（图 5-2），等离子体焰炬为光源，其下是三层同心的石英管，在外管上套有高频感应圈。当高频发生器向感应圈通电时，石英管中通过的氩气可电离，形成等离子体焰炬。用雾化器使样品雾化。再用载气将雾化后的气溶胶送入等离子体焰炬进行加热，经过蒸发和激发等过程，发射出所含元素的特征辐射，然后进入光谱仪。辐射的波长与样品所含元素的种类、辐射的强度与元素的含量密切相关。ICP 可以同时测定样品中的多种元素。一般情况下，含量在 1%以下的组分测定的检出极限可达 10^{-3}～10^{-9} g/l。稳定性好，精度高，相对误差为 1%。

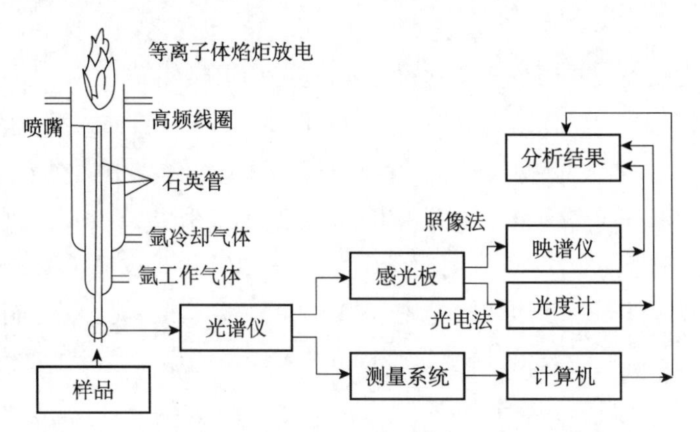

图 5-2　电感耦合等离子发射光谱等离子体焰炬和设备示意图①

二、冶金考古中的应用

对金属文物显微组织的研究使用 ICP 进行成分分析的实例较少，主要是进行

① 李士、秦广雍：《现代实验技术在考古学中的应用》，科学出版社，1991 年，第 212 页。

微量成分的分析来取得有用的信息。微量成分分析所用样品虽然较少，但仍属微量破坏，且费用较高。2006 年，中国科学技术大学科技史与科技考古系魏国锋等在《矿物岩石地球化学通报》上发表了《大井矿冶遗址冶炼产物的输出方向》的文章，其中就应用了 ICP 的方法，这是冶金考古学者新的探索。他们委托原地质矿产部武汉综合岩矿测试中心，对赤峰林西大井古矿冶遗址采集的铜矿、炼渣，以及辽宁省博物馆提供的辽西地区出土的 10 块春秋战国时期的青铜器残片样品用 ICP-AES 方法测试微量元素成分，并选择冶炼铜中的亲铜元素。研究表明，在铜的冶炼过程中，Au、Ag、As、S b、Bi、S e、Te 等亲铜元素和 Co、Ni 等亲铁元素主要富集在金属铜中，它们携带着原铜矿的产地信息。这些元素的含量及微量元素组成，可以示踪青铜器铜料的来源或冶炼铜的输出方向。①

采用 ICP-AES 发射光谱分析青铜器中的微量元素是一种有效的方法。ICP-AES 可以对多个元素同时测定，具有分析速度快，较高的蒸发、原子化和激发能力，干扰水平比较低，并且具有溶液进样分析方法的稳定性和测量精度等特点。ICP-AES 的实验过程：将样品除锈之后，使用电子天秤准确称取铜器样品并记录重量；用王水溶解样品，加热至样品完全溶解，将溶液用去离子水定容至 100ml，最后装入试液瓶中待测。

北京科技大学科学技术史博士生郁永斌，与湖北叶家山考古队合作，对湖北随州叶家山出土的西周早期铜器残片进行微量元素组成的研究。微量元素分析采用美国 LEEMAN-LABS 仪器公司生产的 Prodigy SPEC 型电感耦合等离子体原子发射光谱（ICP-AES），测试条件为 RF（高频发射器）功率 1.1kW，氩气流量 20l/min，雾化器压力 30psig（英制单位，约 20MPa），蠕动泵（样品提升）速率 1.2ml/min，积分时间 30sec/time。标准是由钢铁研究总院研制的单一国家标准溶液配制而成的青铜测试系列混合标准溶液。微量元素 As 和 Sb 结果（图 5-3），与湖北盘龙城出土商代铜器的 As、Sb 含量有明显差别②。由图 5-3 可见，尽管两地同处江汉地区，显示商代和西周的铜器微量元素 As、Sb 含量有如此明显的差别，即体现时代上的特征，亦表明两地在铜料选择和利用上有差别。说明用此方法提供的信息是有效的。

北京科技大学冶金与材料史研究所在近几年与考古及文物保护工作者合作进行的研究中，曾对古代金属合金腐蚀产物及其演变、腐蚀产物与埋藏环境（土壤、水）中的金属离子含量使用 ICP 方法进行测定，探讨当时人类活动与周围环境的影响。研究古代冶铸遗址中出土矿石、炉渣、炉壁、耐火材料、陶片等进行微量

① 魏国峰等：《大井矿冶遗址冶炼产物的输出方向》，《矿物岩石地球化学通报》，2006 年第 3 期。

② 陈建立：《中国古代金属冶铸文明初探》，科学出版社，2014 年，第 117、118 页。

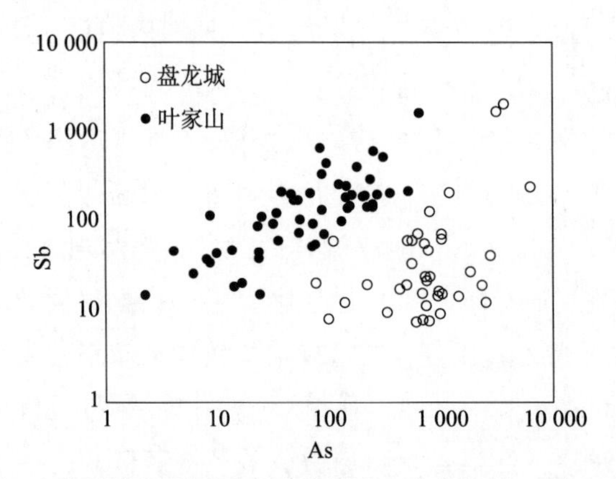

图 5-3 叶家山出土西周早期铜器残片与盘龙城出土商代铜器 As 与 Sb 含量的分布差别

元素的测定，应用 ICP 方法可以获得较多的信息，但研究冶金过程及其发展、矿料来源等内容，是冶金考古研究的另一方向和特点，而不是本书的内容，故不在此处多言，请参阅相关的文章。

第六章

20 世纪揭开研究微观世界序幕的三大发现

材料是人类技术进步的标志，用其表述人类文明史的石器时代、青铜时代、铁器时代三个阶段已成为世界科学史学者的共识。研究中华民族文明的建立与发展，并挖掘与展示三个阶段的成就，是科学技术史工作者的重要职责。我国是世界上唯一一个具有 5000 年历史连续不间断的国家，有极丰富的文化遗产，无论是金属材料还是非金属材料，它们的力学、物理、化学性质都与其显微组织有关，也就是与组成相的微观形貌、晶体结构和化学成分密切相关。20 世纪物理学家揭开了研究微观世界序幕的三大发现，使我们认识电子与物质的交互作用和产生信息的基本原理，以及如何运用这些信息使用日益发展的电子光学微观仪器。我们从研究金属文物制作技术的要求出发，了解新发展的电子光学微观分析仪器的特点和注意的问题，就应该了解必要的物理学基础。

在这一章，笔者的意图是帮助读者复习必要的物理学知识，特别是重温 20 世纪实验物理学家揭开研究微观世界的经历，这应是后辈的科学技术史工作者不应该忘记的。相关内容资料取自面向 21 世纪课程的教材，由倪光炯等编著《改变世界的物理学》(第二版)(上海复旦大学出版社，1999 年，2001 年第 3 次印刷，第 142～150 页)。

古代的原子假设毕竟是少数人的主观臆想，所谓原子，只不过是哲学术语。直到两千年后的 19 世纪，原子才真正被科学家以科学实验所证实，并创建了科学原子论。其中，英国科学家道尔顿 (J. Dalton，1766～1844 年) 是科学原子论的创始人。1807 年，他依据一系列实验提出：“气体、液体和固体都是由该物质的不可分割的原子组成的。”他还认为：“同种元素的原子，其大小、质量及各种性质都相同。”在这里，道尔顿所说的原子已不再是哲学术语，而是实实在在的组成物质的基本单元。在这以后，不少化学家和物理学家以大量实验事实证明了科学原子论的正确。1869 年，俄国科学家门捷列夫（Д. И. МеНДеИееВ，1834～1907 年）在此基础上，发现了自然界的一个重大定律——元素周期律。但是人们不禁还要问：线度大约是 10^{-8} 厘米的原子是否真的不可再分割了？

大约又经过了 100 年，直到 19 世纪末，物理学家的研究有了突破性的进展，即三年三个大发现：1895 年，德国物理学家伦琴（W. C. Rontgen，1845～1923 年）发现 X 射线；1896 年，法国物理学家贝革勒尔（H. Becquerel，1852～1908 年）发现放射性；1897 年，英国物理学家 J. J. 汤姆逊发现了电子。这三大发现，揭示了原子存在内部结构，使人们开始进入到比原子更小的微观世界的研究。

第一节　X 射线的发现与产生

伦琴，1845 年生于德国一个商人家庭，母亲荷兰人，三岁时全家搬到荷兰。1869 年，伦琴在苏黎世大学获博士学位。长期以来，他的学术生涯并不突出。但是他一贯对实验工作的热爱与专注，为日后他的惊人发现打下良好的基础。1895 年 11 月 8 日傍晚，伦琴正在做阴极射线管中气体放电的实验，为了避免可见光的影响，他特地用黑色纸板将放电管包了起来，而且在暗室中进行实验。在离管一定距离处放有一荧光屏①。使伦琴感到奇怪的是，荧光屏有微弱的荧光放出，但这时阴极射线管是被黑纸板包着，没有光或阴极射线能从里面出来，当他将荧光屏转了个身，使未涂荧光材料的一面朝着管子，而且将屏放远时，发现荧光屏仍有荧光发出。伦琴认为这绝不是阴极射线。在接下去的七周中，他继续对这种神秘的射线（被称为 X 射线）的性质作了进一步研究。实验发现这种射线是直线行进，不被磁场偏转，尤其是具有很强的穿透性。

1895 年 12 月 28 日，伦琴宣读了第一个报告《论新的射线》，并公布了他妻子手指骨的 X 射线相片。1896 年 1 月 1 日，印发了他的文章，在全世界引起轰动。在这以后，许多国家的实验室开展了对 X 射线的研究，反应之迅速和强烈是科学史上罕见的，仅 1896 年一年内，关于 X 射线研究论文达 1000 多篇。在 X 射线发现三个月后，维也纳的医院中首次利用 X 射线对人体进行拍片。这一个重要发现，能如此快地被应用到实际中也是很少见的。

---

① 涂有荧光材料铂氰化钡 $BaPt(CN)_6$。

值得指出的是，在伦琴发现 X 射线之前，人们在实验室里操作阴极射线管附近的照相底变黑或出现模糊阴影，这说明 X 射线早已被产生过，但这些现象并未受到重视，而认为是底片质量问题，或把底片放到别处完事。就这样，一项重大发现被放弃了。这些人，正如恩格斯所描述的，是“当真理碰到鼻子尖上的时候，还是没有得到真理”的人。伦琴治学严谨，不放过任何一个可疑现象，反复试验，终于发现了 X 射线。为了表彰这一杰出贡献，瑞典皇家科学院于 1901 年 12 月，将历史上第一个诺贝尔物理学奖授予伦琴。

1912 年，德国物理学家劳厄（M. F. T. von Laue，1879～1960 年）等人从实验上证实了 X 射线通过晶体可发生衍射现象，确定它像光一样，也是电磁辐射。X 射线的波长比紫外线还短，在 0.01～10μm，肉眼看不到，但它激励人们去探索和研究原子内部结构，从此人类进入了微观世界之门。

第二节　放射性的发现

放射性是由法国科学家贝克勒尔在 1896 年发现的。这一发现与前一年伦琴发现的 X 射线密切有关。

贝克勒尔出身于一个物理学世家，他的祖父、父亲，包括他自己的儿子，四代人都是物理学家。贝克勒尔的祖父是法国自然史博物馆设置物理学教授职位时的第一任教授，他的父亲从作为他祖父的一名助手到后来也成为博物馆中一名教授。对荧光的研究，是这个家族的传统。贝克勒尔自幼受到科学熏陶，聪明好学。后来，他继承父亲职位也在自然史博物馆任教授。

在 X 射线发现不久，贝克勒尔很快想到，如果把荧光的物质放在强光下照射，是否在发出荧光的同时，能放出 X 射线。于是，他把荧光物质（一块铀化合物——钾铀酰硫酸盐晶体）放在用黑纸包住的照相底片上，然后放在太阳光下曝晒。如果此铀化合物在阳光激发下，发射荧光同时也有 X 射线发出的话，由于 X 射线很强的穿透性，定能使底片感光。结果，在底片上果然发现了与荧光物质形状相同的像。1896 年 2 月 24 日，他向法国科学院报告了此实验结果。但是，事隔一周，在 3 月 2 日，在上次报告后，他想继续实验，但天不作美，连续两天不见太阳。他把铀化合物和底片一起放在抽屉里。可是，丰富的实践经验，使他富有灵感，他想到要看一下此铀化合物未经太阳曝晒，底片是否感光。原以为最多能看到非常微弱的影像，但恰恰相反，底片冲出后，在上面出现了很深的感光黑影，这使他大为惊奇。他进一步用不发荧光的铀化合物进行实验，结果发现也能使底片感光。这说明了铀化合物本身也会放出一种肉眼不见的射线，它与荧光是完全无关的。以上就是放射性发现的简单经过。应该说放射性的发现，是这个家族几代人努力的结果。另外，正如杨振宁在讲述贝克勒尔发现放射性的故事时讲到的，科学家的“灵感”对科学家的发现“非常重要”“这种灵感必定来源于他丰富的实践和经验”。

放射性的发现引起了居里夫人（Marie Sklodowska Curie，1867～1934年）的极大兴趣。玛丽·居里，1867年11月7日生于波兰华沙一个家境贫寒的物理教师家庭中。她16岁时，以优异成绩中学毕业。但当时华沙的波兰大学不收女大学生，父母又无钱送她去国外学习，为此她只好先参加工作，做一名家庭教师。白天教书，晚上自学。1891年，她利用平时积省下来的钱，买了一张四等车票，离开了祖国来到巴黎，考入了当时著名的法国科学院学习。她喜欢物理，有强烈的求知欲，有理想，能吃苦，意志坚强，出色完成了学业，并得到了法国科学院的最高奖赏。

1896年夏，放射性发现后不久，她开始致力于放射性的研究，并以此作为她的博士论文选题。当时，贝克勒尔认为要找到比铀的放射性还要大得多的元素是不大可能的。可是居里夫人不保守，她首先想到，铀不一定是唯一能放出射线的元素，并且很快于1898年初，在当时已知的一些元素中，发现了“钍”也可发射类似于铀放射的射线，强度也相近。“放射性”这个词，正是当时由居里夫人提出的。

放射性元素钍发现后，居里人的丈夫皮埃尔·居里（P. Curie，1895～1906年），也开始参与放射性的研究工作。通过对各种矿石的大量测试结果，他们发现了有一些矿石（如沥青铀矿）的放射性远强于铀和钍的放射性。通过分离和浓缩，于1898年7月他们在沥青铀矿中发现了放射性比铀强得多的放射性新元素。居里夫人把这种新元奉命名为“钋”（polonium），以纪念她的祖国波兰。接着，居里夫妇于1898年12月又宣布，在沥青铀矿中发现了比铀的放射性要强100万倍以上的新元素“镭”（radium）。镭是“放出射线”的意思。他们的研究，使放射性研究有了一个大的飞跃。1903年，居里夫妇与贝克勒尔，共享了诺贝尔物理学奖。

当时，他们的实验是在一个简陋的棚屋中，用简陋的仪器进行的，由于缺少经费，他们利用自己的积蓄，购矿石，做实验，由于没钱购买大量含镭的沥青铀矿矿石，只能改用矿渣进行实验，而矿渣中镭的含量仅百万分之一。夫妇俩经过了4年之久的坚持不懈地工作，终于从几吨矿渣中提炼出了0.12克纯氯化镭，并测定了镭的原子量。在这几年中，居里夫人的健康受到了很大损害，体重减轻了10公斤。然而，她却幸福地回答道：“正是在这陈旧不堪的棚子里，度过了我们一生中最美好的和最幸福的年月。”居里夫人还深情地讲过这样一段话：“我们的生活都不容易，但是那有什么关系？我们必须有恒心，尤其要有自信力！我们必须相信，我们的天赋是要来做某种事情的，无论代价多大，这种事情必须做到。”她的一句名言是：“人要有毅力，否则将一事无成。”从1896年开始直到逝世的38年科学生涯中，她以惊人的毅力，顽强的意志，高度的智慧，全身心投入了放射性研究，成果累累。1911 年，居里夫人又因为对放射性研究所做出的杰出贡献，荣获了诺贝尔化学奖。

放射性发现后不久，英国剑桥大学卡文迪许实验室的卢瑟福（当时也是电子发现者汤姆逊教授的研究生）也投入了对放射性的研究工作。在科学家们的共同努力下，发现了各种放射性元素所放出的射线中包括 α，β 和 γ 三种射线。其中，α 射线是带两个正电荷的氦核（又称 α 粒子）；β 射线是带负电荷的电子流；γ 射线是电中性的电磁辐射，与可见光和 X 射线一样，只是波长比 X 射线还要短。这三种射线可以根据它们在磁场中的不同轨迹区分。

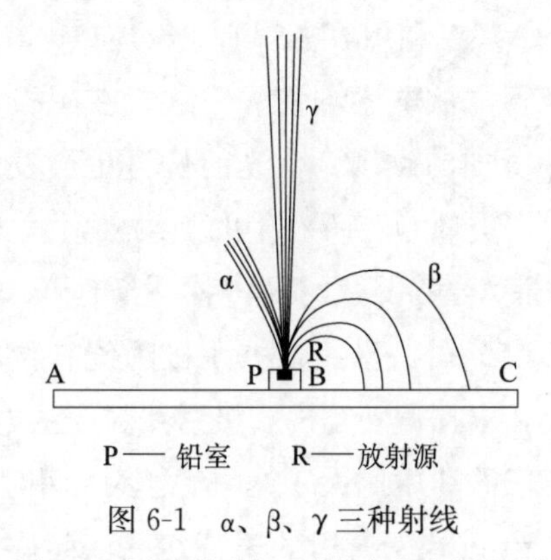

P— 铅室　　R— 放射源

图 6-1　α、β、γ 三种射线

三种射线：α，β 和 γ 在垂直于运动方向的磁场（磁场方向垂直纸面向内）中发生不同的偏转

在图 6-1[①] 中，磁场方向垂直纸面向内，则带正电的氦核向左偏，由于质量大偏转小；带负电的电子质量小向左偏转大；电中性的γ射线向不变。放射性元素放出这三种射线的过程，又分别称为 α 衰变、β 衰变和γ 衰变。

实验事实告诉我们，有的元素有放射性，有的没有。有的可放 α 射线，有的只能放 β 射线，而γ射线一般是伴随 α 射线和 β 射线的发射而放出。放射性的发现不仅进一步揭开了微观世界的奥秘，而且与 X 射线一样。放射性具有广泛的实际应用。在科学高度发展的今天，放射性已在工农业生产、医学、生命科学、材料科学等许多领域中，占有了重要的不可替代的地位。

第三节　电子的发现

电子是人们在微观世界探索中最早发现的带有单位负电荷的一种基本粒子，

① 倪光炯等：《改变世界的物理学》（第二版），复旦大学出版社，1999 年，第 147 页。

它的发现直接涉及对原子结构的研究。真正从实验上认识电子的存在，是1897年由英国科学家汤姆逊所做出的。他于28岁就受聘于剑桥大学卡文迪许实验室当教授，在他的领导下实验室的新发现不断涌现（电子、云雾室、X射线和放射性的早期工作等），并且培养了大批科学人才。在他的学生中，不少人先后获得诺贝尔奖，如卢瑟福、威尔逊（G. T. Wilson，1869～1959年）、巴克拉（C. G. Barkla，1877～1944年）等著名科学家。他本人也于1906年由于电子的发现，荣获诺贝尔物理学家。

电子的发现是和阴极射线的实验研究联系在一起的，而阴极射线的发现和研究又是从真空管上放电现象开始的。早在1858年，德国物理学家普吕克（J. Plücker，1801～1868年）在利用放电管研究气体放电现象时发现随着玻璃管内空气稀薄到一定程度时，管内放电逐渐消失，这时在阴极对面的玻璃管壁上出现了绿色荧光。当改变管外所加的磁场，荧光的位置也会发生变化，可见这种荧光是从阴极所发出的电流撞击玻璃管壁所产生的。阴极射线究竟是什么呢？在19世纪后30年中，许多物理学家投入了研究。当时英国物理学家克鲁克斯（W. Crooks，1832～1919年）等人已经根据阴极射线在磁场中偏转的事实，提出阴极射线是带负电的微粒，根据偏转算出阴极射线粒子的电荷e与质量m之比e/m（称为荷质比），要比氢离子的荷质比大1000倍之多。面对这一事实，一些人不愿意相信阴极射线粒子的质量只有氢离子的千分之一，而假定阴极射线粒子大小与原子相仿，只是电荷要比氢离子大得多。当时，电磁波发现者赫兹和他的学生勒纳德（P. Lenard，1862～1974年）在阴极射线管中加了一个垂直于阴极射线的电场，企图观察它在电场中的偏转，但实验结果却没看到射线的电场，为此他们认为阴极射线不带电。实际当时是由于真空度还不高，其中静电场建立不起来。

汤姆逊设计了新的阴极射线管（图6-2）①。在电场作用下由阴极C发出的阴极射线，通过A和B聚焦，从另一对电极D和E间的电场中穿过。右侧管壁上贴有标尺，供测量偏转用。他重复了赫兹的电场偏转实验，开始也和赫兹一样，没见到任何偏转，但他分析了不发生偏转的可能原因是电场建立不起来。于是，他利用了当时最先进的真空技术，获得高真空，终于使阴极射线的电场中发生了稳定的电偏转，从偏转方向也明确说明阴极射线是带负电的粒子。他也在管外加上了一个与电场和射线速度都垂直的磁场，此磁场由管外线圈产生。当电场力eE与磁场产生的偏转力euB相等时，可使射线不发生偏转，而是打到管壁中央，由此可较精确得到粒子的速度$v=E/B$。再根据阴极射线在电场下引起的荧光斑点的偏转半径，就可以推算出阴极射线粒子的荷质比e/m。汤姆逊当时所测得的$e/m \approx 10^{11}$

① 倪光炯等：《改变世界的物理学》（第二版），复旦大学出版社，1999年，第149页。

C/kg。通过进一步的实验，汤姆逊发现当改变阴极物质材料或者改变管内气体种类时，测得的荷质 e/m 保持不变。可见，这种粒子是各种材料中的普适成分。

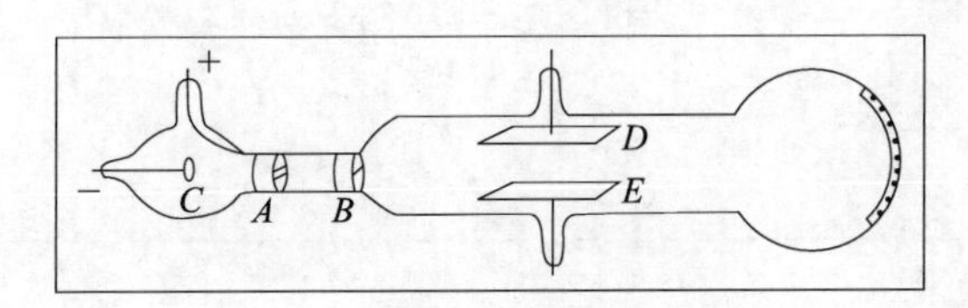

图 6-2　汤姆逊设计的阴极射线管

1898 年，汤姆逊又和他的学生们继续做直接测量荷电粒子的电量的研究。其中一种方法是采用威尔逊所发明的云室，即在饱和水蒸气中带电粒子可以作为一个核心，使它周围的水蒸气凝成小水滴（成为雾滴），测定了雾滴的数目和电荷的总量，就可以算出电子电荷的平均值。当时测量的电子电荷是 1.1×10^{-19}C，同电解中所得到的氢离子的电荷是同一数量级，从而直接证明了电子的质量约是氢离子的千分之一。由此，汤姆逊完全确认了电子的存在，也证明电子是所有材料元素中的普适成分。汤姆逊最终解开了阴极射线之谜。从电子发现的历史可见，正如英国著名科学家贝尔纳所说："发现的最大困难，在于摆脱一些传统的观念。"

在这以后，不少科学家不断努力以较精确地测量电子的电荷值，其中最有代表性的是美国科学家密立根（R. A. Milliken，1868～1953 年）。他严谨的科学态度和追求精确的测量受到人们的赞誉。1906 年，密立根第一次测到电子电荷量为 $e=1.34\times10^{-19}$C，后来他不断改进，到 1913 年最后测得电子电荷量为 $e=1.59\times10^{-19}$C。在当时条件来说，这是一个高精度的测量值。近代精确的电子电荷量值是：

$$e=1.602\,177\,33\,(49)\times10^{-19}\text{C}$$

括号中的值是测量误差。密立根当时还发现电荷量是量子化的。e 是最小的电荷量，即粒子所带电荷都是 e 的整数倍。

电子是第一个被发现的微观粒子。电子的发现，对原子组成的了解起了极为重要的作用，因为它是构成所有物质中的普适成分。正由于电子的发现，汤姆逊被后人誉为"一位最先打开通向基本粒子物理学大门的伟人"。

第七章

X射线成像技术

第一节　X射线成像仪的发展

X射线的波长比紫外线还短，在0.01～10μm。一般称波长较长的X射线（>0.1μm）为软X射线，波长较短的X射线其值为（<0.1μm）为硬X射线。图7-1是一种常用的X射线管的示意图①，管中用旁热式加热的阴极发射出电子，在阳极A和阴极K间加上一个高电压，一般是几万伏至几十万伏，管内抽真空，真空度小于1.33×10^{-4}Pa，因此电子可以在电场作用下几乎不受阻挡地飞向阳极。阳极是一种金属靶，一般是用钨、钼、铂等重金属制成。打在阳极上的电子，突然受阻，速度下降到零，具有大的加速度（实际是减速度，即负加速度），于是就产生电磁辐射。X射线就是一种电磁波。

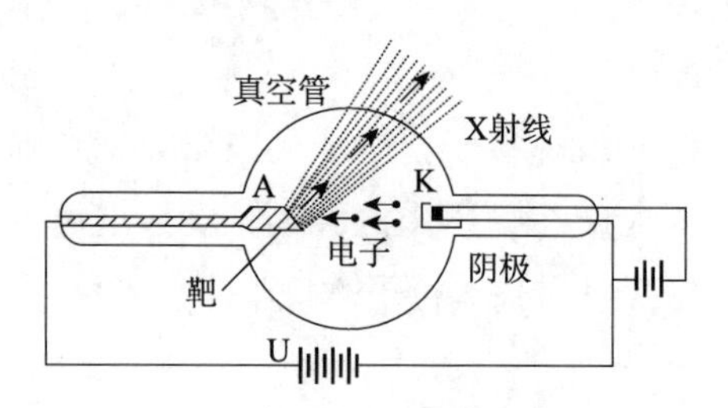

图7-1　常用X射线管示意图

X射线管工作时必须在两极之间加高压，从阴极发射的电子经高压猛烈轰击阳极靶，其动能才能在阳极材料原子的电离和激发过程以及原子核场中受到的电场力作用下被消耗，其中只有一小部分能量（仅3%左右）转化成X射线，绝大部分

① 倪光炯：《改变世界的物理学》，复旦大学出版社，第165页。

能量转化成热。因此，X射线管必须保证良好的冷却。

X射线波长范围为0.005～10nm，在X射线成像检测实际使用的波长范围为0.005～0.3nm。X射线的波长越短，光子的能量越大，其穿透能力越强。

在伦琴发现X射线几周后，德国密勒先生在汉堡用他吹灯泡技术制成世界第一只X射线管。1897年，德国塞发特制造出第一台工业用X射线探伤机，以后X射线管和探伤机不断改进。20世纪20年代以后，X射线管发展较快。大约到1949年，安德列斯、菲得列斯、塞发特、飞利浦公司相继研究出第一台桶式探伤机，目的在于方便通过船舱口，检查船体焊缝。几年后，这种设备从80kV发展到300kV。至此，X射线探伤机已形成两大类产品：一类是用于现场探伤的小型携带式，另一类是用于实验室内探伤的大型固定式。从国外看，60年代末至70年代初以前，都是这两大类产品。从国内看，新中国成立初期，X射线探伤机几乎完全靠进口。北京钢铁学院建校初期，金相教研组有一台由唐山铁道学院调来的、联邦德国制造的X射线探伤仪。接着，丹东、上海试制生产200kV、250kV携带式探伤机。不论国内国外，当时的产品主要特点是玻璃壳管、工频高压、大部分充油，少量充气。这时的产品有难以克服的弱点：①由于采用玻璃壳管，怕震、易碎、机、电、热性能不佳，真空度不高、寿命短；②由于采用工频高压，变压器很大，因而探伤机体大、笨重；③由于充油，较之充气相对重一些。对这些弱点，尽管人们不断努力去改进，但都没有从根本上解决，后来，金属陶瓷管的出现使探伤机发展进入了新的阶段。

金属陶瓷管是各类X射线探伤机的核心。这种新型管子比之传统型玻璃壳管有着优良的机、电、热性能，小巧轻便，坚固耐用，是X射线管几十年发展的一次革命性变化。这种管子的出现，促使探伤机发展进入了新的发展阶段。

第二节　X射线成像检测技术

一、发展历史①

1894年，德国物理学家伦琴发现X射线是射线检测技术的原始基础。1911年，德国米勒博士成功制造了世界上第一个X射线管，提供了产生X射线的基本组件和设备。1912年，美国物理学家D. 库利吉博士研制出可以承受高电压、高管流的新型射线管，为X射线的工业应用奠定了基础。1915年，人们开始利用X射线去透视物体并在感光版上获得物体的影像，这就是最早的射线成像技术。1922

① 胡东波：《文物的X射线成像》，科学出版社，2012年，第3页。

年，美国马萨诸塞州的 Watertown 陆军兵工厂安装了库利吉 X 射线机，第一次完成了真正的工业 X 射线照相。此后，射线照相技术得到了迅速发展，于 20 世纪 30 年代开始正式进入工业应用。20 世纪 40 年代摄像照相检验底片的质量问题被首次提出，至 1962 年前后建立了完整的基本理论，在今天仍在指导常规射线照相技术。20 世纪 70 年代后，图像增强射线技术、射线层析技术等发展迅速。20 世纪 90 年代后进入了数字射线检测技术时代。

二、连续谱的应用

在伦琴发现 X 射线不久，维也纳的医生就拍出了人体的照片，且迅速在医学领域推广。在医院中透视、拍片及工业探伤用的 X 光正是利用了这种连续的 X 射线谱。一般 X 射线管中用得较多的是钨靶。钨靶的原子序数（$Z=74$）大，能输出高强度的 X 射线（因为韧致辐射的强度正比靶核电荷的平方），且钨具有熔点高、导热性能好的优点。X 射线管发展方向是提高它的发射动率，近年发展出旋转阳极的 X 射线仪，还发展了一种在电子做高速圆周运动时所产生的连续 X 射线的新型光源，称同步辐射光源。这种光源相比 X 射线管所产生的 X 射线，具有输出功率大、射线的方向性好、能量可调等许多优点。X 射线管的另一个发展方向是提高分辨率，这导致细聚焦 X 射线管的出现。

用 X 射线管发出的 X 射线分为两种，一种是由无限多波长组成的连续 X 射线谱，另一种是具有特定波长的 X 射线。它们叠加在连续 X 射线谱上，如图 7-2 所示，为 Mo 的 X 射线谱，当阴极发出的大量电子时（管压电流为 10mA 时，电子数目约为 10^{16} 个），这些电子入射阳极上的时间和条件不尽相同，因此产生的电磁波具有各种不同波长，形成了 X 射线连续谱。连续谱的强度与加速电压、管电流、阳极靶材料有关。

如果 X 射线管加速电压达到一种材料的临界电压时，会有强度非常高的谱线出现，它表示了此材料的特性，称为特征 X 射线。在图 7-2 中，当管电压小于 20kV 时，只能产生连续 X 射线，当超过 20kV 时，在连续谱上出现特征 X 射线 K_α、K_β…，K_α 与 K_β 强度比约为 5∶1。特征谱由靶元素内层电子的跃迁而产生，每种元素的核电荷数不同，电子排列也不同。谱线位置反映原子的结构特征，使用特征谱可以对金属材料进行成分分析，在对文物的 X 射线成像检测中不予特别考虑。对特征 X 射线的应用将在下面章节论述。

三、X 射线与文物的相互作用

X 射线射入文物后，导致 X 射线一部分会吸收，另一部分被散射。吸收是一

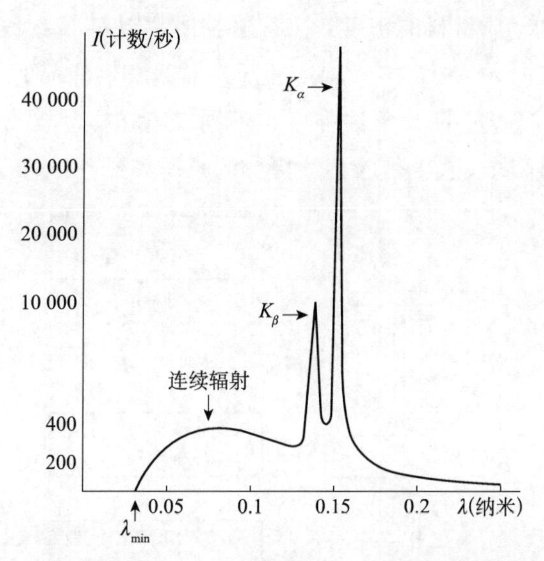

图 7-2　不同的激发方式对钼激发所得 X 射线谱，加速电压 35kV[①]

种能量转换，散射会使运动方向改变。两种作用使穿透文物的 X 射线强度减弱。了解 X 射线与文物的相互关系有利于正确进行对文物的检测，同时也有利于操作人员的安全防护。

1. X 射线的衰减

众所周知，用 X 光透视拍片能够显示人体的骨骼，意味着人体骨骼比肌肉对 X 射线吸收的衰减大得多。

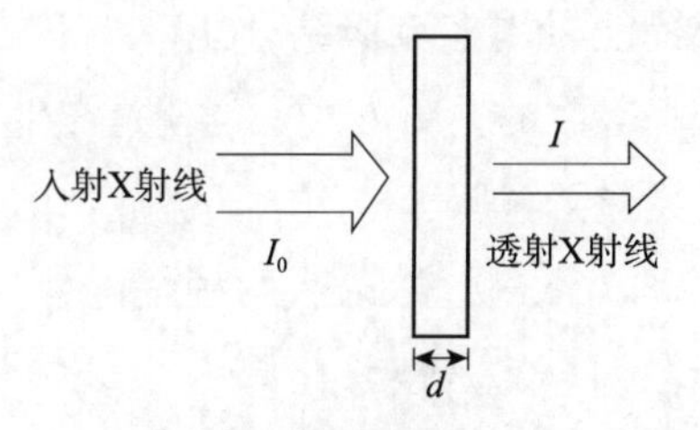

图 7-3　X 射线穿透物质时吸收的示意图[②]

当一束 X 射线照射到固体上（图 7-3），由于受到物质的吸收和散射，X 射线的强度将被减弱，衰减的程度与经过物质中的路程 dx 和入射线强度 I 成正比，因此有 d$I=\mu I$dx，积分后得 $I=I_0\mathrm{e}^{-\mu \mathrm{D}}$，式中 μd 为线性吸收系数，其大小由被测物质的密度与 X 射线波长决定，式中的负号表示强度是衰减的。μ 值的大小表示物质对 X 射线吸收本领的大小。例如，铝的 μ 值为 5.21cm^{-1}，而铅的 μ 值为 5.67×10^2cm^{-1}。可见，铅材料比铝材对 X 射线的衰减本领大得多。因此，常用质量吸收

① 倪光炯等:《改变世界的物理学》(第二版)，复旦大学出版社，1999 年，第 166 页。

② 倪光炯等:《改变世界的物理学》(第三版)，复旦大学出版社，1999 年，第 229 页。

系数 $\mu_m=\mu/\rho$（ρ 为物质材料的密度）来衡量物质材料对 X 射线衰减本领的大小，上式改写为 $I=I_0 e^{-(\mu/\rho)Pd}= I_0 e^{-mm}$，表明当 X 射线穿透样品时，如果样品各部分的厚度、密度不同，透过的 X 射线强度也不同。当在样品下方放入感光底片时，底片感光的黑度也不同，这正是 X 射线摄影的原理（图 7-4）。

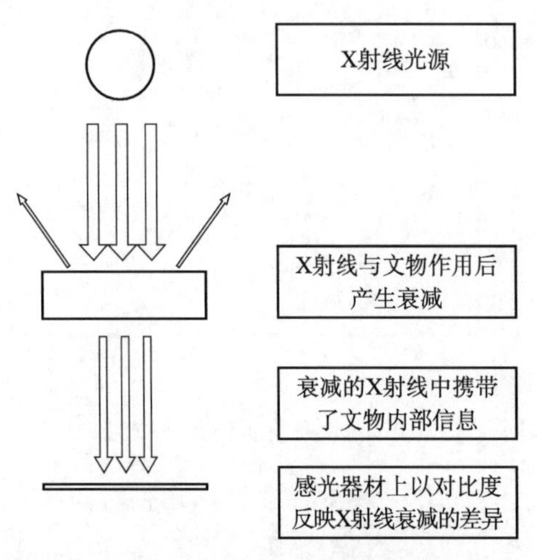

图 7-4　文物样品的 X 射线成像原理示意图[①]

2. X 射线的吸收

X 射线在物质内被吸收有三种方式。

（1）光电效应。一个光子把它的全部能量转移给原子中的一个电子，而自身全部被吸收。电子把一部分能量用来克服结合能，余下的作为动能。当 X 射线光子能量较低时，光电效应是吸收的主要方式，也就是产生 X 射线荧光的重要途径。

（2）散射效应。X 射线光子与原子中的电子碰撞，前进方向发生偏离，使沿原方向的 X 射线强度减弱，称为散射。散射有两种情况：一是与入射 X 射线具有同一波长的射线，称为相干散射；二是波长比原 X 射线稍长，根据方向不同，强度稍有不同，称为非相干散射。相干散射是 X 射线的光子与原子中束缚较紧的电子做弹性碰撞的结果，其散射的 X 射线只改变方向无能量损失，X 射线的频率和波长保持原有数值。周相与入射 X 射线的周相有确定关系，是产生 X 射线衍射的基础。

（3）电子偶效应。X 射线光子在原子核库伦场的作用下转变成电子偶，其所产生的一对正负电子的总动能等于 X 射线光子的能量减去正负电子静止能量，所以只有当 X 射线光子能量超过 $2m_e c^2=1.02$MeV 时，才开始发生这一过程，且能量越大，该效应越显著。

以上三种效应是相互无关的。

---

① 胡东波：《文物的 X 射线成像》，科学出版社，2012 年，第 16 页。

第三节　X射线成像检测技术在文物领域的应用

利用X射线成像检测技术通称X射线照相技术。X射线照相技术应用于文物艺术品的研究，始于20世纪二三十年代，用于对绘画、油画、邮票等纸质文物进行真伪辨别。随着X射线技术的发展，X射线管发射功率的提高，X射线照相技术开始用于博物馆不同材质藏品的分析检测。通过X射线照相可以显示相关文物技术结构的特点，古代、近现代修复的痕迹，为器物真伪和古代技术研究提供依据。中国使用X射线照相技术用于文物领域的研究始于20世纪70年代，如上海博物馆、北京科技大学等都使用过这种技术。1974年山东临沂苍山出土了一把东汉三十炼环首钢刀，刀背上有错金隶书铭文“永初六年五月丙午造卅湅大刀吉羊宜子孙”。“宜子孙”三字原已锈蚀，后来使用X射线照相技术将其显现出来。铭文表明它是东汉安帝永初六年（公元112年）端午节制作的一把象征吉祥的传世之物。当冶金史工作者对金属文物进行研究时，若想要了解金属文物是否有镶嵌物，其铸造缺陷分布、锈蚀的程度及器物不同部位的连接方法等均可以用X射线照相得到有用的信息。例如，在徐州北洞山西汉楚王墓出土的一把镶嵌金丝的匕首，保存完整，但锈蚀严重，仅在破损处露有金丝，为了弄清楚其结构，使用日本岛津X射线机进行了X射线照相。使用X射线机照相的条件是：150mA，70kV，曝光时间1秒，两次曝光。拍照后的结果（图7-5）表明，金丝连续炭镶在匕首刃部一圈，脊部亦有金丝相连。金丝宽2mm，在露头处截取1mm进行了组织观察和成分测定，成分是含银2%的金银合金。图7-6金相组织显示的是经过锻打加工后在较高温度退火的再结晶组织，显示晶粒大小均匀，晶界平直，有孪晶。成分为含金98%、银2%。在匕首中镶嵌金丝的实物罕见，会影响使用，故推测它不是实用刃器。[①]

2012年2月，北京大学文博学院胡东波教授撰写了《文物的X射线成像》一书，由科学出版社出版。该书第一次“简要介绍了文物X射线成像检测的基础知识，并结合实例对常见的不同质地文物的X射线影像中可见的主要现象进行了分析讨论”，其中列举了他们对青铜器进行的X射线成像检测的实例，系统展示了丰富的分析经验；对木器、漆器、陶器、景泰蓝等不同材质X射线照相显示的主要现象，也做了介绍，内容丰富，图文并茂。此书是文物保护、科技考古工作者需

---

① 韩汝玢、姚建芳、刘建华：《北洞山西汉楚王墓出土铁器的鉴定》，《徐州北洞山西汉楚王墓》，文物出版社，2003年，第194～203页。

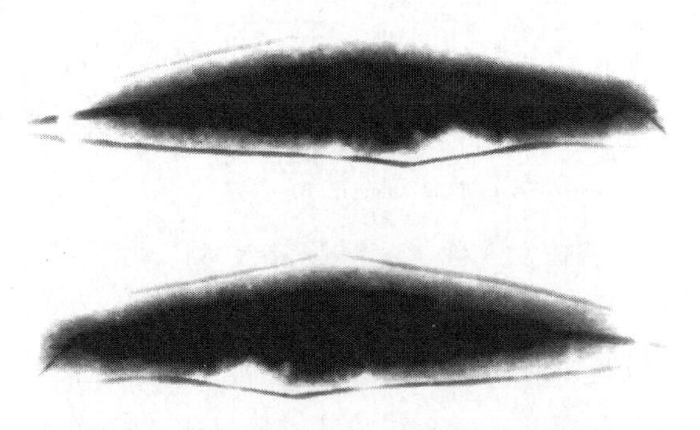

图 7-5　徐州北洞山出土匕首的 X 光照片

图 7-6　徐州北洞山出土匕首镶嵌金丝的金相组织

要认真学习的参考书。

陕西省文物保护研究中心配备有两台 X 射线照相设备，一台是高能量的仪器，工作电压为 90～350kV，最大工作电流 6mA，安装在一个铅室中；另一台为低能量的仪器，工作电压 3～85kV，最大工作电流 6mA，为移动式的设备，可携带到考古工地和博物馆、仓库进行现场测量。对金属文物进行 X 射线照相分析是很必要的，可以反映其锈蚀及保存状况。一般应在对文物修复工作开始前进行照相，可以提供金属文物制作技术的相关信息。陕西省考古研究院杨军昌研究员及其合作者总结了 X 射线照相技术的特点与注意的问题①，这是值得科技考古及文物保护工作者重视的经验总结，现特记录于下以馈读者。

(1) X 射线成像技术检测最大的特点是无损，提供的信息直观、实用。进行 X 射线照相必须强调 X 射线照相应在热释光测试分析完成后，或热释光样品采集完后再进行。

---

① 杨军昌，韩汝玢：《X 光照相技术在文物及考古学研究中的应用》，《文物保护与考古科学》，2001 年第 1 期。

（2）做好测试前文物材质、尺寸、曝光参数、实验后X射线照片分析结果的记录。

（3）读片时使用辅助工具，仔细判读。

（4）X射线照片的影像是文物表面与内部信息的叠加，要与表面观察结合，做出正确判断。

（5）应用便携式X射线照相分析仪去考古工地或博物馆进行现场分析。

（6）操作人员要不断积累经验。了解文物的材质及其特点、制作工艺等，使拍摄X射线照片时针对性强。对一些特殊部位，可设计特殊的X射线照片，使文物内部形貌影像清晰。

（7）操作人员与不同学科的科学家密切合作，认真解读照片结果。

（8）X射线辐射会引起多种疾病，操作人员要注意个人防护，并保证他人的安全。

（9）X射线波长范围：0.01～100Å，其中1～0.05Å或更短为硬X射线能量较大，穿透力强，多用于金属文物、大型石雕等。其余为软X射线，能量较小，穿透力弱（因被物质强烈地吸收），能更多表现内部信息，主要用于陶瓷器、漆木器、古字画、薄壁金属文物、玉器、小件石雕。不同材质所需曝光参数不同，穿透力取决于X射线管的电压。不同文物的材质所需X射线管的电压：①10～30kV，如水彩、字画、油画、邮票；②30～85kV，如陶器、陶俑、瓷器、玉器、漆木器；③100～250kV，如青铜器、铁器、石雕刻、大型陶俑；④260～1000kV，如大型青铜器、大型铁器、大型石雕刻。

上海博物馆有国产DGX-4型的软X射线机（上海新跃仪表厂出品），钼靶，3～40kV，30mA、10mA二档。焦点约1.2mm×1.2mm，最大功率1kW（s），X射线波长0.62～0.71Å（K系），5.4Å（L系）。

北京国家博物馆实验室、中国文化遗产研究院、西安文物保护中心、北京大学文博学院等处均有进口设备，并有丰富的经验。北京大学文博学院文物保护实验室有一台XXQ2005型携带式变频充气X射线探伤机，仪器参数：

电源容量：＞2.0，辐射角度40°；

最大穿透A3钢：29mm；

输出电压80～200kV；

X射线发生器重量：16kg。

常携带此仪器赴考古工地、博物馆、仓库进行X射线照相，为文物保护及考古工作研究提供许多有用信息。

第八章 X射线荧光分析法

第一节 概　　述

如前述，X射线是一种波长短、能量高的电磁波，当X射线照射物体时，除发生散射现象和吸收现象外，足够高能量的X射线还可以使原子内壳层上的电子电离。此时，原子外壳层的电子会跃迁到内壳层上，以填补内壳层的空位。在电子的这类跃迁过程中会发射一定能量的X射线，即次级X射线，称其为X射线荧光。X射线荧光的波长与入射X射线的波长不同，只取决于物质中元素的种类。对于某个确定的元素，其X射线荧光都具有相对应的特征能量和特征波长。因此，只要测定荧光X射线的能量和波长，就可以判断出原子的种类，就可知物质的原子组成；根据荧光X射线波长的强度就能定量测定所属元素的含量。

X射线荧光分析（XRF）从20世纪20年代就已经被研究了，但因当时科学技术水平的限制而难于在实际工作中得到应用。直到20世纪50年代以后，由于电子技术、超高真空及X射线强度测量方法的发展，并伴随稳定高功率X射线产生装置的研制成功，X射线荧光分析技术才得到了较快的发展。

X射线荧光分析是一种成熟可靠的元素分析方法，具有制样简单、试样材料范围宽（块状、粉状、液体都可以）、分析速度快、测试元素较准确、一个荧光谱可测出多种元素、成本低、可不破坏标本、便于自动化等优点。X射线荧光光谱分析已被规定为国际高效率精密标准分析方法之一。但是，一台X射线荧光光谱仪器价格昂贵、构造复杂，使用与维修均需要专人负责，影响广泛使用。由于可将金属制品或样品直接放入大样品室中进行无损半定量测量，近年还出现微束扫描型X射线荧光分析仪，其X射线的束斑很细，且束斑面积可调。当束斑在样品上扫描时，可以测量金属制品表面或截面的元素分布。近年来，同位素源手提式X射线荧光分析仪在金属文物的金相学研究中日益发挥作用，因为携带方便可以在考古发掘现场、博物馆、库房对金属文物的化学组成进行定性或半定量的快速测量，特别是它的无损特点，受到文物考古工作者的欢迎。

第二节　基本原理

每一种元素都有一定的原子结构，包括中间原子核及周围一定数量的分层电子。每一种元素的结构是一定。当金属文物受到外来的具有适当能量的X射线辐照时（可以是高能量X光管、高能量的电子、质子或放射性同位素产生的），X射线的能量会使其中元素原子的K壳层电子激发生成光电子，使原子处于激发状态，能从能量较高的状态跃迁到能量较低的状态（图8-1），而L壳层电子会落入K层空穴。此时就有$E=E_K-E_L$能量以辐射的形式释放，产生的就是K_α射线，因为是二次辐射故称为荧光X射线。

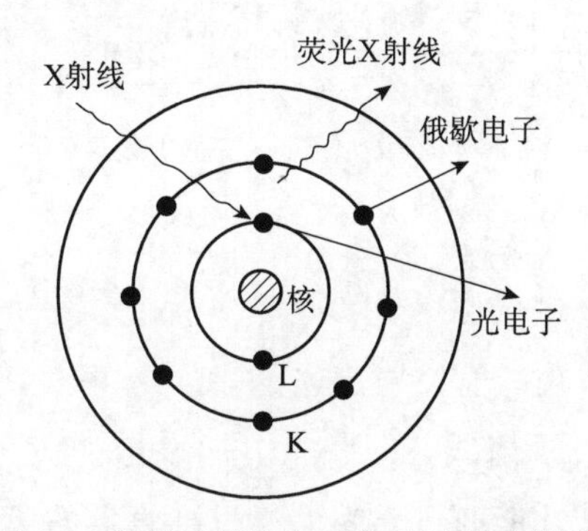

图8-1　射线及俄歇电子产生过程示意图[①]

如果L壳层电子跃迁到K壳层，将其能量直接给外层电子使其跑出来，这就是俄歇电子。荧光X射线的激发过程与运动电子激发特征X射线的过程极其相似，无论是X射线光量子还是电子都必须具有足够的能量才能在碰撞过程中使原子激发出特征X射线。为激发荧光X射线，入射X射线的能量必须高于内层电子的结合能，即入射X射线的波长要小于待测元素的吸收限的波长。莫塞莱发现，荧光X射线的波长与元素的原子序数有关，随着元素的原子序数的增加，荧光X射线的波长变短，这就是莫塞莱定律，即$\lambda=K(Z-S)^{-2}$，这里K和S是常数。只要能测出荧光X射线的波长，就可以确定元素，根据谱线强度可以计算出元素的含

① 李士、秦广雍：《现代实验技术在考古学中的应用》，科学出版社，1991年，第219页。

量。这就是X荧光分析的基本原理。

第三节　X射线荧光光谱分析仪器的结构与种类

X射线可以从高压X射线管产生或来自放射源。X射线荧光光谱分析仪（XRF）种类很多，根据对标本所用激发源的性质可分为电子激发、质子激发、放射性同位素激发和X射线激发等不同型式的光谱分析仪。用电子束激发标本时，一般与电镜及电子能谱仪配合使用，而用质子束激发标本时，需要用加速器来加速质子。

根据不同的色散方法，XRF分为波长色散型（WDXRF）和能量色散型（EDXRF）两种类型。图8-2是两种谱仪的基本原理图。

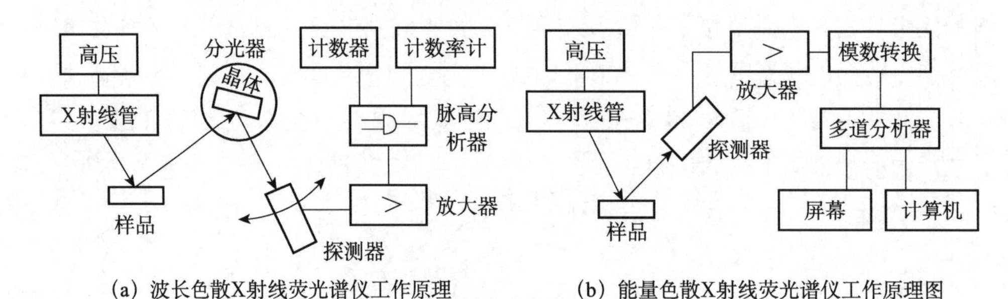

(a) 波长色散X射线荧光谱仪工作原理　　(b) 能量色散X射线荧光谱仪工作原理图

图8-2　两种X射线荧光增仪工作原理①

波长色散X射线荧光谱仪由X射线管、样品室、分光器、探测器、电子线路和计数系统等组成。从X射线管发射出来的一次X射线，以一定的角度照射在样品上，使样品激发出荧光X射线，向各个方向发散的荧光X射线，经准直器后，只有沿某一方向的X射线才能通过，因而通过准直器的荧光X射线可以看成是接近于平行的光束。这一平行光束射向晶体分光器。晶体分光器是利用晶体的衍射现象使不同波长的X射线分开，从中选择被测定元素的特征X射线进行测定。晶体分光器中装有分光晶体，当晶体位置固定时，掠射角θ确定。

在晶体反射方向的位置上设置探测器记录X射线，此时晶体与探测器之间的角度应符合布拉格方程，即只有波长$\lambda=2d\ \sin\theta/n$的X射线才能被探测到。测量其他波长X射线时，必须转动分光晶体，使θ角在一定范围中变化，连续转动的分光晶体会不断改变掠射角θ，同时探测器将X射线强度自动记录。

能量色散X射线荧光谱仪由X射线管、样品室、探测器、多道分析器、电子线路和计数系统组成。它不用晶体分光器而是采用分辨率较高的半导体探测器和

① 李士、秦广雍：《现代实验技术在考古学中的应用》，科学出版社，1991年，第222页。

多道分析器。此种仪器是根据探测器产生的信号正比于X射线光子能量这一特性，使用Si（Li）半导体探测器完成。将记录的系列幅度与光子能量成正比的脉冲信号，经放大器放大后送到多道脉冲幅度分析器中，按脉冲的大小分别统计脉冲数；脉冲幅度可以用光子的能量标定，从而可以得到能谱图。

两种谱仪各有优缺点，互为补充。波长色散型的测量精度和准确度高，但测量时间长；能量色散型设备简单，能耗小、价格低，每个样品测量时间短。我国很多大学和研究单位、文物部门的实验室都配置了XRF分析仪。

微束XRF分析仪是近年新开发的仪器。它将X射线聚焦到样品表面，X光束斑的直径约1μm，其束斑面积可调，样品台可以精密移动。当束斑在样品表面扫描时，可以测得表面或截面的元素分布，将多个聚焦点的特征X射线荧光谱存入计算机。经过数据处理后，可以同时给出多个主量元素和次量元素各自在测量面上的含量分布图像。图像经过处理和放大后可以在荧光屏上直观显示。陈铁梅教授认为微束XRF分析仪测量青铜文物的元素分布有广泛的应用前景，这也是XRF测量的优点。①

手提式同位素源X射线荧光分析仪也属于能量色散型，可以在考古发掘现场、博物馆、仓库对金属文物进行无损、快速测量其化学元素组成，使用方便，可得到半定量的数据，深受文物考古工作者的青睐。图8-3是2011年北京科技大学科学技术与文明研究中心购置的NitonXL3t-800便携式X射线荧光分析仪。

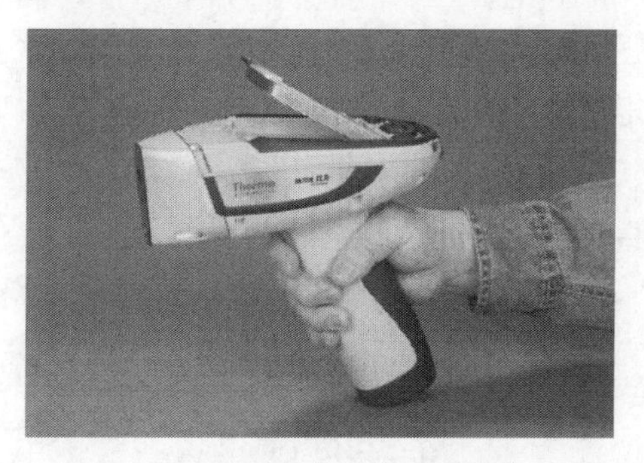

图8-3　NitonXL3t-800便携式X射线荧光分析仪

第四节　使用XRF仪器对金属文物进行成分测定

一、样品制备

进行金属文物金相学研究的样品多为块状。按照规范，金相样品制作的抛光

① 陈铁梅：《科技考古学》，北京大学出版社，2008年，第113页。

面必须平整，否则影响检测精度；样品要有一定厚度，若过薄，原级X射线会透过样品而激发出样品盒材料的荧光X射线，造成分析测定误差。样品放入仪器样品室后要保持稳定，并将其固定好，不能移动，若将原金属制品放入真空样品室，其大小和形状要符合样品室的要求。由于定量分析是一种相对的分析方法，要求被测样品与标准样品的制备方法及分析条件尽量一致。样品的制备质量直接关系到测量结果的准确度，如金属文物的铸造制品化学成分有偏析、取样部位、表面锈蚀及沾污物等，都会干扰或影响金属基体的真实组成，应该引起冶金考古工作者的重视。

二、分析条件的选择

为了使待测元素的荧光X射线强度与本底的比值达到最大，X摄像管的管电压应选择在较大范围内。但管压过大，X射线计数管将产生计数损失，因此，分析一般元素时，管压应选择在50kV，而对于轻元素可适当提高管压。

根据待测元素的特征波长，选择合适的分光晶体、探测器、分光器的气体环境及光路等。测定轻元素时，必须使用真空或氦气而把分光器中的空气置换掉，以减少干扰元素和杂波的影响，可以适当提高待测元素的荧光X射线计数率。

不同类型的XRF仪器采用的X射线光管的靶材料不同。靶材料的原子序数越大，X射线连续谱的强度越大。为获得待测元素最佳荧光X射线谱，注意适当选择X射线管的靶材，恰当利用它们的特征X射线也能显著提高对某些元素的激发效率。一般原则是分析重元素用钨靶，分析轻元素用铬靶。下表8-1列出了各种靶材适合分析的元素范围。

表 8-1 各种靶材元素适合分析的元素范围

靶材	分析元素范围	使用谱线
W	Z<=32（Ge）	K
	Z<=77（Ir）	L
Mo	Z=32－41（Nb）	K
	Z=76（Os）＝92（U）	L
Pt	同W靶	
Au	Z=72（Hf）－77（Zr）	L
Cr	Z<23V或22（Ti）	K
	Z<58（Ce）	L
Rh、Ag	Z<17（Cl）或16（S）	K
W－Cr	W：Z>22（Ti）或23（V）	K
	Cr：轻元素	

由于XRF分析仪器是现代实验室中的常规分析仪器，仪器普及率很高；由于XRF分析仪器本身具有的特点，使金属文物成分分析法得到广泛应用，提供化学组成的定性或定量信息，以及金属文物腐蚀产物、环境影响等有用信息，并使研

究者可涉及其物理性能、制作工艺的技术特点，为探讨金属文物的发展及交流情况等奠定了基础。

三、X射线荧光分析仪测量文物成分精密度和准确度

陈铁梅教授编著的《科技考古学》（北京大学出版社，2008年）指出，特征荧光X射线可以被样品中其他元素的原子吸收，也可以激发其他低Z元素的特征X射线。这种复杂的情况称为X射线荧光分析中样品的基体效应，它影响测量的精确度。为了降低基体效应、粒度效应等的影响，标准样品与被测样品间应该有相近的化学组成和物理状态。中国科学院上海硅酸盐研究所、北京大学和香港城市大学合作，已建立一套（共13个）标准样品，专用于陶瓷样品化学组成的测量①。陈铁梅教授在书中记述了他在故宫博物院利用EDXRF仪器对出土瓷片的胎和釉进行成分测定的实验过程。通过多次重复测量，观察到反映测量精密度的相对标准差：Si为1%，Al、K、Fe、Rb、Sr和Zr为3%～4%，Ca、Ti、As、Mn、Mg、Zn约10%，Cu和Cr为15%，Na和Ni为30%。他还进行了WDXRF的重复测试，观察到Al、Ca、Fe、Mg、Mn、P、Si、Sr和Ti等元素的相对标准差均小于1%，相对标准在1%～5%的元素有Ni、Pb、Rs、Zr等，只有As、Ba、Cr、Cu、Na和Zn的相对标准差较大些，但都小于10%②。这些在陶瓷中存在的主次元素含量，对于确定原材料种类、决定其性能和所需的烧成温度有重要意义。他严谨的科学实践作风，是值得学习和提倡的。用XRF方法对金属文物进行主次元素含量进行精密度的测量尚未见报道。这是因为铜器制作情况复杂，其冶铸遗址与产品的对应研究还不够；又由于青铜器的制作技术多凭工匠经验，还有可能为旧料回炉等，因此所取样品有限，是否必要用相似研究方法达到金属文物显微组织研究的目的，值得商榷。

四、应用举例

XRF分析仪有X射线管XRF、质子激发XRF及同位素源XRF三种分析技术，它们的区别只是激发手段和仪器设备不同，但分析原理及方法、注意问题相同，目前，XRF分析仪在国内外的金属文物成分检测及显微组织研究中均有广泛应用。

---

① 罗宏杰：《科学技术在中国古陶瓷研究中的应用》，《故宫博物院八十华诞古陶瓷国际学术讨论会论文集》，紫禁城出版社，2007年。

② 陈铁梅、王建平：《古陶瓷的成分测定，数据处理和考古解释》，《文物保护与考古科学》2003年第4期。

1. 用质子X荧光非真空分析越王剑的示范案例①

质子X荧光分析是20世纪70年代发展起来的先进分析手段。它利用静电加速器提供的质子束轰击样品，使样品元素原子内壳层电离，然后用Si（Li）探测器测量外壳层电子填充内壳层空位时辐射出来的特征X射线，由特征X射线的能量和计量来判断样品的元素和含量。用质子激发X射线，产生特征X射线的截面很大，质子X射线荧光分析的灵敏度很高，相对灵敏度为10^{-6}g/g左右，比电子探针高3～4个数量级，使所用样品可减少到10μg以下。质子X射线荧光非真空分析，是把静电加速器产生的质子束，通过薄窗引出真空室，在大气中对样品进行分析，可以使样品的形状和大小不受限制。X射线荧光分析的无损性质对珍贵文物的分析是一种重要手段。

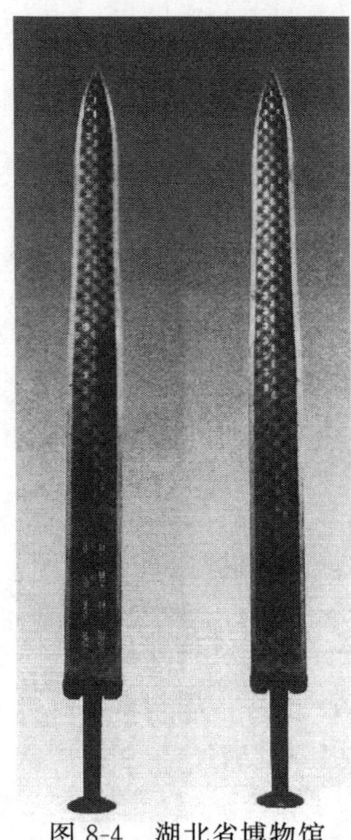

图8-4　湖北省博物馆珍藏的越王勾践剑

越王勾践剑出土后，1977年及1978年湖北省博物馆与复旦大学静电加速器实验室、中国科学院上海原子核研究所活化分析组、北京钢铁学院冶金史编写组合作，专门制作支架，将越王勾践剑妥善支起。复旦大学的静电加速器将质子束引出真空室，利用原子核研究所提供的检测设备，对湖北省江陵望山沙塚楚墓出土的越王勾践剑和同墓出土的菱形纹辅剑进行了分析。柯俊教授、吴杏芳、韩汝玢也参加了此次实验。

非真空分析仪的实验装置如图8-5所示。质子加速器是我国自己制造，质子能量从0.4～3.0MeV连续可调，稳定性0.1%，通过磁分析器的最大束流为50μA，出束管道上装有磁四级透镜，根据实验要求，使靶束聚焦。

对越王勾践进行质子X射线荧光分析的条件为：质子的能量为2.2MeV，质子达到样品表面饰的能量为1.7MeV，质子进入大气时的引出孔径为0.5mm，经过15mm的空气层后，透射到样品表面的束点直径不大于2mm，束点的位置和大小用一头涂有ZnS荧光粉的细棒指示，投射到样品上的束流大小用束流积分仪检测。在实验前，先用100mA的束流长时间辐照一把普通的铜剑，经检查未发现任何损伤。在分析越王剑文物时所用的束流在5～10mA。

① 这个应用实例原载复旦大学学报（自然科学版）1979年1期发表；1996年重登于文物出版社出版的考古专著《江陵望山沙塚楚墓》附录五（第319～326页）中，此文发表时，湖北省博物馆约请柯俊、韩汝玢作了修改和补充。

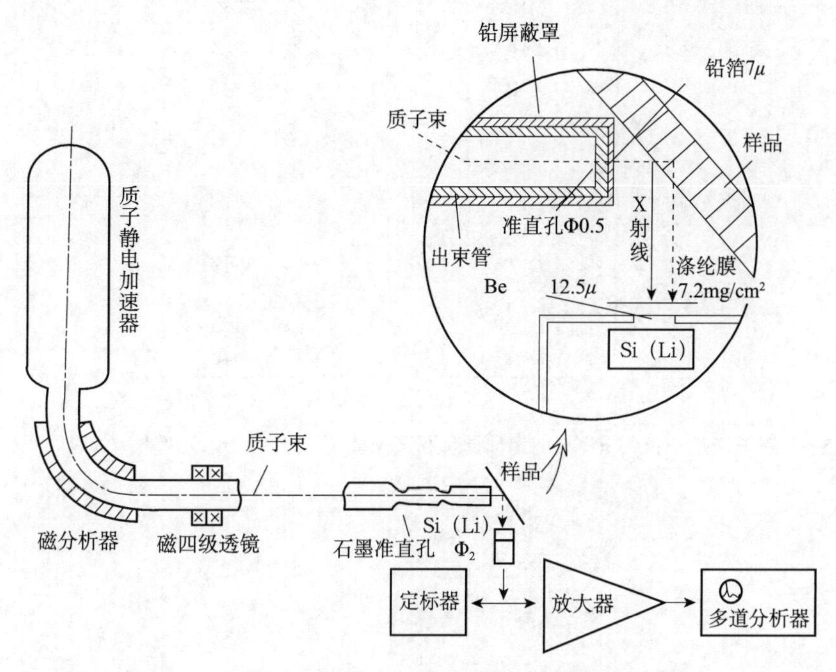

图 8-5　质子 X 射线荧光非真空分析仪实验装置示意图

为了降低本底水平，准直孔、薄窗、靶管均用纯度较高的石墨、铝等低原子序数材料制作。管靶外面加有一层 0.5～1mm 厚的铅套作为屏蔽。在样品和探测器之间放有 7.2mg/cm^2 的涤纶薄膜，以减少低能 X 射线造成的本底。为了减少空气中 Ar 的特征 X 射线造成的干扰，在样品与探测器之间放置聚氯乙烯薄膜。此次实验探测器轴线与质子束方向垂直，并且与样品表面成 45°。这样的几何安排主要是从实验上比较方便考虑。

所用的 Si（Li）半导体探测器，面积 50mm^2，灵敏区深度 3mm，Si（Li）后接光反馈的低噪声前置放大器，在液氮提供的低温下工作，前置放大器的输出讯号用 400 道分析器测谱。在计数率不大于 1000 次/秒的条件下，对 5.9keV 的 X 射线能量分辨率为 220eV。实验中用定标器检测计数率，以免计数率过大，使分辨能力降低，造成 X 射线谱畸变。以上的实验措施考虑周到、细致，所需费用均由参加单位自筹，进行了密切合作，对珍贵文物越王剑成分测定取得了满意结果。测得的越王剑剑身、黑花纹、菱纹的 X 射线能谱如图 8-6～图 8-8 所示。X 射线能谱数据的光滑处理、本底扣除及特征峰面积的计算等见有关文献。①

① R. O. Willis，R. L. Walter. Nuel. Instr. & Meth. 1977，142：231.

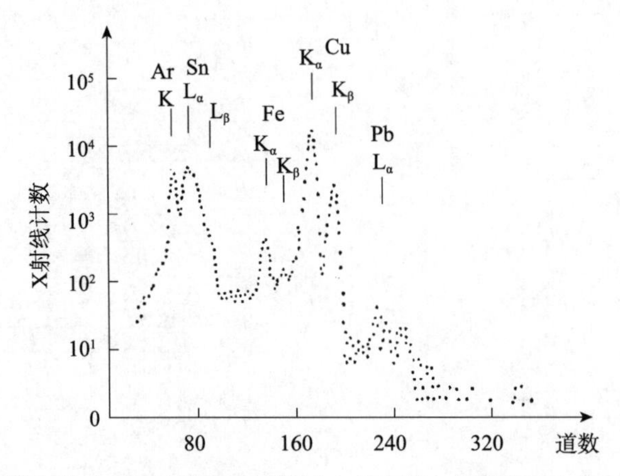

图 8-6　越王勾践剑身处 PIXE 能谱质子能量 1.7MeV，束流强度 5nA，测量时间 10min

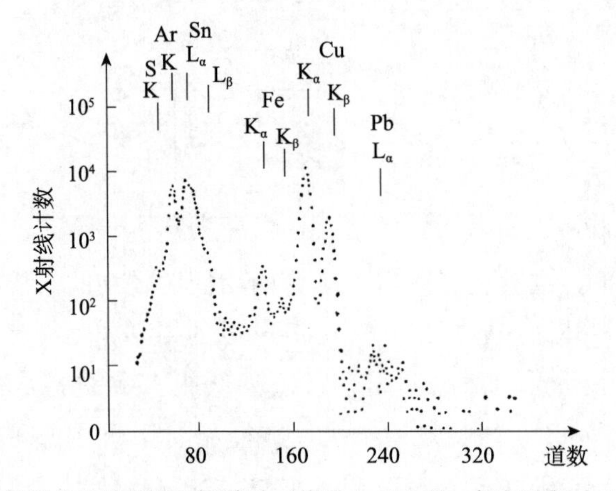

图 8-7　越王勾践剑黑花纹处 PIXE 能谱质子能量 1.7MeV，束流强度 5nA，测量时间 10min

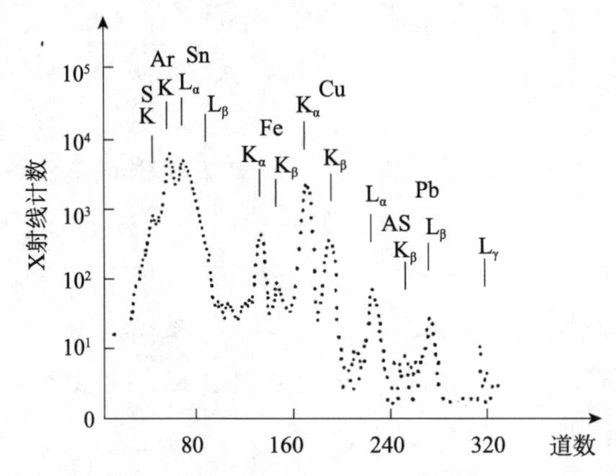

图 8-8　菱纹辅剑剑格处 PIXE 能谱质子能量 1.7MeV，束流强度 5nA，测量时间 10min

此次实验采用迭代法计算了剑表面层（深度约 3μm）的元素组成。计算方法此处不再赘述。计算结果见表 8-2。

表 8-2　越王勾践剑及菱纹剑成分分析结果　(单位：wt%)

文物名称	分析部位	元素成分				
		Cu	Sn	Pb	Fe	S
越王勾践剑	剑刃	80.3	18.8	0.4	0.4	
	剑身	83.1	15.2	0.8		
	黑花纹	73.9	22.8	1.4	1.8	微量
	黑花纹特黑处	68.2	29.1	0.9	1.2	0.5
	剑格边缘	57.2	29.6	8.7	3.4	0.9
	剑格正中	11.5	42.6	6.1	3.7	5.9
菱纹辅剑	剑身	77.2	15.7	6.6	0.4	
	黑花纹	75.3	16.6	7.5	0.5	微量
	剑端特黑处	46.8	36.1	6.9	2.0	8.0
	剑格	41.8	40.4	9.0	3.7	4.9

在同样的实验条件下，用同样的方法分析了一些标样，可见铜与锌的误差约15%，锡的误差在20%以内，这在均匀厚样品的情况下，这种方法计算结果还是比较好的。

表8-2中显示越王勾践剑剑刃与剑身成分中锡含量为15%～19%，这是铸造青铜兵器强度最高（25～30kg/mm^2）的成分，并保持一定延伸率（6%）——作直刺用的兵器，要保证其强度以免弯折，不需要砍击器的硬度或韧性——可以认为勾践剑及同墓出土的菱纹辅剑使用了合理的含锡量成分，反映了受到广泛赞赏的吴越铸剑水平。两把剑均饰有双线菱纹花纹，交叉处有边缘不规则的云形双层花朵，呈暗灰色，比剑身表面略低，可以在直纹与剑刃磨口处看出。关于菱形花纹及表面硫化处理方法已有学者进行了模拟实验，发表了文章，不过这只能认为是今人模仿古代显示的一种可能的技术。[①]

勾践剑剑上镂刻有八字铭文，刻槽中刻痕清晰可见，可以肯定铭文系铸后镂刻，而不是铸成的。柯俊教授在实体显微镜下仔细观察，见到铭文有明显的刻痕穿晶而过，但是由于当时条件所限，没有能够拍照。他曾明确告诉韩汝玢，至今记忆犹新。勾践剑铭文鸟篆，笔画圆润，宽度只有0.3～0.4mm，刻字水平卓越。含锡16%～17%青铜的硬度约布氏140kg / mm^2，而淬火的钢或白口铁的硬度都在布氏700以上，越王剑制作时期当在公元前497～公元前465年，说明我国已有渗碳钢及白口铁制品，而使用钢铁刀具镂刻铭文，是很可能的。

2. 便携式同位素源X射线荧光分析仪进行鉴定的应用

北京科技大学1976年与有色金属研究院、中国科学院自然科学史研究所合作成立《中国冶金史编写组》。有色金属研究院购置一台北京综合仪器厂于1976年试

① 谭德睿：《东周铜兵器菱形纹饰技术研究》，《考古学报》，2000年第1期；马肇增、韩汝玢：《越王勾践剑表面纹饰的研究》，《自然科学史研究》，1987年第2期；马肇增、韩汝玢：《古铜器表面化学处理的研究》，《化学通报》，1988年第8期。

制的新产品——便携式放射性同位素源X射线荧光分析仪，并送到编写组无偿试用，随后派出科研小分队携此仪器到甘肃、青海、湖北、辽宁及云南等地的省级博物馆，对出土铜器进行无损定性分析。到各地进行无损定性分析的目的：一是检测出土的早期铜器成分，二是寻找白铜、黄铜等出土的金属文物。此仪器的同位素源包括英国进口的 Pu^{238} （镨），源强30mc，化合物PuO粉末用0.125mmAl密封，源尺寸为Φ7.2mm，半衰期86年，γ射线能量13～17keV；由原401所购得 Am^{241} （镅），源强10mc，AmO粉末化合物状态搪瓷于钨合金上，装入不锈钢壳内，用氩焊密封，活性区直径Φ6mm，源窗厚度0.1～0.2mm，半衰期433年，γ射线能量59.5keV。两个同位素源用铅皮包裹，存入铅罐中保存，放在实验室的安全处。这个仪器曾做过同位素计量测量，只有当打开源测量或换源时，略有计数，也属于安全范围，但操作和记录不方便。1985年以后，由于电子显微技术的迅速发展，学校制备了扫描电子显微镜，使用这台便携式仪器的时间就少了，因而20世纪90年代此件便携式仪器退出了历史舞台。20世纪70年代末，孙淑云等赴甘肃博物馆考古队、青海考古队，用这台仪器测量了马家窑、马厂、齐家、火烧沟、尕马台等处墓葬出土的铜器，并进行无损普查、成分定性分析，为进一步系统研究我国公元前2000年以前铜器的特点打下较好的基础。值得注意的是，当时使用的这台仪器只能进行器物的表面成分定性分析，所以鉴定结果存在缺陷，如对甘肃玉门火烧沟出土属于四坝文化的65件铜器进表面检测，由于表面锈层与内部金属成分存在差异，器物表面成分不均匀，仪器设计的滤片没能将砷、铅元素分开等，造成检测结果有一些偏差。这次鉴定结果的研究论文在1981年第3期的《考古学报》发表，为国内外学者瞩目。甘肃省考古队发掘的这批新出土的四坝文化铜器，于1981年被特别送到北京，在召开的第一届冶金史国际会议（The Beginnings of the Use of Metals and Alloys，简称BUMA会议）上，北京钢铁学院冶金史编写组为外宾展出，收到与会者的好评(图8-9)。

图8-9　1981年BUMA会议期间参观甘肃出土早期铜器新展品

2003 年，孙淑云又有机会与甘肃省考古所合作，对玉门火烧沟出土的 26 件铜器取样并进行了分析，发现了 6 件为砷铜、2 件为铜锡砷三元的合金制品，说明这批铜器中有砷元素存在，是不应忽视的，成分及显微组织的研究结果，在《中国古代金属材料显微组织图谱・有色金属卷》已经刊出。

詹长法等在 1998 年第 1 期的《文物保护与考古科学》刊登的译文“金属文物的能量色散 X 射线荧光和金相结构的实地分析”中，介绍了意大利相关单位的研究结果，同时论述了利用金相分析和能量色散 X 射线荧光分析（EDXRF）的可能性和优越性。文章指出：在研究古代金属文物时，其器物的元素成分和金相结构分析应优先考虑，其分析的结果对于考古学研究和保护研究都具有重要意义。用无损分析方法来实现，允许进行重复测量，得到多处数据，并可在现场实地进行，不需要搬动器物，增加了这一方法的优越性和可靠性。用便携式 EDXRF 测试仪分析金属文物器物表面的元素成分，须先清除其表面约几个平方毫米面积的锈蚀物，然后用视频显微镜进行金相结构的分析，最后将分析图像储存，输入计算机，作进一步处理。若用较小的放大倍数，还可发现金属器物的使用痕迹。

用视频显微镜无损金相分析的主要优点是不用在被检测器物上取样，保证了器物的完整，有可能在现场对大型金属器物如雕像、肖像等进行测量。为了得到好的金相分析结果，需要选择被检测器物，要经过抛光，且金属表面积大约为 $25mm^2$。在进行系列的磨、抛、浸蚀的处理后，可以进行腐蚀前后的抛光表面的分析检测，并将分析检测结果录入计算机中。

视频显微镜是 Keyence 配有 200mm 变焦镜头（放大倍率 25～175 倍），录像带用索尼带，采用卡环式接口，可以把录制的图像输入计算机，然后处理。这种视频显微镜比普通显微镜景深要大一些，这就允许了被检测区可以呈不规则形状，即被检测表面可以不是很平，且容易进行检测分析。这种技术方法需要有经验人员谨慎操作，正确使用视频显微镜。视频显微镜对考古出土的器物也均可在现场进行。为预防这一技术在使用时会出现某些情况，在进行检测时应和专家进一步交流才能取得准确的结果。

便携式 EDXRF 的 X 射线光源可以是同位素放射源、X 射线管或者是一个同步辐射装置。由于放射性同位素源能量和强度的限制，仅有发射 AgK X 射线（22keV 和 25.2keV）的镉^{109}和发射 59.6keVγ 射线的镅^{241}可以应用。X 射线管很大范围内可以调节能量和强度，使用次级靶可以产生几乎是单色的 X 射线，因此在进行检测过程中使用 X 射线管更为方便。

在实际工作中，使用的谱仪是尺寸较小、易于携带、用空气冷却、性能稳定的专用 X 射线管。工作电压可高达 50kV，产生的 X 射线能量可大到能激发元素锡的 K X 射线，以及其他所有元素的 L X 射线。这种射线管的电流可达 1mA，足以满足考古研究的需要。最近几年自然冷却的探测器又有了改进，它们的体积减小了许多，而又不需冷却，因而携带很方便。其探测器能量分辨率分别为200eV和250eV，足以把能谱上所有元素的X射线分开。使用多道分析系统进行能谱分析，这种仪器近几年也有新的发展。

中国科技大学近代物理系刘倩等用放射源激发X射线荧光法对考古青铜样品进行了无损成分分析，其文发表在《科技考古论丛》、《全国第二届科技考古学术讨论会论文集》(中国科学技术大学出版社，1991年)。

仪器使用的放射源是自制6个Pu^{238}点源组成的内径为10mm的环状源，总活度为205mc。使用上海原子核所生产的Si（Li）探测器，探测器灵敏层厚3mm，直径5mm，铍窗厚12.5μm。微机多道用IBM-PC/XT经改装而成，有数据采集和存储功能。

北京大学文博学院黄维、陈建立等人合著的新书《马家源墓地金属制品技术研究》(北京大学出版社，2013年）介绍了如何采用NitonXL3t-900便携式X射线荧光分析仪无损分析对先秦时期出土的许多金银器，进行成分测定，有条件的还进行了实体显微镜细致观察，有的也对残片进行了微区扫描及金相组织的分析，取得了丰富的金银制品制作技术的实验结果，是值得重视和学习的内容。Niton便携式X射线荧光分析仪如图8-10所示。

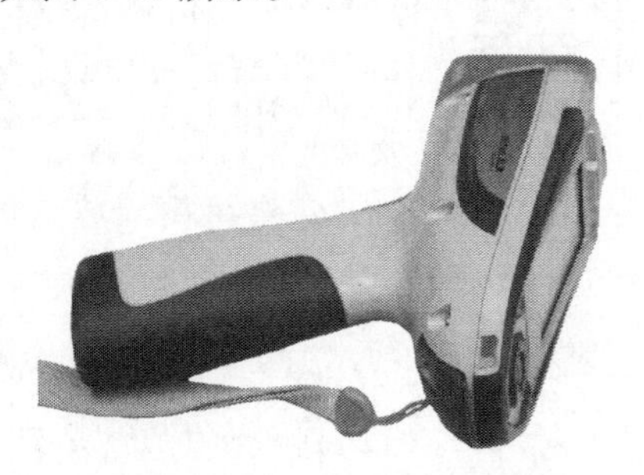

图8-10　NitonXL3t-900便携式X射线荧光分析仪

北京科技大学冶金与材料史研究所于2011年购置了一台NitonXL3t-800便携式X射线荧光分析仪（图8-3)，也是美国尼通（Niton）的产品。美国Niton公司一直是设计和制造手持式X射线荧光分析仪的世界领先公司。1998年，美国尼通公司推出XL3t-800系列合金分析仪，为现场合金分析领域掀开了历史性的一页。Niton公司的XL3t便携式X射线荧光分析仪荣获由美国The R&D 100 A Words Committee评选的“2008年度100项最具重大科技意义产品大奖”。这是继1995年和2003年获得该奖项后，Niton公司第三次获此殊荣。Niton XL3t是有能力为考古文物提供一套现场进行无损检测的仪器，颇受文物考古、科技考古工作者的欢迎。由于此仪器可以通过选择不同的分析模式进行现场分析，如选择合金分析模式，可分析金属文物的金属元素含量；选择土壤或矿物分析模式，可直接分析陶器、壁画、矿石中的金属成分和对考古现场进行环境监测，或将采集后的样品装袋进行分析。在实验室、博物馆、仓库中均可使用此仪器进行检测，可以得到有价值的分析结果。

NitonXL3t-800便携式X射线荧光分析仪的技术规格：重量<1.3kg，尺寸244mm×230mm×95.5mm，高性能微型X射线管，金靶50kV/40μA，高性能Si-PIN探测器，可充电锂离子电池，角度可调的高亮度VGR彩色触摸屏显示器，从Ti到U中23个标准合金元素分析：Ti、V、Cr、Mn、Fe、Co、Ni、Cu、Zn、Zr、Nb、Mo、Pd、Ag、Sn、Hf、Ta、W、Re、Pb、Bi、Se、Sb，可存储超过10 000个数据和谱图，有USB接口，4096像元多道分析器，系统电子元件等。如果是高性能Si-piao探测器设置有银靶，在使用时可选择直径8mm和3mm试样的检测面积。在检测金属文物成分时，需要去除金属文物表面沾污物或腐蚀产物，使其显露金属本体，检测照射时间30～60秒，数据稳定后存储。显示元素数据时最好要录入图谱。在计算时要分辨是否有重峰影响，如铜的Kβ和锌Kα、锡和锑L系有重叠，金和汞也有重峰，在重峰的情况下只能进行定性的分析。

2012年，杨盼盼在读我校科学技术史专业硕士生时，在导师杨军昌研究员指导下，有机会用NitonXL3t-800便携式X射线荧光分析仪对法门寺地宫出土的54件金银器进行了无损检测及实体显微镜的细致观察。研究表明，大部分为银胎鎏金器，其中鎏金也是传统的汞鎏金。金器含有银、少量铜。因为古代金银器完整器物不能取样，而金银二元合金是无限固熔体，组织较均匀，用此仪器进行无损检测的结果较好。杨盼盼尽力而耐心的观察，取得法门寺地宫出土金银器制作技术显示的重要而又有价值的结果。

用便携式X射线荧光分析仪对出土的商周时期青铜器、春秋战国时期铜器的进行无损检验时，由于出土铜器受到表面沾污、腐蚀产物及合金成分偏析、多变的影响，往往需要多检测几处，如有砷和铅的成分需要取样进行进一步核准，所得数据也只能是定性分析结果。负责此仪器营销的经理李涛先生能经常与使用的客户联系，可以及时获得反馈信息，在与美国Niton公司总部沟通后，可以进一步改进检测模式。仪器在不同分析测试模式下，不同滤光片所分析的元素略有不同，使用时要确定选择适当的模式。此仪器系统有合金模式、贵金属模式、矿石模式、土壤模式、玻璃模式。此仪器使用的千伏分析电压也略有差别。例如，合金模式为主元素50、低15、轻元素8；矿石模式为主元素50、低20、高50、轻8；土壤模式为主元素50、低20、高50。

使用NitonXL3t-800便携式X射线荧光分析仪最好每半年要标定一次，并把使用中发现的问题提出来与有经验的商家进行沟通，这样可以使这一先进的仪器对金属文物进行无损检测能发挥更好的作用。

第九章

X 射线衍射分析技术

X 射线通过晶体时会发生衍射效应，利用这一特性来确定结晶物质物相的方法，称为 X 射线物相分析法，简称为 X 射线衍射（XRD）。X 射线衍射作为一种物相鉴定的有效手段，已在地质矿物、冶金、石油、化工及考古等诸多领域中得到广泛的应用。

第一节　X 射线衍射的基本原理[①]

1912 年，德国科学家劳厄（Lauer）提出用晶体作为天然光栅来研究 X 射线衍射。他们用 X 射线对 $CuSO_4 \cdot 5H_2O$ 晶体（属正交晶系）进行衍射测量，得到了世界第一张 X 射线晶体衍射照片。这张照片不仅肯定了 X 射线的电磁波本质，而且还证实了晶体结构的周期性质。为了从理论上解释该衍射图像，劳厄很快发表了衍射的基本方程式，从而奠定了 X 射线衍射学的理论基础。从那时起，晶体的 X 射线衍射技术就成了物理学家非常宝贵的研究工具，即可把它当做测量 X 射线波长的一种手段，又可作为研究晶体结构的一种方法。

自劳厄之后，苏联物理学家乌利夫与英国布拉格父子先后各自提出了另外的一种方法。他们认为晶体是由一系列的平行的原子层所构成（图 9-1）。当 X 射线

---

① 李士、秦广雍：《现代实验技术在考古学中的应用》，科学出版社，1991 年，第 119～120 页。

照射在晶体上时，晶体中的每一个原子就是一个子波中心，并向各个方向发出绕射射线，这种绕射称为散射。假设各层原子之间的距离为 d（d 称为晶面间距），当一束完全平行、波长为 λ 的单色X射线，以 ϕ 角掠射到晶面上时，一部分X射线被表面层原子所散射，其余部分将被内部各原子层所散射。在各原子层所散射的射线中，只有遵循反射定律的反射线的强度为最大。从图中可看出，上下两原子层所发出的反射光程差为

$$\Delta = AC + CB = 2d\ \sin\phi$$

根据衍射理论，在由无限个原子所组成的点阵式结构中，只有当光程差 Δ 等于射线波长 λ 的整倍数时，各晶面的反射波在相互干涉后才不致相互抵消，而得到加强，最后形成亮点。因此，对于一个点阵式单原子晶体结构，产生衍射的必要条件：

$$2d\ \sin\phi = K\lambda$$

式中：$K=1，2，3，\cdots$

上式即称为布拉格公式。

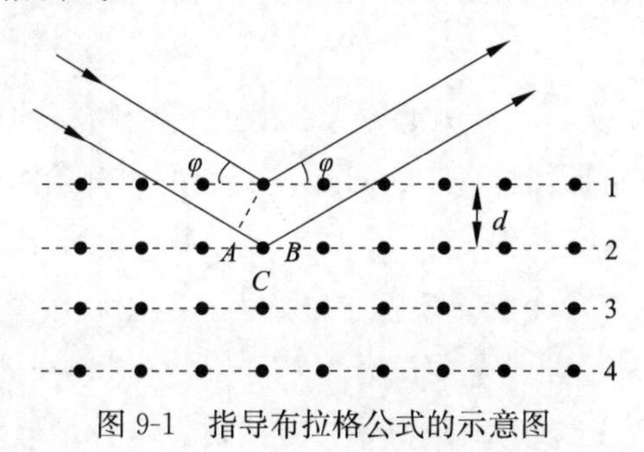

图 9-1　指导布拉格公式的示意图

第二节　X射线衍射方法

为得到X射线衍射的数据，则要求若干晶面满足布拉格公式的条件。从布拉格衍射公式中可知，若晶体一定时，则晶格常数 d 就是定值，因此只有改变 λ 或 ϕ，才能使更多的晶面满足布拉格反射条件，从而获得所需要的衍射数据。研究金属文物及其制作技术时常用的X射线衍射技术为周转晶体法。周转晶体法是采取改变 ϕ 角度的方法（图 9-2），即将样品围绕着选定的晶向旋转。当旋转时，可以使入射的X射线与各个晶面之间的掠射角 ϕ 不断改变。周转晶体法主要用来测定主晶轴的点阵常数和未知的晶体结构等。

X射线衍射仪是一种利用计数器来测定晶体衍射方向和衍射强度的方法。这种方法可进行晶体结构分析和物相定性，定量分析，具有快速、准确的特点。利用X

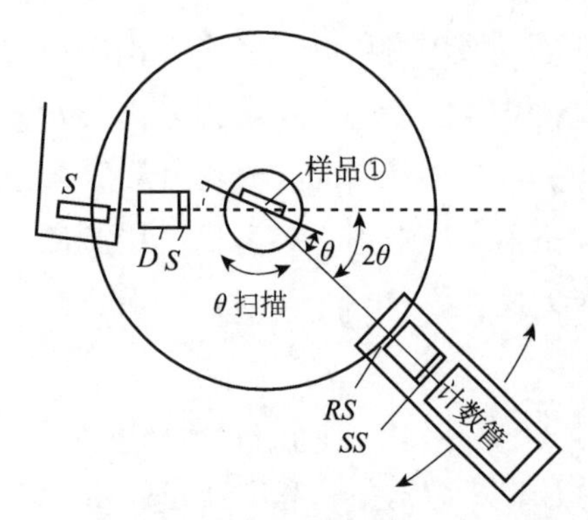

图 9-2 X射线衍射仪中心部分示意图[①]

X射线衍射仪中心部分（测角仪）示意图。S为X射线源，DS为发散狭缝，RS为接受狭缝，SS为散射狭缝

射线衍射仪作强度和d值的测定十分方便，但衍射仪的设备比较复杂，成本较高，而且对弱线的检测分辨能力较差。X射线结构分析是对出土金属文物的某些显微组织、锈蚀产物、金属文物表面处理产物、焊料、矿石组成等进行相分析经常使用的方法。X射线粉末衍射卡片（ASTM卡片，又可称为JCPDS卡片），这是利用X射线鉴定物相的主要方法之一。由于每种物质都具有自己特定的结构，故能得到自己特有的X射线衍射花纹，所以根据衍射花纹便可以鉴定物质。在实际工作中，用某种方法测得样品的衍射花纹，根据其衍射线的位置，可以计算出晶体中产生这些衍射线的面间距d，同时根据这些衍射线的相对强度I/I_0，参考已知的数据，就可以鉴定出样品的物相组成。

为了使这一方法切实可行，就必须掌握大量已知物相的标准衍射图谱。这一工作首先于1936年由哈那瓦特（J. D. Hanawalt）等人开始的。1942年，美国材料试验协会（American Society for Testing Materials）出版了第一组卡片，约1300张，简称ASTM卡片；1969年，美国、加拿大、英国和法国等国家的有关组织共同组成名为“粉末衍射标准联合委员会”（Joint Committee on Powder Diffraction Standards)，简称为JCPDS的国际机构，专门负责卡片的收集出版工作。他们把卡片分成若干组，称为“粉末衍射卡组”（Powder Diffraction File)，通称PDF卡片。JCPDS到1977年已出版近四万张卡片，并且每年大约增加1500～2000张新卡片，而且不断废除一些准确性差的卡片。PDF（JCBDX）卡片是物相分析的依据，包含了元素、合金、无机物、矿物、有机物及有机金属化合物。每一种晶体都有一张卡片。卡片记有晶体名称、化学成分及分子式、样品来源、$d-I/I_0$数据，以及收集衍射数据时的实验条件、有关晶体结构资料、晶体的物理性质等，还有最强三条衍射线的d值及相对强度数据。

在实际分析工作中，从几万张卡片中找出与实验数据相符的卡片是非常困难的。为了迅速查找出合适的标准卡片，编制了索引。操作方法：先根据实验数据查索引，再根据索引提供的卡片号查找卡片。索引分数字索引和文字索引两类。在我校图书馆均有索引和成套的卡片可供需要者查找。

① 李士、秦广雍：《现代实验技术在考古学中的应用》，科学出版社，1991年，第123页。

在 XRD 分析中，X 射线管的靶材料的选择十分重要。选择靶材料应考虑：

（1）避免选用的特征射线能激发样品元素的荧光 X 射线。

（2）分析单相或相数不多的样品可选用波长较短的 Mo Kα 谱线，在低角度范围获得尽可能多的衍射峰；如果样品是多相的，衍射峰重叠性较大，就应该选用波长较长的 Fe Kα 谱线，以减少衍射峰的重叠；一般为了兼顾这两方面，通常的衍射仪多以 Cu 的 Kα 谱线进行分析。

（3）实验条件要选择狭缝系统、2θ 扫描速度、记录仪时间常数、走纸速度等，它们对衍射线的峰位、强度和线形都有很大影响。

（4）一般接收狭缝可选 0.1mm，扫描速度 2°～4°/mm，时间常数可取 1～3s。

第三节　X 射线衍射法进行金属文物显微研究实例

应用 X 射线衍射分析法对出土的金属文物、锈蚀层、表面处理产物、焊料、颜料、炉渣、矿石、耐火材料等冶金遗物进行相分析是经常使用的方法。20 世纪 90 年代北京科技大学谢逸凡教授为支持冶金史研究所的科研工作，专门建立了数据库，将冶金史常用的晶体 X 射线衍射谱的卡片存入计算机数据库，使用计算机进行实验样品物相的检索，再配合金相显微组织、成分分析等进一步鉴定，在当时对金属文物制作技术的研究具有快速、灵敏、可信的优势。目前随着计算机技术不断改进，将 PDF 卡片数据存储，与 X 射线衍射仪联机运行，可以自动检索，使样品物相的分析可以更为便捷了。下面举出研究实例以馈读者。

1. 永济蒲津渡遗址铸铁的相分析①

在山西考古所领导下，对永济蒲津渡遗址铁器群不同部位的锈蚀层产物，专门进行了 X 射线相分析。由于 X 射线谱数据量较大，使用了谢逸凡教授为我所建立的查找数据库进行检索。对蒲津渡遗址铁器群锈蚀层的研究，是使用北京科技大学金属物理教研室进口的日本理学株式会社生产旋转靶 DMAX-rB X 射线衍射仪。

测试条件：Cu 靶，单色，波长 1.5405Å、40kV、100mA，扫描范围 10°～120°。

实验 X 射线相分析选用的是 d 值比较法。方法是将实验分析得到的 d 值，与 JCPDX 卡片给出的 d 值进行比较，实验测量的 d 值与标准卡片 d 值之间相差限在 ±0.01～0.03。只有在三条最强的衍射线峰必须出现，同时还有其他较强的线出现，才能认定此种化合物存在于被测样品之中。通过谢逸凡教授自建的计算机

① 韩汝玢等：《山西永济蒲津渡遗址出土铁器群的材质分析研究》，《黄河蒲津渡遗址》（下），科学出版社，2013 年，第 406～409 页。

JCPDX数据库，对可能存在于铸铁中的锈蚀产物，如铁的氧化物、硫化物、氯化物、氢氧化物、碳化物、硅酸盐、碳酸盐、石英以及各种长石类黏土进行查找。由于该遗址铁器群的锈蚀是数百年形成的产物，且伴随着无数次黄河泛滥的沉积物，因此锈蚀层中存在着多相混合物，含量多少不一，造成X射线衍射峰较多，使X射线衍射图上的最强线或次强线实际显示并非单相物质构成，而是某些物质的次强线或再次强线重合的结果，造成X射线相分析的困难，因此需要多次尝试，反复查找，深入细致地进行，才能逐一确定被测样品中的物相及其化学式。当被测样品中某种化合物含量较少时，它的衍射强度较弱，在衍射图上很难分辨，从而影响相分析的灵敏度。为了测定锈蚀内层与外层之间的差异，选取43414号铸铁柱中下部块状锈，将同一样品分层剥离进行X射线相分析。

由X射线相分析的结果可知：

（1）锈蚀层中主要的产物是Fe_2O_3，还有含水量不同的铁的氧化物，如$Fe_2O_3 \cdot 1.2H_2O$，$Fe_2O_3 \cdot H_2O$，$Fe(OH)_3$等，亦有少量的FeO、Fe_3O_4和铁的氯化物$FeCl_2$等。

（2）锈蚀层中大都存在有Al_2O_3、石英SiO_2，钾钙长石类黏土、白云石，其含量多少不同，如在土锈中含量较多，白色块状锈含$CaCO_3$较多。

（3）块状锈4341分层进行相分析的结果未显示出明显的不同，均有Fe_2O_3、$Fe_2O_3 \cdot 1.2H_2O$、$Fe(OH)_3$、Fe_3O_4，且发现有铁的碳化物和氯化物。

（4）原灰口铸铁组织中的石墨片，在偏光显微镜和扫描电镜二次电子相中均显现，在X射线相分析中亦有反应，但有的石墨结构已经改变；原组织中的渗碳体Fe_3C在相分析的检测中偶见，并且还存在有其他的碳化铁，表明原有的渗碳体Fe_3C的结构亦发生了变化。

（5）原灰口铸铁组织中的夹杂物是以MnS形式存在的，数量较少。X射线相分析中发现多种铁的硫化物，如FeS，这应是埋葬环境中细菌作用的产物。按照Miller给出的反应式：

水的分解：　$8H_2O \rightarrow 8H^- + 8(OH)^-$

阳极反应：　$4Fe \rightarrow 4Fe^{2-} + 8e$

阴极反应：　$8H^- \rightarrow 8e \rightarrow 8H$

细菌卷入产物：$SO_4^{2-} + 8H \rightarrow S^{2-} + 4H_2O$

$Fe^{2-} + S^{2-} \rightarrow FeS$

$3Fe^{2-} + 6(OH)^- \rightarrow 3Fe(OH)_2$

总反应　$4Fe + SO_4^{2-} + 4H_2O \rightarrow 3Fe(OH)_2 + FeS + 2(OH)^-$

反应式表明，细菌对铁的腐蚀会产生明显的影响。本遗址铁锈的X射线相分析结果检测发现较多的铁的硫化物，对细菌的有害作用得到了证实。

2. 铜镜表面黑漆古耐蚀层研究

在柯俊教授的指导下，孙淑云、周忠福等对铜镜表面黑漆古耐蚀层形成机理进行了系统研究，取得突出的成果。通过腐殖酸浸泡高锡青铜样品（与铜镜成分类同）的实验证明，黑漆古是自然腐蚀的产物，而不是人工处理的结果。用X射线衍射仪分析了铜镜表面漆古层与腐殖酸浸泡高锡青铜样品表面层的结构（图9-3），它们的组成主要是SnO_2，还有CuO、SiO_2等氧化物。①

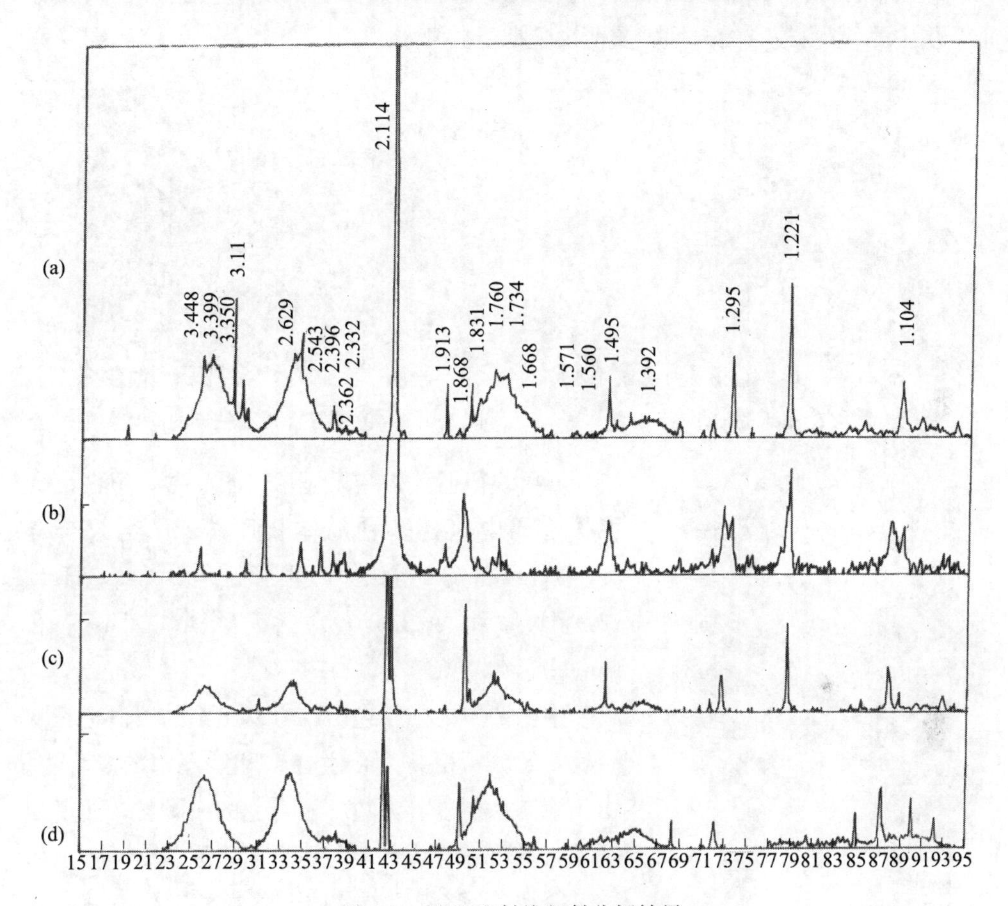

图9-3　样品X射线衍射分析结果

（X射线垂直于样品表面进行分析，铜靶，加滤片）

（a）样品XII X射线衍射谱　（b）样品VIII-2 X射线衍射谱

（c）290号铜镜基体X射线衍射谱　（d）290号铜镜黑漆古镜面X射线衍射谱

这是一项用X射线衍射方法研究铜镜表面结构非常成功的实例。

① 孙淑云等：《铜镜黑漆古表面层中的痕像——黑漆古形成机理》，《自然科学史研究》1996年第2期。

三、四川绵阳双包山汉墓出土金汞合金实物的研究[①]

1993年4月，中国四川省绵阳市双包山二号西汉木椁墓后室出土了一件银白色膏泥状金属（图9-4），手感质软，捏之可随意成形并有固体颗粒存在其中（图9-5）。该墓后室中墓主曾身着银缕玉衣，随葬品有许多鎏金青铜器等物品，还有一些陶丸和一件极为罕见的绘有人体经络的木雕涂漆人像（图9-6）。据考古人员考证，墓主为50岁左右的男性，属西汉晚期贵族[②]。

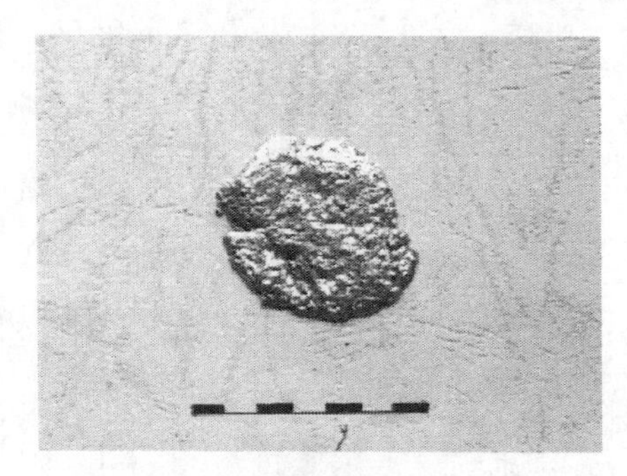

图9-4　银白色膏泥状金属

图9-5　汞包裹着且相互粘连的固体颗粒

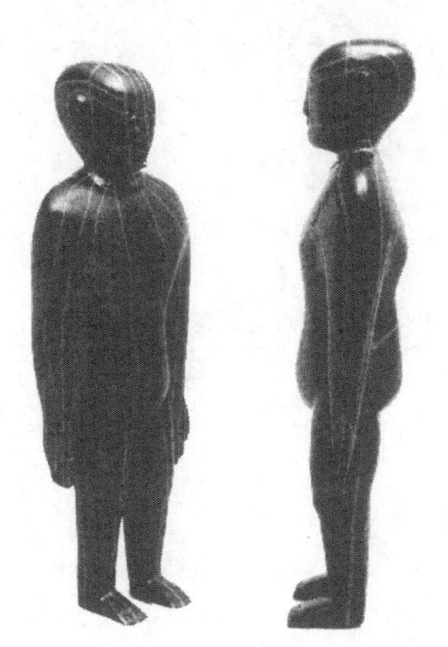

图9-6　绘有人体经络的木雕涂漆人像

X射线衍射分析结果显示（图9-7），银白色膏泥状金属中包含多种晶体物质，诸如金汞合金（Au_2Hg 和 Au_6Hg_5）、银汞合金（Ag_2Hg_3，$Ag_{1.2}Hg_{0.8}$ 和 AgHg）及铜汞合金（CuHg 和 $Cu_{15}Hg_{11}$）。

中国四川绵阳双包山二号墓出土的银白色膏状金属，经分析检验为金汞合金和液态汞的混合物。由于液态汞包裹着无数金汞合金的小颗粒，故呈现膏泥状，可随意成形，与鎏金所用原料金汞齐，俗称“金泥”，形态相同。结合墓主的王侯身份和墓中其他随葬物的分析，孙淑云推断此银白色膏状金属应是与中国古代炼丹术的养生益寿行为有关，可能是鎏金原料——金汞齐，或者是制作金粉的中间产品。

金汞合金的制作和应用中国古籍中有记载，罗马博物学者普林尼（Pliny 公元

① 孙淑云等：《四川绵阳双包山汉墓出土金汞合金实物的研究》，西安中国文物保护学会年会交流论文，《文物》2006年第4期。

② 赵志国：《我国最早的人体经络漆雕》，中国文物报1994年4月17日第4版。

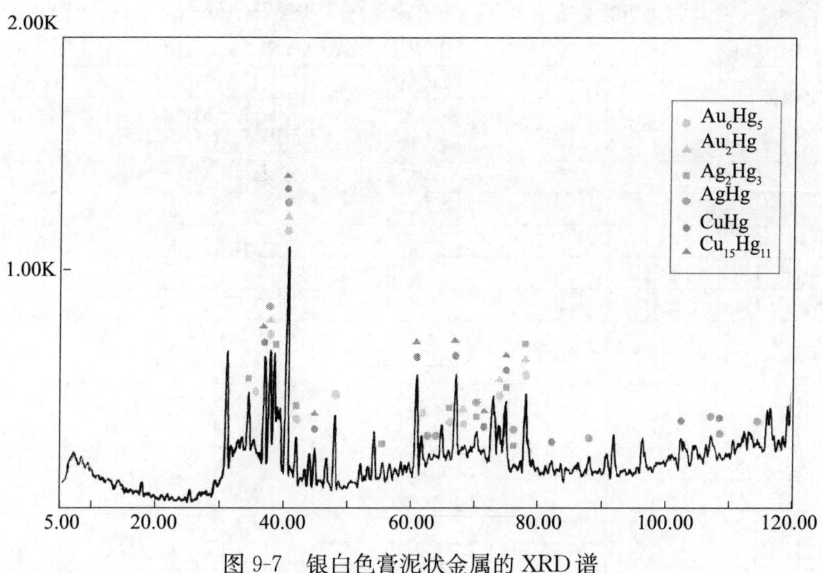

图 9-7　银白色膏泥状金属的 XRD 谱

27～97）在公元一世纪的著作中有关于金能溶于水银的记载[①]，埃及在公元三世纪有关于金汞合金用于镀金的记载。但无论是古老的中国，还是古代罗马、埃及都未曾出土过金汞合金实物。因此，绵阳西汉墓出土的这件银白色膏状金属应是目前考古发现的世界上第一件金汞合金。

四、铜镜组织的鉴定实例

孙淑云等对我国出土铜镜的金相组织及成分做过系统研究，并进行了模拟实验。例如，对陕西省博物馆珍藏的南北朝的“五行大布”铜镜成分进行了分析，含铜 75.2％、含锡 23.1％、含铅 1.3％，其金相组织如图 9-8，表 9-1 所示。

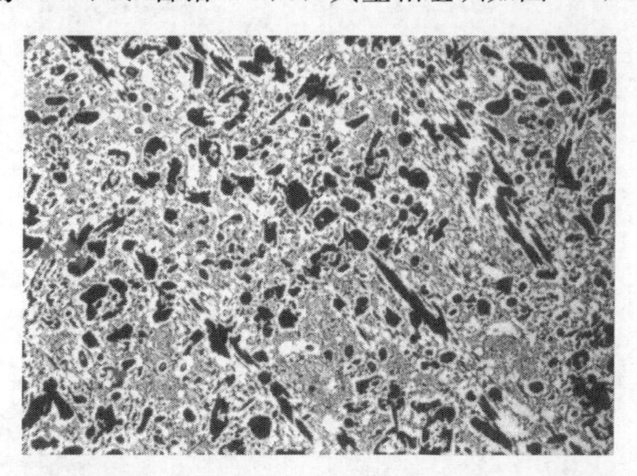

图 9-8　陕西省博物馆珍藏的南北朝的“五行大布”铜镜金相组织

① 朱晟：《我国人民用水银的历史》，《化学通报》1957 年第 4 期。

表 9-1 南北朝“五行大布”铜镜 X 射线衍射分析结果与 Pb（铅）、Cu（铜）及铜-锡化合物的衍射数据相对照

（单位：Å）

16 号铜镜		Pb（铅）4－0686		Cu（铜）4－836		$Cu_{41}Sn_{11}$ 30－510		β′（CuSn）2T 17－865	
d	I/I′	d	I/I′	d	I/I′	d	I/I′	d	I/I′
3.466	12					3.460	9		
						2.997	5		
2.859	17	2.855	100						
2.478	13	2.475	50						
								2.131	100
2.129	100					2.119	100		
				2.088	100				
1.921	25					1.917	4		
1.854	12					1.835	3	1.859	20
				1.808	46				
1.75	15	1.750	31						
1.494	15	1.493	32			1.498	6	1.496	10
1.308	22					1.324	2	1.301	10
1.28	14					1.298	3		
1.274	15			1.278	20	1.271	2		
						1.223	10		
1.196	14								
1.121	14	1.136	10						
1.112	15	1.107	7	1.109	17				

注：数据 4－0686、4－836、30－510、17－865 均为 ASTM（美国材料试验学会）卡片的顺序号，表中 *d*（Å）为原子面间距，*I*/*I*′为相应谱线强度的相对比。

X 射线衍射分析结果表明，铜镜的结构具有与铅（Pb）的面间距 d 值相吻合的衍射峰，说明铜镜中含有铅（Pb）。除此之外，还具有与铜-锡化合物 $Cu_{41}Sn_{11}$ 的面间距 d 值较为吻合的衍射峰。$Cu_{41}Sn_{11}$ 含有 33.4％的锡（Sn），非常接近 δ 相的含锡量 32.6％，且二者的结构均为立方体晶格。δ 相的衍射图谱显示的面间距非常近似于 $Cu_{41}Sn_{11}$ 的结构①。

① Meeks N D. Tin-rich surfaces on bronze-Some experimental and archaeological considerations. Archaeometry，1986：138.

第十章
电子显微技术在冶金考古中的应用

第一节 电子与物质的交互作用

扫描电子显微镜是冶金考古分析常用的仪器，是电子光学微观分析仪器的一种，指将聚焦到很细的电子束打到待测试样的微小区域，产生各种信息，加以收集、整理和分析，得出检测材料试样的微观形貌、结构和成分等有用资料的仪器。电子显微技术向综合性、多样化方向发展，一方面由于材料发展的需要，一方面也是由于对电子与物质的交互作用有了比较深入的了解，并在仪器设计与制造上采取了一系列革新措施而实现的。下面介绍电子与物质的交互作用和产生的各种信息，其内容是从我们使用仪器的角度，不是从物理的角度，也不是从电子光学仪器设计的角度讨论，更不是仪器的全面介绍，主要是利用一些概念、模型和示意图来说明电子光学微观分析仪器的原理，使读者便于了解这些仪器的特点、应用和发展趋势。郭可信院士于 1978 年发表文章“电子光学微观分析仪器概述”（《显微分析技术资料汇编》，科学出版社，1978 年，第 1～25 页）就是按照上述原则，为我们学习、了解电子与物质的交互作用提供了好教材。现将其所撰写内容摘录于下，以馈读者。

一、散射

当一束聚焦电子沿一定方向射入到试样内，在原子的库伦电场作用下，入射电子方向改变，称为散射。原子对电子的散射进一步分为弹性散射和非弹性散射。弹性散射电子只改变方向，基本无能量变化。非弹性散射电子不但改变方向，能量也有不同程度的减少，转变为热、光、X 射线、二次电子发射等。图 10-1 是这些散射过程的示意图①。

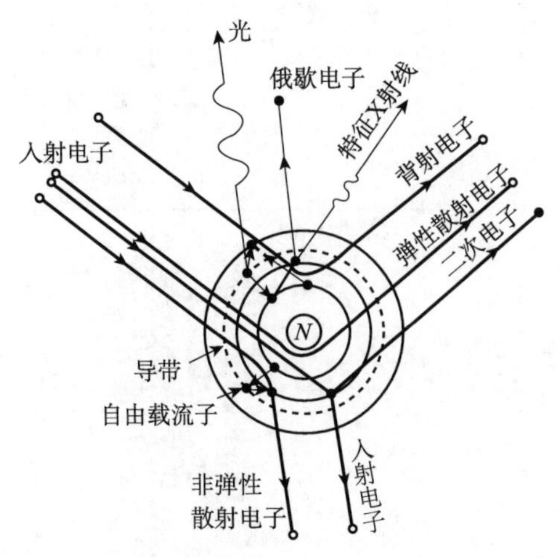

图 10-1 入射电子与原子的交互作用产生的各种信息的示意图①

1. 原子对电子的弹性散射

当入射电子从距原子核 r_n 远处经过时，由于原子核的正电荷 Ze 的吸引作用（Z 是原子序数，e 是电子的电荷），使入射电子偏离入射方向（图 10-1）。根据卢瑟福的经典散射模型，散射角 θ_n 是：

$$\theta_n = Ze^2/E_0 r_n$$

E_0 是入射电子的能量，单位是电子伏。

由此可见，原子的序数越大，电子的能量越小，距核越近，则散射角越大。这是一个相当简化的模型。在实际操作中，还应考虑核外电子的负电荷的屏蔽作用。这种弹性散射是电子衍射行及成像的基础。一般说来，原子对电子的散射远较对 X 射线的散射为强，因此电子在物质内部的穿透深度要较 X 射线小得多。

2. 原子核对电子的非弹性散射

非弹性散射的入射电子不但改变方向，并有不同程度的能量损失，因此速度减慢，损失的能量 ΔE 转变为 X 射线。它们之间的关系：

$$能量损失\ \Delta E = h\gamma = hc/\lambda$$

式中 h 是普朗克常数，c 是光速，γ 及 λ 是 X 射线的频率与波长，显然能量损失越大，X 射线波长越短，其短波极限（$\lambda_{极小}$）相当于电子损失其全部能量 E_0，即 $E_0 = hc/\lambda_{极小}$。这种 X 射线无特征波长值，连续可变，一般称为连续辐射（图 10-2）。入射电子遭到减速，有如刹车，因此也成为韧致辐射，无特征值不能进行成分分

① 郭可信：《电子光学微观分析仪器概述》，《显微分析技术资料汇编》，科学出版社，1978 年，第 5 页。

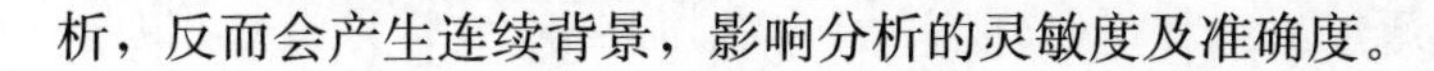
析，反而会产生连续背景，影响分析的灵敏度及准确度。

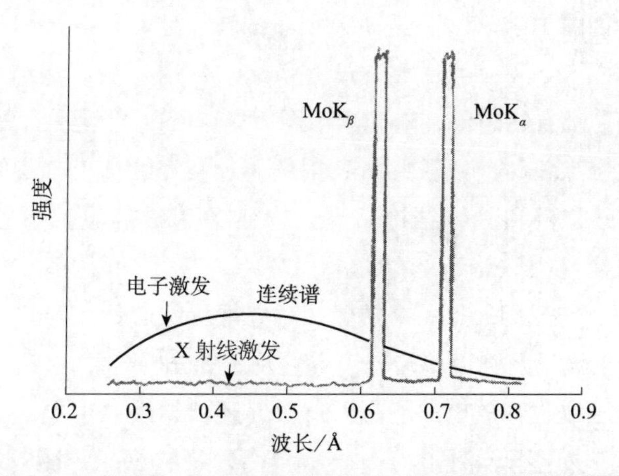

图 10-2　能量为 35keV 的电子激发的连续谱和钼的特征谱[①]

3. 核外电子对入射电子的非弹性散射

电子对电子的散射作用几乎全部是非弹性散射。入射电子改变方向，能量减少，损失的能量除了主要转变为热能外，还会产生电离、阴极发光、电子云的集体震荡等。

电离：指入射电子与核外电子的非弹性散射使后者脱离原子变成二次电子，原子在失去一个电子后变成离子。电离使原子处于较高能量的激发态，这是不稳定状态，外层电子会迅速填补内层电子空位使能量降低（图 10-3）。例如，一个原子在入射电子的作用下失掉一个 K 层电子，它就处于 K 激发态，能量是 E_K，如图 10-3（a）。

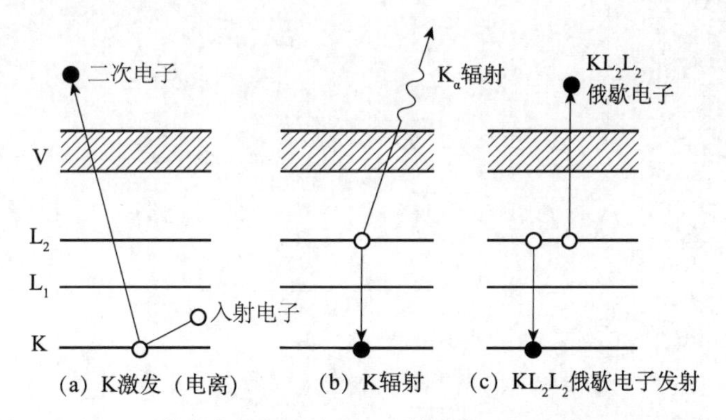

图 10-3　处于 K 激发态的原子产生 K$_\alpha$ 射线或 KL$_2$L$_2$ 俄歇电子示意图[②]

当一个 L$_2$层 电子填补了这个空位后，K 电离就变为 L$_2$ 电离，能量由 E_K变为

① 郭可信：《电子光学微观分析仪器概述》，《显微分析技术资料汇编》，科学出版社，1978 年，第 5 页。

② 郭可信：《电子光学微观分析仪器概述》，《显微分析技术资料汇编》，科学出版社，1978 年，第 6 页。

E_{L_2}，就有数值等于（$E_K-E_{L_2}$）的能量释放出来，能量释放是产生 X 射线，即该元素的 K_α辐射，如图 10-3（b）。这种 X 射线的波长是：

$$E_K-E_{L_2}=hc/\lambda_{K\alpha}$$

由于 E_K 与 E_L 都有特定值，随元素不同而异，所以 X 射线的波长也有特定值。这种 X 射线被称为特征 X 射线。特征 X 射线叠加在连续谱上，我们可以利用它的固定波长进行成分分析和晶体结构研究。特征 X 射线的波长与原子序数的关系（莫塞莱定律）是：

$\lambda\approx1/(Z-\sigma)^2$，式中 σ 是一个常数，对应每一个元素，就有一个特定的波长。根据特征 X 射线的波长及强度就能得出定性及定量分析结果。

上述 K 层电子复位释放出的能量 $E_K-E_{L_2}$ 还能继续产生电离，使另一核外电子脱离原子变成二次电子。例如，$E_K-E_{L_2}>E_L$，它可能使 L_2、L_3、M、N 层以及导带 V 上的电子逸出，产生相应的电子空位，如图 10-3（c）所示。使 L_2层电子逸出的能量略大于 E_L，因为这不但要产生 L_2层电子空位，还要有逸出功，这种二次电子称为 $K_2L_2L_2$ 电子。它的能量也有固定值，随元素不同而异。它是 1925 年由俄歇发现的。

俄歇电子能量很低，一般是几百电子伏，其平均自由程非常短。能测得的具有特征能量的俄歇电子的来源，局限于表面两三层原子的成分分析。

综上所述，K 层激发及复位释放出来的能量或者产生 K 层辐射或者给出 K 层俄歇电子。图 10-4 给出一些元素在 K 层电离后产出 K 层辐射的几率 ω_K随原子序数的变化而变化。ω_K一般称为荧光产额。显然，产生 K 层俄歇电子的几率 $\alpha_K=1-\omega_K$。

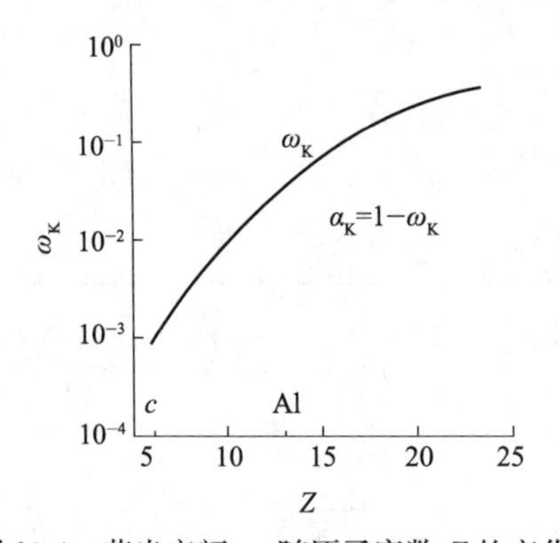

图 10-4　荧光产额 ω_K随原子序数 Z 的变化[①]

随着原子序数变小，荧光产额剧烈下降，对于轻元素、超轻元素荧光产额很低，K 层电离产生 K 层辐射是几率非常小的能量转化过程，这是用 X 射线进行超轻元素分析的主要困难、也是无法克服的困难。相反，产生俄歇电子的几率很高，

① 郭可信：《电子光学微观分析仪器概述》，《显微分析技术资料汇编》，科学出版社，1978 年，第 7 页。

这是用俄歇电子能谱分析轻元素和超轻元素的一个明显优点。氢及氦原子只有K层电子，不能产生俄歇电子，因此不能用俄歇电子能谱分析这两个元素。

应当指出，不仅入射电子可以产生电离，由它产生的连续及特征X射线也可以产生电离，只要这些X射线光子的能量大于某一元素的激发能量E_K、E_L…，就可以使K、L…层电子从原子中脱离出来变成光电子，同时给出这个元素的特征X射线，一般称为次级辐射或荧光。因此，在电子与物质的交互作用中，不但会产生初级X射线，还会产生次级X射线，二次电子中还有光电子。荧光是由次级X射线激发，不伴随有由核对电子的非弹性散射所产生的连续谱。这使得X射线荧光光谱的背景比初级X摄像低得多，其峰背比要高一个数量级。荧光光谱分析有较高的灵敏度和准确度。在电子探针X射线显微分析中荧光效应会加强特征X射线的强度，需对实验值进行修正。

关于自由载流子引起的阴极荧光效应、电子云的集体振荡引起的能量损失等内容此处略。

二、各种电子信息

1. 背射电子谱

入射电子在试样内遭受弹性和非弹性散射过程中，有一部分电子的散射角大于90°，重新从试样表面逸出，这种散射称为背散射。从试样表面逸出的还有能量较低的二次电子及数量较少的俄歇电子和特征能量损失电子。若在试样上面安装接收电子的探测器，将得到反射电子数目按能量的分布绘制而成的电子能谱曲线图（图10-5）。

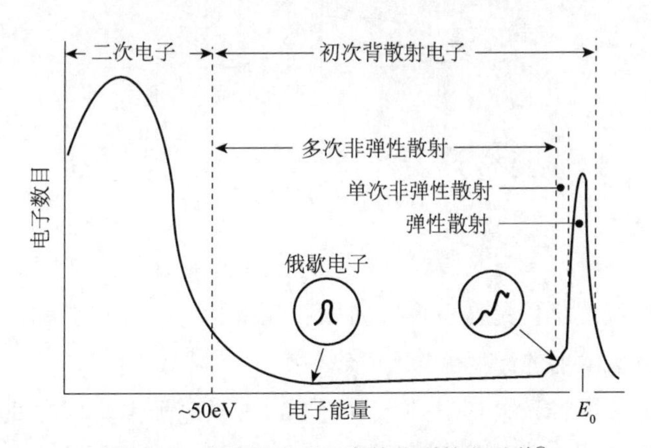

图10-5　在试样表面上方接收到的电子谱[①]

① 郭可信：《电子光学微观分析仪器概述》，《显微分析技术资料汇编》，科学出版社，1978年，第13页。

在图 10-5 中，E_0处有明显的弹性散射峰，在<50eV 的低能端，还有一个较宽的二次电子峰。在这两个峰之间是非弹性散射电子过程的背景，如果提高检测的灵敏度，可以发现其中微弱的电子数目的变化，如图中圆圈里的放大图所示。50～500eV 弱峰是俄歇电子峰，另一处是特征能量损失峰。

入射电子在试样内产生的电子是一个级联的过程，也就是说入射电子产生的二次电子还有足够的能量继续产生二次电子，如此继续下去，直到最后二次电子的能量不足以维持此过程为止。例如，一个能量为 20keV 的入射电子，在硅中可以产生 3000 个二次电子，仅在试样表面 50～100Å 层内产生的二次电子才有可能从表面逸出。

二次电子是指从表面 50～100Å 层内发射出能量低于 50eV 的电子。它的特点是：对试样表面状态非常敏感，显示表面微观结构有效；较高的空间分辨率；随原子序数的变化不如背射电子明显，当 $Z>20$ 时，二次电子产额无明显变化（图 10-6）。

背射电子是指从试样表面逸出的能量较高的电子，其中主要是能量等于或接近于 E_0的电子。背射电子产额随原子序数增大而增大，因此背射电子像的衬度与成分密切相关。

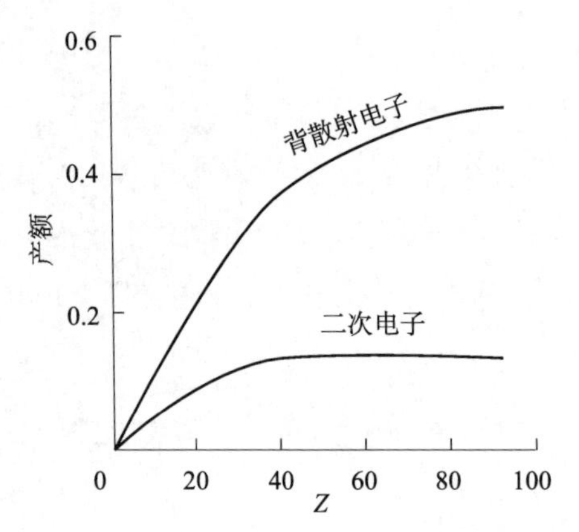

图 10-6　背散射电子和二次电子产额随原子序数的变化①

（加速电压为 30kV）

如果试样足够厚，入射电子在试样内经过多至百次以上的散射，最后达到完全失掉方向性的程度也就是在各个方向散射几率相等时，一般称为漫散射。电子进入试样后达到漫散射的深度也与原子序数有关（图 10-7）。

原子序数较小的轻元素扩散进行的较慢，入射电子经过多次非弹性散射小角度散射但还没有达到较大散射角之前已深入到试样内部，最后达到漫散射，电子的散射区域如图 10-7（a）所示。背散射主要是单次大角度的贡献。在重元素中扩

① 郭可信：《电子光学微观分析仪器概述》，《显微分析技术资料汇编》，科学出版社，1978 年，第 14 页。

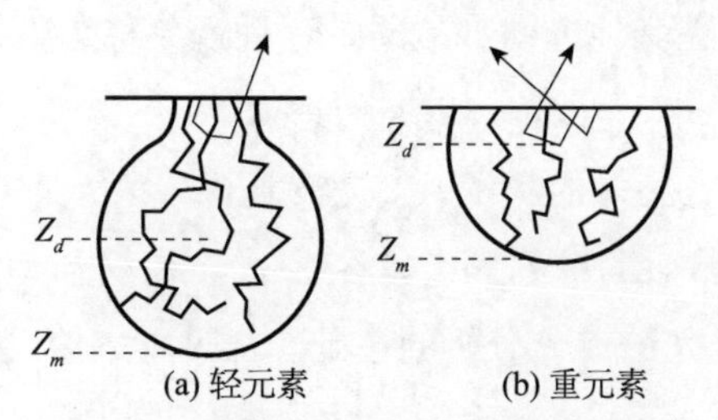

图 10-7　入射电子的轨迹和散射范围①

Z_d 是电子达到完全扩散的深度，Z_m 是电子穿透的深度

散进行的较快，入射电子在进入试样表面不很深处就达到完全扩散的程度，电子的散射区域如图 10-7（b）所示。电子在试样内散射区域的形状主要由原子序数决定，若增大电子能量（如增高加速电压）只会扩大电子散射范围，不会显著改变散射区域的形状。显然，背射电子成像不如二次电子像清晰。

2. 吸收电子和透射电子

入射电子及二次电子经过多次非弹性散射后能量损失殆尽，不再产生其他效应，称被试样吸收。把试样经微安表接地，就可以显示吸收电流。试样的质量厚度越大，吸收电子的分数越大（图 10-8）。随原子序数增大，背射电子增多，吸收电子减少，可用吸收电流得到原子序数不同元素的定性分布。对冶金考古试样的显微组织分析很少应用。若试样厚度小于穿透深度 Z_0，入射电子会穿透试样，从另一表面射出。目前使用很广的透射电子显微镜就是利用穿透试样的透射电子成像。

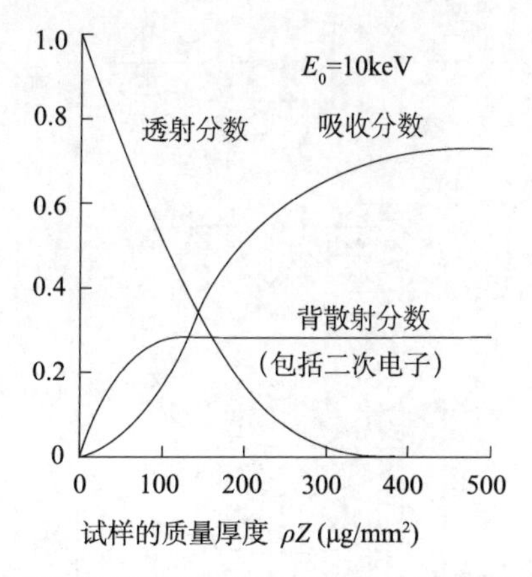

图 10-8　电子在铜中的透射、吸收和背射分数随质量厚度的变化②

3. 衍射

原子在晶体中的长程有序排列使电子束及 X 射线的散射在一些特定的方向由

① 郭可信：《电子光学微观分析仪器概述》，《显微分析技术资料汇编》，科学出版社，1978 年，第 16 页。

② 郭可信：《电子光学微观分析仪器概述》，《显微分析技术资料汇编》，科学出版社，1978 年，第 17 页。

于周相相同而加强，但在其他方向都减弱，这种现象称为衍射。公式：

$$2d\ \sin\theta = \lambda$$

d 是晶面间距，代表晶体的特征；λ 是波长，代表入射电子或 X 射线的特征；θ 是入射束或衍射束与晶面的掠射角。这个公式非常简洁地给出衍射的几何关系。它是晶体结构及 X 射线光谱成分分析的基础。详见本书第九章。

三、各种信息及其在电子光学微观分析仪器的应用

电子与物质交互作用产生的信息主要有三种：电子谱、X 射线谱、阴极发光谱。

可以利用这些信息进行成像显示微观形貌、元素的定性分析分布，衍射及衍射效应可得出晶体结构资料，如点阵类型、点阵常数、晶体取向、晶体完整性，微区成分分析。

扫描电镜焦深长，分辨率高，放大倍数由 20 倍连续变化到 5 万～10 万倍，可利用多种信息成像。

空间分辨率：①对微区成分指能分析的最小区域；②成像能分辨的两点间的最小距离；入射电子在块状样品内产生的各种信息的深度和广度范围示意图，见图 10-9。

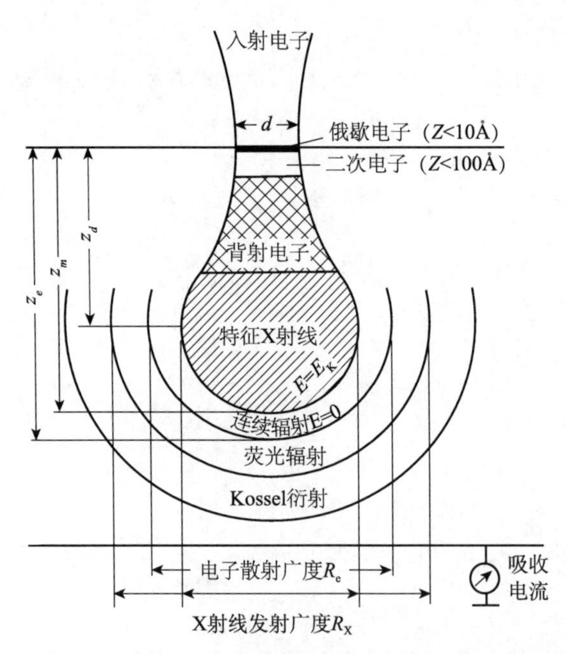

图 10-9　入射电子产生的各种信息的深度和广度范围[①]

① 郭可信：《电子光学微观分析仪器概述》，《显微分析技术资料汇编》，科学出版社，1978 年，第 34 页。

这些物理基础的概念对于金属文物的科学分析是很有用的。各种信息在电子光学微观分析仪器中的应用，见表 10-1。①

表 10-1　各种信息在电子光学微观分析仪器中的应用

信息	成像	衍射或衍射效应	成分分析	电子光学仪器
透射电子	透射电子显微镜	高能电子衍射、菊池衍射		透射电镜
	透射电子扫描显微术	高能电子衍射、菊池衍射		透射电镜、扫描电镜
特征能量损失电子	能量选择电子显微术		特征能量损失谱	透射电镜
背射电子	扫描电子显微术	电子通道图	背射电流与 Z 有关	电子探针、扫描电镜
二次电子	扫描电子显微术	电子通道图		电子探针、扫描电镜
吸收电子	扫描电子显微术	电子通道图	吸收电流与 Z 有关	电子探针、扫描电镜
俄歇电子	扫描电子显微术		俄歇电子能谱	俄歇电子能谱仪、扫描电镜
低能电子		低能电子衍射		低能电子衍射仪
特征 X 射线		Kossel 线	X 射线发射谱	电子探针、扫描电镜、透射电镜
阴极发光	扫描电子显微术		阴极发光谱	电子探针、扫描电镜
电导、电动势	扫描电子显微术			电子探针、扫描电镜

第二节　电子显微镜与扫描电子显微镜发展史

一、电子显微镜（TEM）的发展

人们一直都在努力地改进研究金属材料与非金属材料微观形貌、结构和成分的手段。电子显微镜的出现和不断完善使形貌观察从光学显微镜的 1000 倍提高到几十万倍至几百万倍，达到能分辨两三个埃的很高水平。电子显微镜是利用电磁透镜的作用，使电子束会聚在一起，穿过样品再经电磁透镜（物镜与投影镜）作用把样品的像放大，比光学显微镜的放大倍数高三个数量级。

1932 年，德国柏林工业大学物理学家 Knoll 及 Ruska 在实验室研制成功了第一台电子显微镜。它是一台经过改进的用射线示波器成功的得到铜网的放大像，

① 郭可信：《电子光学微观分析仪器概述》，《显微分析技术资料汇编》，科学出版社，1978 年，第 25 页。

是第一次用电子束形成的图像。尽管放大率不高，但他却证实了使用电子束和电磁透镜，可以形成与光学像相同的电子像。经过他不断的努力，1933 年 Ruska 制成了二级放大的电子显微镜，获得金属箔和纤维的一万倍放大像。1937 年，应西门子公司约请建立了超显微镜学实验室。1939 年，西门子公司约请 Ruska 制造出分辨本领达到 30Å、世界上最早的实用电子显微镜，并投入批量生产。1986 年，Ruska 被授予诺贝尔物理学奖。荷兰飞利浦公司于 1944 年研制成第一台电子显微镜，后来生产出著名的飞利浦 SEM 型和 CM 型透射电子显微镜。美国半导体公司也在积极研究和生产电子显微镜。德国于 1954 年产生了著名的西门子 Elmiskop I 型电子显微镜，分辨率优于 10Å。

中国科学院院士清华大学朱静教授写文章总结了自 1932 年世界第一台电子显微镜问世以来，电子显微镜经历了三个重要阶段①。

第一阶段是在 20 世纪 50 年代中期，以当时英国剑桥大学凯文迪什实验室的 Hirsch 和 Howie 等人为代表，建立了一套直接观察薄晶体的缺陷和结构的实验技术及电子衍射衬度理论。其代表作是 P. 赫什写的《薄晶体电子显微学》（科学出版社，1983 年）。第二个重要阶段是在 20 世纪 70 年代初期制成的实验高分辨电子显微术。日本 Uyeda 等人（1970、1972 年），美国亚利桑那州立大学电镜实验室 Lijima（1971 年）的工作更为严格、出色，可以从结构像的信息了解到原子点阵的排列，从而打开了原子世界的大门。其代表作是 J. M. Cowley 的 *Diffraction Physics*。第三个重要阶段是 20 世纪 70 年代末期、80 年代初期，在人们对电子和物质交互作用的认识进一步深化以及各种电子探测仪器获得巨大进展的条件下，高分辨分析电子显微学随着人们对物质世界探索的需求而逐渐形成，随后，高分辨的电子显微学在理论、实践和应用方面都有了新突破和进展。

电子显微镜的使用使人们进入了超微观世界。然而，20 世纪 50 年代初的电子显微学在金属材料研究中尚处于萌芽阶段，国际电镜会议还处于生物学及医学研讨范围。当时，我国科研实力薄弱，偌大的中国仅有一个只能制造简单望远镜和低倍显微镜的工厂，新中国仅中国科学院物理研究所有一台由民主德国赠送给毛主席的蔡司电子显微镜（静电式透射电子显微镜）。1958 年，王大珩②先生倡议发起的国产 TEM 研制正式开始。历经千难万苦，我国历史上第一批国产 TEM 电镜③——南京江南光学仪器厂研制的 DX-3 型电镜问世。金属物理教研组派陈梦谪、

---

① 朱静：《分析电子显微学》，科学出版社，1987 年，第 1～2 页。

② 王大珩，1915 年生，原籍江苏，应用光学专家，中国科学院院士、研究员、高技术局高级顾问，我国光学事业奠基人之一，1985 年获国家科技进步奖特等奖，1999 年获两弹一星功勋奖章。

③ 是指透射电镜（transmission electron microscope，TEM），它的分辨率只有 10nm，加速电压仅为 50kV，最高放大倍数为二万倍。它以电子束透过样品经过聚焦与放大后所产生的物像，投射到荧光屏上或照相底片上进行观察研究。

职任涛赴南京江南光学仪器厂参加第一批国产电镜鉴定会。柯俊教授多次与学校领导谈话沟通，努力说服学校领导支持科学研究事业，购置了第一批问世的四台国产电镜中的一台。这台电镜虽然分辨率只有 10nm，加速电压仅为 50kV，最高放大倍数为二万倍，但在当时已经是学校最高端的仪器之一。这台今天看起来十分简陋的透射电镜对我国早期电子显微镜工作者的启蒙教育功不可没，凭借它北京钢铁学院实现了我国工科教育中电子显微学教学与实践从无到有的飞跃。图 10-10 是金属物理教研室第一台国产电子显微镜 DX-3 型（南京江南光学仪器厂研制）及当时的负责人陈梦谪。

图 10-10　第一台国产电子显微镜 DX-3 型及当时的负责人陈梦谪

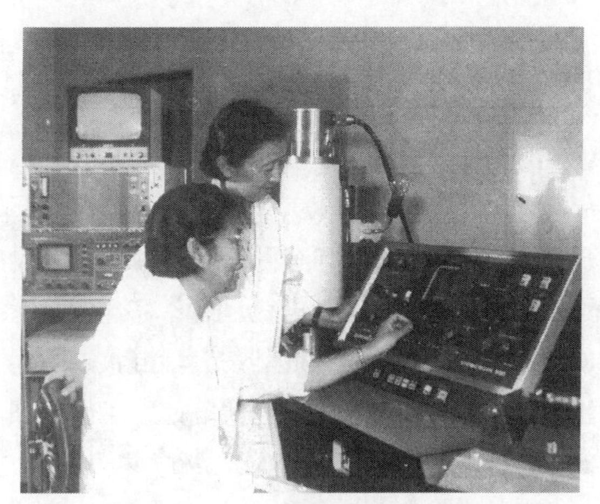

图 10-11　S250 扫描电子显微镜及工作人员

1964 年，随着高等学校教育和科研事业的发展，我校原先仅有的一台国产电镜已不能满足需求。学校和柯俊教授努力争取到当时冶金部科技司的大力支持，购置了一台透射电镜（捷克产的 Tesla 413 型）与一台扫描电镜（英国剑桥产的 S-250型），并多方努力使两台电镜分别于 1968 年和 1972 年从国外运抵北京并顺利安装运行。图 10-11 是 1977 年姚玉琴和韩汝玢在北京钢铁学院金属物理教研组进口的这台英国剑桥 S250 扫描电子显微镜作冶金考古研究。

1977 年，我国已作出了分辨率为 3Å 的 80 万倍的透射电子显微镜。1986 年，在郭可信先生访日期间的积极倡议下，在桥本初次郎教授的努力下，JEOL 公司以桥本教授的名义赠送了一台全新的 JEM100CX-Ⅱ透射电镜以供我国培训电镜人才，图 10-12 为柯俊教授与日本工程师在日本 JEOL 公司赠送的透射电子显微镜 100CX-Ⅱ前合影。图 10-13 为柯俊教授和电镜组的老师合影。郭可信先生回国后，将这台崭新的透射电镜安装在北京科技大学并投入运行。

1987 年，在世界银行贷款的支持下，学校又购置了全套分析电镜（JEOL JEM2000FX）及有关辅助设备。这台电镜后来成为了北京科技大学科研与教学的

图 10-12 柯俊与日本工程师合影

图 10-13 柯俊与金属物理教研室电镜组的教师合影

主要设备之一。2001 年，北京科技大学为“211 工程”配置的一台 JEM2010 高分辨型电镜，分辨率达 0.192nm，具有先进的信息数字记录、存储和处理功能。这台电镜与原有的 JEM2000FX 分析型电镜和 JEM100CX-Ⅱ投射电镜一起构成电镜系列。至此，学校既拥有了配备各种辅助手段的分析型电镜，又拥有了可以以原子尺寸成像的高分辨型电镜。这套综合电镜系列可以承担各种类型的材料结构和成分的分析研究，对北京科技大学开展材料原子尺寸精细结构和纳米尺寸结构，相界、晶界、畴界等界面和缺陷处原子结构和元素分布，以及应力场分布等定量高分辨电子显微学研究创造了条件，极大地促进了学科的发展和人才培养。

目前，世界上生产透射微镜的制造商是日本的电子（JEOM）和日立（Hitachi）及美国的 FEI（已将荷兰的飞利浦公司收购）三家。

二、扫描电子显微镜（SEM）的发展

在研究透射电子显微镜时发现，高速的电子束打到物体上，会产生各种与试样性质相关的电子信息，收集、处理这些电子信息成像，得到了 SEM 图像。SEM 的成像原理与光学显微镜或透射电子显微镜成像原理是不同的。

1924 年，法国科学家德布罗意（De Broglie，1892～1987 年）最早提出电子有波动性的假说。这位年轻人出身于法国贵族家庭，早期对历史学有兴趣，于 1909 年获历史学学士学位。后在哥哥的影响下，德布罗意对物理发生了兴趣。第一次世界大战期间，德布罗意在军队服役，从事无线电台工作。大战后，他回到哥哥的实验室工作，参与了一些 X 射线的研究。在这里，他不但获得了许多原子结构的知识，而且接触到 X 射线的时而像波、时而像粒子的奇特性质。之后，德布罗意进入巴黎大学当研究生，研究量子理论。1924 年 11 月，在他的博士论文中提出了物质波的基本假设，并且根据狭义相对论导出了粒子的动量与伴随波的波长 λ 之间的关系，即著名的德布罗意关系式：$\lambda=h/p$。这一假设对量子物理的发展极端

重要，这是一个革命性的假设，并得到了爱因斯坦等一些有名望的科学家的肯定与支持。1927年，电子的波动性被英国物理学家汤姆逊（G. P. Thomson，1892～1975年）实验证实，并通过实验测得了电子波长满足德布罗意关系式。以后一系列实验证实的一切实物粒子都有波粒二重性。汤姆逊指出电磁波也具有波粒二重性。电磁波在空间的传播是一个电场与磁场交替转换向前传递的过程；电子在高速运动时，其波长远比光波要短得多。德布罗意新思想，使量子物理朝量子力学的诞生又迈开了革命性的一步。德布罗意于1929年获诺贝尔物理学奖。

1926年，德国物理学家H. Busch提出了关于电子在磁场中的运动理论。他指出只有轴对称性的磁场，对电子束起着透镜的作用，从理论上设想了可利用磁场作为电子透镜达到使电子束会聚或发散的目的。1935年，德国人M. Knoll在设计透射电子显微镜的同时就提出了扫描电镜的原理及设计思想。1942年，Knoll在实验室制成第一台扫描电子显微镜，但因受各种技术条件的限制，进展缓慢。1965年，在各项基础技术有了很大进展的前提下，才在英国剑桥公司诞生了第一台实用化的商品扫描电镜。此后，荷兰、美国、联邦德国也相继研制出各种型号的扫描电镜。日本在第二次世界大战结束后，在美国的支持下生产出扫描电镜。中国则在20世纪70年代生产出自己的扫描电镜。前期近20年扫描电镜主要是在提高分辨率方面取得了较大进展。80年代末期各厂家的扫描电镜的二次电子像的分辨率均已达到4.5nm，主要采取了如下措施：①降低透镜球像差系数，以获得小束斑；②增强照明源，即提高电子枪亮度；③提高真空度（多级真空系统）和检测系统的接收效率；④尽可能减小外界震动干扰（磁悬浮技术）。采用钨丝电子枪扫描电镜分辨率，最高可达3.0nm；采用场发射枪扫描电镜分辨率可达1.0nm。到20世纪90年代中期，各厂家相继采用计算机技术，实现了计算机控制和信息处理。

第三节　扫描电子显微镜基本原理与实验方法[①]

出于对金属文物制作技术研究的需要，使用扫描电子显微镜是冶金考古工作者经常使用的电子显微学分析仪器，因此本节为读者介绍了较全面的原理和实验方法知识。

一、扫描电镜的工作原理

扫描电子显微镜（SEM）的工作原理可由图10-14示意说明。

① 吴杏芳、柳得橹：《电子显微分析实用方法》，冶金工业出版社，1998年，第55～58页。

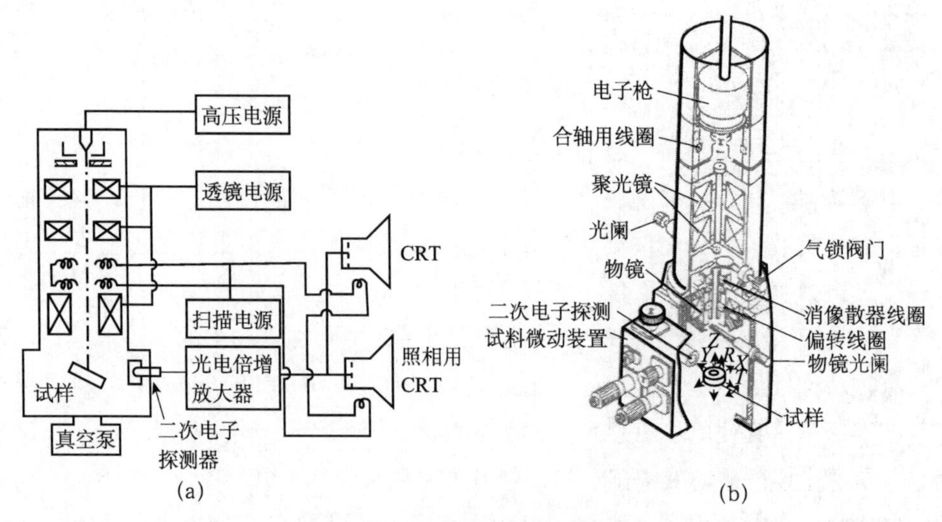

图 10-14 扫描电镜结构方框图及扫描电镜镜筒剖面示意图①

由电子枪发射出的电子束经过聚光镜系统和末级透镜的会聚作用形成一个直径很小的电子束投射到试样表面上，同时，镜筒内的偏转线圈使这个电子束在试样表面做光栅式扫描。在扫描过程中，入射的电子束使试样激发出各种信息，如二次电子、X射线和背散射电子等。安装在试样附近的各类探测器分别把检测到的有关信号经过放大处理后输送到阴极射线管（简称CRT）的栅极调制其亮度，从而在与入射电子束作同步扫描的CRT上显示出试样表面的图像。选择成像的信号可以获得试样表面的二次电子像、背反射电子像、X射线元素分布图和吸收电流像等。

扫描电镜像的分辨率取决于：①入射电子束的直径与束流；②成像信号的信噪比；③入射电子束在试样中的扩散体积和被检测信号在试样中的逸出距离。这些因素都和SEM装备的电子枪类型及加速电压有关。目前，一般扫描电镜的分辨率为4～5nm。为了充分发挥SEM的性能，获得尽可能高的分辨率与高质量的图像，操作人员应了解入射电子束直径与束流的关系及信噪比对成像的影响；应该按照实验目的选择适当的仪器工作条件，如加速电压、入射束电流、物镜光阑、工作距离和扫描速度等。

二、扫描电镜工作条件的选择

1. 电子枪的加速电压

当电子枪加速电压增高时，电子束的波长减小使电子束的直径减小而亮度增大，这有利于改善分辨率和提高信噪比。但另一方面，由于入射电子能量增大，

① 吴杏芳、柳得橹：《电子显微分析实用方法》，冶金工业出版社，1998年，第55页。

它们在试样内的扩散体积增大导致空间分辨率变坏。因此，加速电压过高会使像的细节变得不清晰并产生反常的衬度，反之，若加速电压太低，会使入射束直径增大而损害成像的分辨率。对于观察金属和合金的试样可用15～25kV，对古代金属文物试样的鉴定多采用20kV。

2. 入射电子束尺寸和束流

影响电子束流的因素有电子枪亮度、加速电压和电子束的孔径角等。采用高亮度的电子枪是提高信噪比、改善分辨率的关键。对于热发射钨丝电子枪可以改变聚光镜电流大小或电子枪的珊偏压来调节电子束电流大小，增大透镜光阑尺寸或照明孔径角，也可明显增加电子束电流。对古代金属文物的鉴定允许使用的电子束尺寸为10nm，束流可选择在10^{-1}～10^{-12} A。

3. 工作距离与物镜光阑的选择

扫描电镜的工作距离是指由物镜（即末级透镜）极靴下端到试样表面的距离。在进行SEM观察时，对工作距离和物镜光阑尺寸的选择主要出于对景深的考虑。实际工作中一般选用直径200μm的物镜光阑和5～15mm范围的工作距离。

4. 扫描速度与扫描线数

扫描电镜镜筒内的偏转线圈和CRT上的偏转线圈是用一个锯齿波电源控制，使入射电子束和CRT的电子束在X和Y方向做编址的同步扫描。根据观察目的不同可以选择使用不同的扫描速度，如在图像的X方向用10nm扫描一条线，而沿Y方向扫描1000条线完成一幅图像的所需时间为10s。用眼观察图像一般用0.5～20s扫完一幅画面。若用照相胶片记录时，需要慢速扫描，摄照一幅图像通常需要60～100s。摄照图像时的扫描速度慢、曝光时间长，可得到较高信噪比，改善图像质量。

5. 放大倍数

扫描电镜的放大倍数通常可在20倍至几十万倍连续变化。放大倍数的变化是通过调节电子束的偏转线圈使入射电子束在试样上的扫描面积改变而实现的。由于物镜的作用仅是入射电子束聚焦到试样表面上，它没有光学意义上的放大倍数作用，在改变图像放大倍数时，不需要调节物镜电流。通常CRT上最小光点直径是100μm，试样上的相应像素直径大小与放大倍数有如下关系：像素直径＝100μm/放大倍数。例如，放大倍数为1000时，像素直径为0.1μm，而放大50 000倍数时，像素直径为2nm。当用直径为10nm的电子束形成二次电子像，放大倍数在10 000倍以下时，图像是清晰的。在对金属文物样品进行鉴定时，由于古代工匠制作金属文物全凭经验，考虑到铜器中铸造组织的成分偏析，因此使用的电子束尽可能大，测量成分时利用面扫描方式，工作距离固定，放大倍数尽可能小，使样品被扫描面积尽可能大，在样品截面的不同部位测量3次，取平均值，才能得到该样品的平均成分。选择的放大倍数尽量与金相组织显示的放大倍数一致。若需要鉴定微小析出相、夹杂物，则需要调节有关的参数，使目测 CRT 上得到图像反差及图像清晰的二次电子像。

6. 试样的倾斜角度

适当的试样倾角可以改善扫描电镜上二次电子像等图像的质量。调节 SEM 仪器上试样台的倾角机构使试样旋转，同时观察二次电子像的亮度，选择满意的像衬度和倾角进行观察和摄照。

三、进行电子显微鉴定对金属文物样品制备的要求

进行扫描电镜鉴定时，对金属文物样品的制备与金相样品制备的要求相同，试样可以共用。建议先对金属文物进行金相组织的认真、细致的观察、照相，再有目的地进行扫描电镜的成分、微观形貌、析出相、夹杂物、锈蚀产物的鉴定。但要注意，试样制备过程中有可能引入假象。例如，表面沾污和冷作，出土铜器中有较多的锈蚀会影响成分测定结果。样品要有良好的导电性。由于多数金属文物能取样观察的样品尺寸较小，又夹有锈蚀产物，文物样品导电性不好，使样品表面易积累电荷，严重影响图像质量和鉴定结果。对金属文物样品通常应在未浸蚀或轻度浸蚀状态下进行分析，导电性不良的试样要在其表面喷镀导电层，通常将试样已抛光面朝上安放在喷镀仪内，喷镀碳或金，其厚度一般在 20～50nm。试样表面导电层和样品座之间应有连接的导电通路，可用导电胶在试样表面和底座之间涂抹一条通路。

第四节　扫描电镜 X 射线能谱分析

应用扫描电镜对金属文物样品进行微区 X 射线能谱分析，获得有关试样所含元素种类的信息。

一、分析原理

当电子束射入试样，只要入射电子束的动能高于试样原子某内壳层电子的临界电离能 E，该内壳层的电子就有可能电离，而外层电子将跃入这个内壳层的电子空位，其多余的能量以 X 射线量子或俄歇电子的形式发射出来。这些 X 射线量子的能量等于原子始态和终态的位能差。它是元素的特征值，几乎与元素的物理化学状态无关（图 10-15）[①]。当外层电子跃迁填充 K 层时所发生的是 K 系辐射，而

① 吴杏芳、柳得橹：《电子显微分析实用方法》，冶金工业出版社，1998 年，第 61 页。

外层电子跃入 M 层和 L 层时分别发射 L 系和 M 系的 X 射线。因此，如果测出试样发射的特征 X 射线波长或能量，就可以鉴别试样中元素的种类，再根据各特征 X 射线的强度可计算处元素在试样中的浓度。X 射线能谱分析方法是应用一个硅（锂）半导体固体探测器接收由试样发射的 X 射线，通过分析系统测定有关的 X 射线的能量和强度，从而实现对金属文物试样微区的化学成分分析。

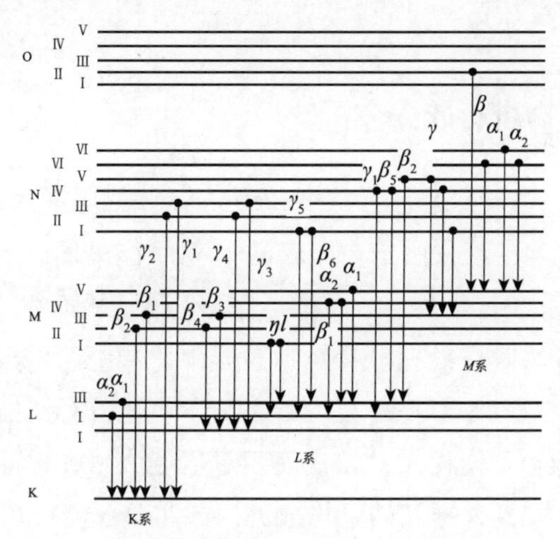

图 10-15　试样可发射的主要特征 X 射线示意图

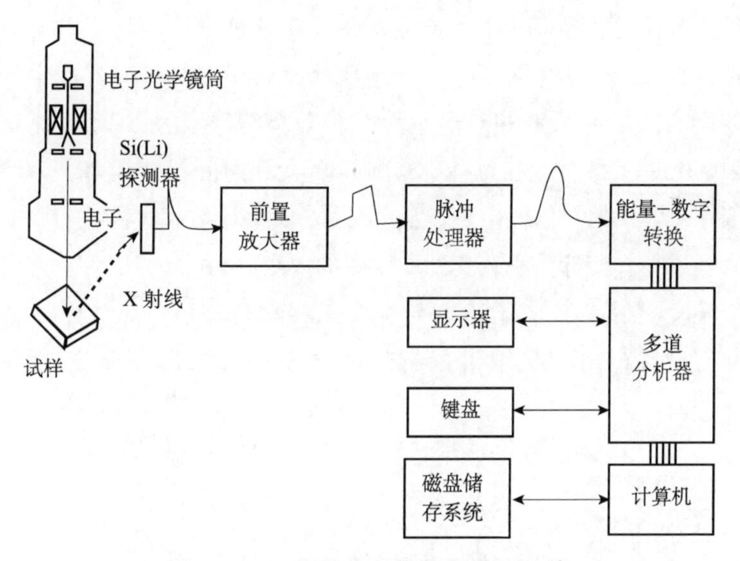

图 10-16　X 射线能谱分析系统示意图[①]

图 10-16 是 X 射线能谱分析系统的示意图。试样发射的 X 射线进入 Si（Li）探测器后，每个 X 射线光子都在硅中激发出大量电子-空穴对，而且在统计上电子-空穴对数目与入射光子能量成正比。探测器上的偏压使这些电子-空穴对形成一个

① 吴杏芳、柳得橹：《电子显微分析实用方法》，冶金工业出版社，1998 年，第 62 页。

电讯号，经过前置放大器、脉冲处理器和能量数字转换器处理放大成形，送到多道分析器（MCA），脉冲讯号按其电压值大小被分类，最后形成一个X射线能谱（XEDS）显示在分析系统的显示器上。

电子探测器窗口材料对X射线的吸收直接影响了对低能量X射线的检测。铍窗口探测器不能检测出能量小于约1eV的X射线，换言之，它分析不出原子序数小于11（钠）的元素。

二、对金属文物进行成分分析

在20世纪90年代，开始使用剑桥S-250MK3扫描电镜Link AN10000能谱分析仪无标样法进行测定。该方法是在显示的X射线能谱曲线上扣除本底，计算某元素特征X射线K系（或L系）峰面积与各元素特征峰面积之和的比值，即为该元素的百分含量，最后归一处理。考虑到铜器中铸造组织的成分偏析，激发电压选择20kV，使用的电子束尽可能大，测量成分时利用面扫描方式，工作距离固定，放大倍数尽可能小，使样品被扫描面积尽可能大，在样品截面的不同部位测量3次，取平均值，得到该样品的平均成分。此实验仪器使用Si（Li）探测器Be窗口，对轻元素特征X射线有吸收作用，因此此仪器只能检测原子序数11（钠）以上的元素，而碳氢氧等轻元素不能测定。使用这种方法的优点是省时省力，一次可测定样品所含的全部主要元素，当主要元素含量＞10％时，产生的相对误差为±1％，对于＜10％的元素相对误差为10％，检测极限为0.1％。采谱时间一般选定60～100s，总计数控制在每秒1000～3000，死时间保持在30％以下。为了正确鉴别谱峰，X射线的能量值应精确到10eV，如果计数率过高或过低，调节入射电子束束流和直径，使计数率改变到所希望的大小。

21世纪初，北京科技大学冶金与生态工程学院进口了日本电子公司生产的JSM6480LV型扫描电子显微镜和美国热电公司的Noran System Six型能谱仪（图10-17）。

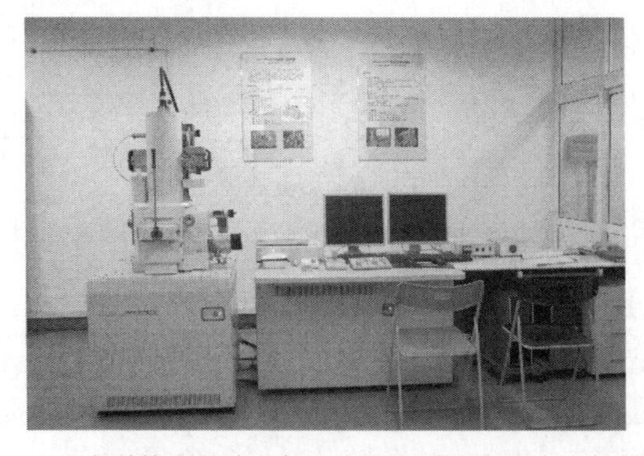

图10-17　北京科技大学冶金与生态工程学院实验中心扫描电镜室

在进行金属文物成分分析时，要使试样的特征X射线谱完全显示在显示器上，利用分析系统提供的元素特征谱线标尺鉴别谱上较强的特征峰。鉴别时应按能量由高到低的顺序逐个鉴定较强峰的元素及谱线名称，并及时做出标记。鉴别一种元素时应找出该元素在所采集谱能量范围内存在的所有谱线。例如，金属文物中检测出有铜元素，X射线谱中定有Cu的K_α峰（8.04keV）和Cu的K_β峰（8.90keV），在0.93keV处存在铜的L峰（图10-18、图10-19）。同样，若在5keV以上找到某元素L系谱峰时，在1keV存在该元素的M系峰。

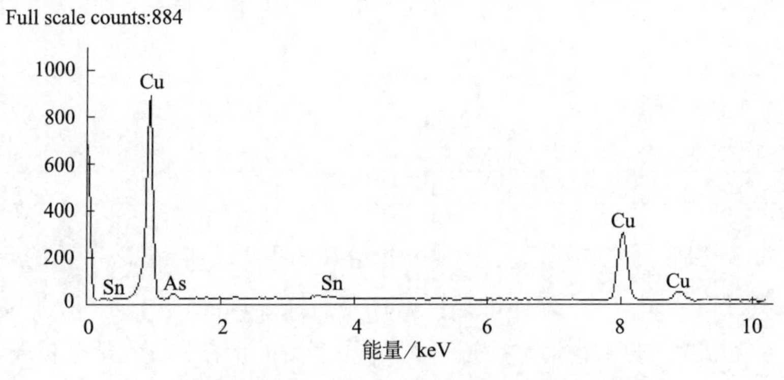

图10-18　铜锡砷合金扫描电镜能谱显示成分曲线图

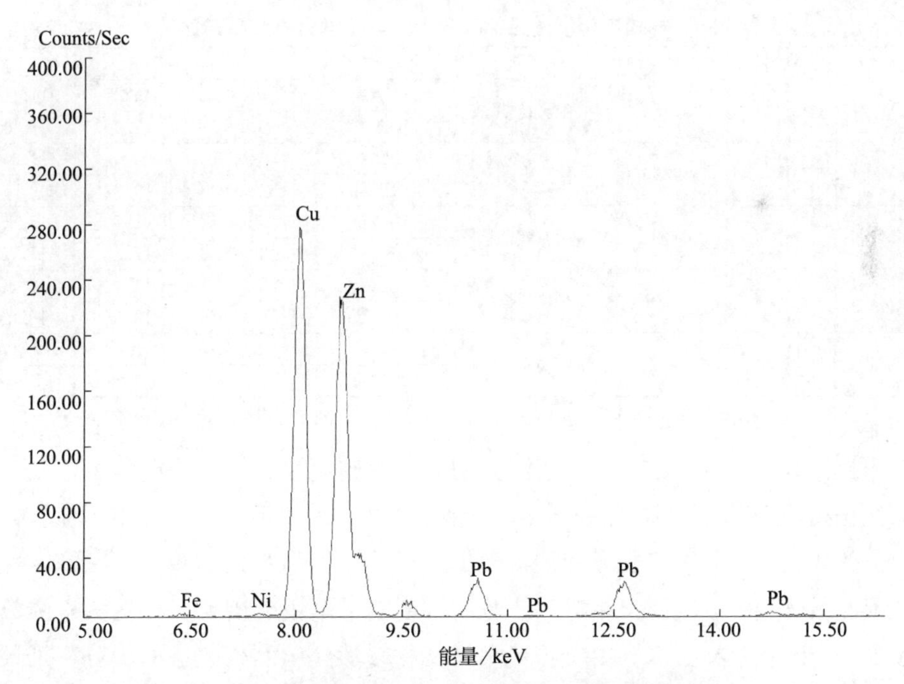

图10-19　铜锌铅合金扫描电镜能谱显示成分曲线图

与金属文物制品成分有关的主要元素有铜（Cu）、锡（Sn）、铅（Pb）、砷（As）、锌（Zn）、锑（Sb）、金（Au）、银（Ag）、汞（Hg）、铁（Fe）、镍（Ni）、硫（S）、磷（P）等。这些元素中的X射线谱系中有重叠峰，会产生干扰，是鉴定成分时要重视的问题，要注意剥离开，下表给出了金属文物鉴定时常见的重叠峰谱线和能量。当两个重叠谱峰的能量差小于50eV时，两个峰几乎不能分开。S的K_{α}及Pb的M系相互重叠干扰就属于这种情况。在分析时如有疑问就必须用波谱仪再做标样鉴定。

表10-2　金属文物成分分析中常见的重叠峰情况

谱线	重叠的元素谱线	谱线	重叠的元素谱线
Cu K_{β} 8.904	Zn K_{α} 8.630	As K_{α} 10.542	Pb L_{α} 10.550
Sn L_{α} 3.443	Sb L_{α} 3.604		
	Ca K_{α} 3.690		
Sn L_{β_1} 3.662	Sb L_{β_1} 3.841	Au	
	Sb L_{β_2} 4.100		
Sn L_{β_2} 3.904	Ca K_{β} 4.012		
Pb M　2.365	S K_{α} 2.470		

表10-2列出金属文物成分分析时可能遇到的X射线特征谱重叠的元素谱线，需要鉴定者考虑，图10-19显示的铜锌铅合金扫描电镜能谱曲线Cu的K_{β}峰与Zn的K_{α}峰重叠。我们曾对铜器样品进行无标样能谱分析结果与化学分析的结果进行比较，如表10-3所示①。

表10-3　扫描电镜能谱无标样分析法与化学分析结果的比较　　（单位：%）

墓　号	文物名称	样品号	分　期	分析方法	Cu	Sn	Pb
YYM111	短剑	5045	春秋晚期	CA*	79.70	9.03	11.60
				SEM**	74.85	11.90	12.92
YYM264	凿	5022	春秋中期	CA	79.50	8.88	11.10
				SEM	79.81	10.82	9.19
YYM156	锛	5019	春秋晚期前段	CA	71.00	13.60	14.50
				SEM	65.16	17.34	17.47
YYM300	锛	5020	春秋早期	CA	75.20	14.40	10.50
				SEM	70.40	19.56	10.06
YHM122	削刀	5017	春秋晚期后段	CA	83.60	10.80	5.24
				SEM	78.40	13.62	7.98

*北京科技大学化学分析中心测定　**中国矿业大学研究生院流动力学实验室邸志泽测定

用扫描电镜能谱无标样分析法测定的锡含量较化学分析方法测定的值高，两种方法锡相差5%以下，铅值相差3%，铜值相差6%以下。这表明用无标样分析法测得的数据，与化学分析方法测得数据绝对误差不能令人满意，原因是多方面的，只能结合金相显微镜组织进一步分析，用扫描电镜能谱无标样法测得的数据只能作为半定量分析数据。由于古代金属文物多凭经验制作，这样的分析结果也是可以接受的。

① 韩汝玢、许征尼：《北京市延庆县山戎墓地出土铜器的鉴定》，《军都山墓地：葫芦沟与西梁垙》，文物出版社，2009年，第607页。

保利艺术博物馆珍藏1件斑纹钺（图10-20）[①]。这件铜钺形制特殊，保存完好，钺刃颇锋利，是罕见的东周青铜兵器。钺弧刃、呈不对称形，上角弧度缓而体长，下角弧度急而体短且角端微翘。

图10-20　保利博物馆珍藏靴型钺及其表面纹饰

钺体表示满黑色装饰斑纹。斑纹多近圆形，并按顺时针方向伸出两三支弧线形纹。斑纹排列较规则。钺体经过清理的部分，在黑色斑纹下面显现的是银灰色金属。为了了解该钺纹饰的成分及制作工艺，柯俊等人使用北京微电子技术研究所Zeiss金相显微镜及飞利浦XL-40 FEG扫描电子显微镜及Edax DX4能谱分析仪，对该钺未经清理及出土后被清理过的表面进行了形貌观察和表面成分的无损的初步分析。结果表明，该钺的合金基体与近圆形斑纹处的金属之间是相互结合、互相渗透的。

所用仪器是目前国内最新的电子显微设备之一，所用Si（Li）探测器不可对C、N、O等轻元素进行测定，同时样品室的空间及窗口较大，可以将这一件珍贵文物直接整体装入高真空的样品室中，对其表面进行形貌观察及进行无损成分分析和数据自动处理。表面成分分析采用无标样定量分析法，可以对Na以上的元素进行测定，工作条件为激发电压20kV、25kV，时间100s，分析结果（去除表面碳、氧元素的计数后扫一化处理后的百分数）见表10-4。

表10-4　斑纹钺基体表面腐蚀后的成分　　（单位:%）

样品号	检测方式	成分					
		Cu	Sn	Si	P	S	Fe
Poly4	面扫	40.5	50.2	1.5	0.68	1.2	6.1
Poly5	微区	28.7	58.1	2.4	1.6	3.2	6.2
Poly10	面扫	30.9	57.7	2.3	1.3	2.0	5.9

鉴定分析结果表明：斑纹钺是铜锡二元合金制成，表10-4所列的元素是表面的腐蚀产物，不是斑纹钺的实际使用成分；斑纹钺表面斑纹处明暗场照片见图10-21；钺体表面的斑纹与伸出两三条细弧线，其与斑纹是一体的，排列有一定规律，

① 柯俊、韩汝玢、贾淑文：《斑纹钺的无损分析与初步研究》，《保利藏金》，岭南美术出版社，1999年，第389～392页。

银灰色纹饰的二次电子像显示表面凹凸不平（图 10-22），有较多孔洞，是合金熔化后的表面特征；斑纹处为纯净的铜锡合金，与钺体的成分差别较大，应是在表面装饰有意进行过的二次加工处理。详细分析请参阅原文。[①]

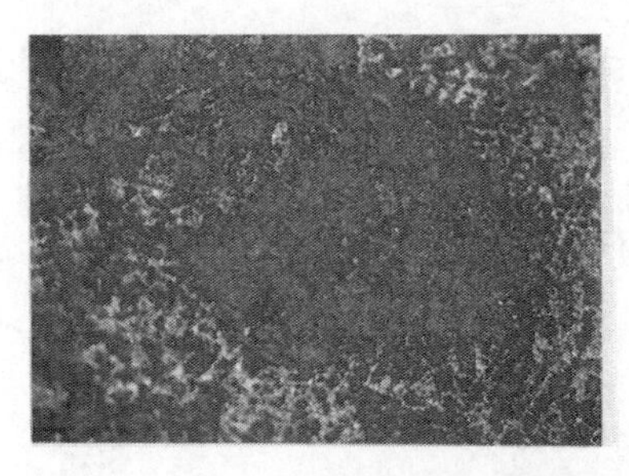
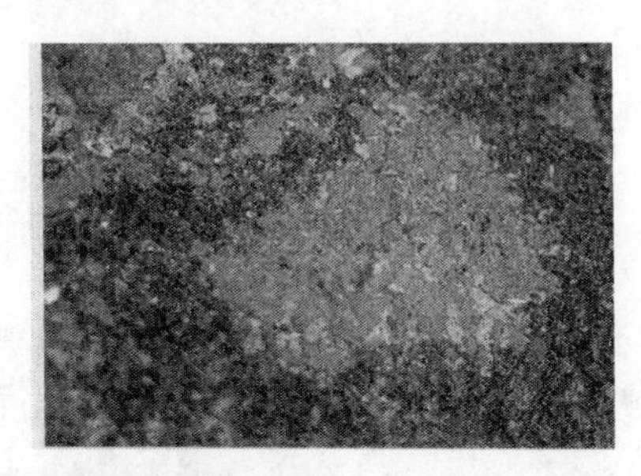

图 10-21　斑纹钺表面斑纹处明暗场照片

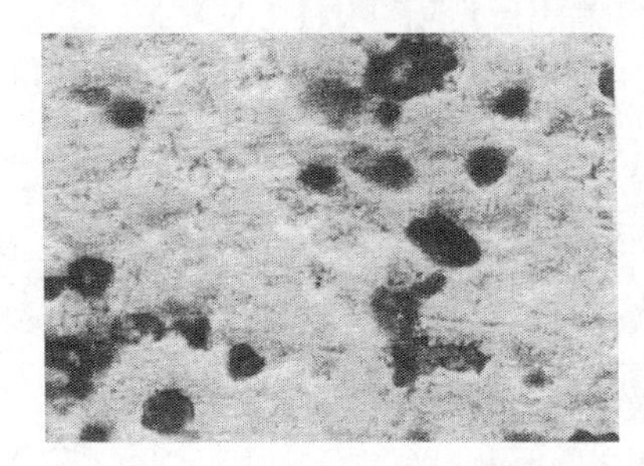
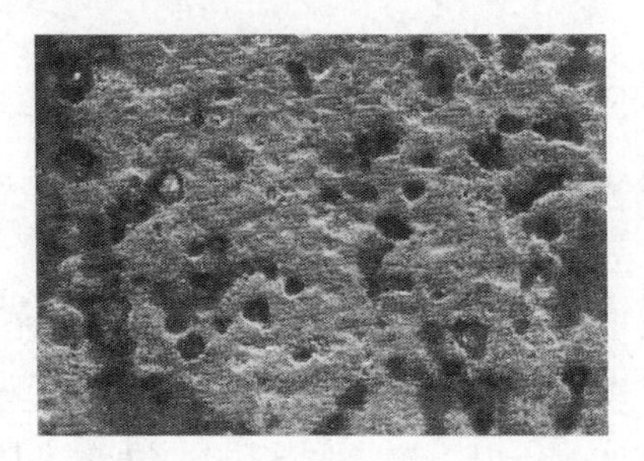

图 10-22　斑纹钺表面银灰色纹饰二次电子像

三、元素的 X 射线线分布与面分布

在对金属文物进行研究时，有时要用某元素的特征 X 射线以两种图形的方式直观地表示，一种是元素的线分布（line profile），另一种称为元素的面分布图（X-ray map）。

测定 X 射线分布时，先用线扫描模式在试样二次电子像上待分析的路迹扫描一次，用重复曝光技术将该扫描线记录在二次电子像同一底片上，然后再让入射电子束沿上述路线缓缓扫描，扫描速度可根据情况选定。分析系统将扫描线经过的各点试样发射的某一特征 X 射线讯号（如 Sn L_{α}）的强度调制 CRT 上，其上就呈现出试样沿该扫描线的元素的相应浓度分布曲线。

图 10-23～图 10-26 这一组照片，是柯俊教授于 1975 年春对准格尔陨铁所做的镍钴 X 射线面分布图。他以“李众”的笔名发表在 1976 年考古学报第 2 期，受到国内外学者的关注。

① 柯俊、韩汝玢、贾淑文：《斑纹钺的无损分析与初步研究》，《保利藏金》，岭南美术出版社，1999 年，第 389～392 页。

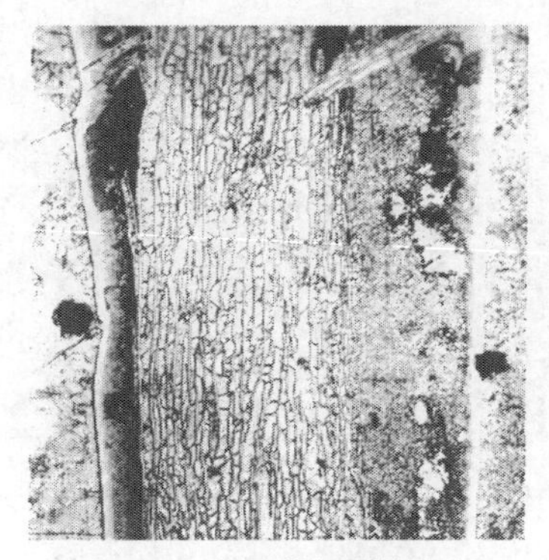

图 10-23　准噶尔陨铁中的

$\alpha \to \gamma \to \alpha$ 两相地区

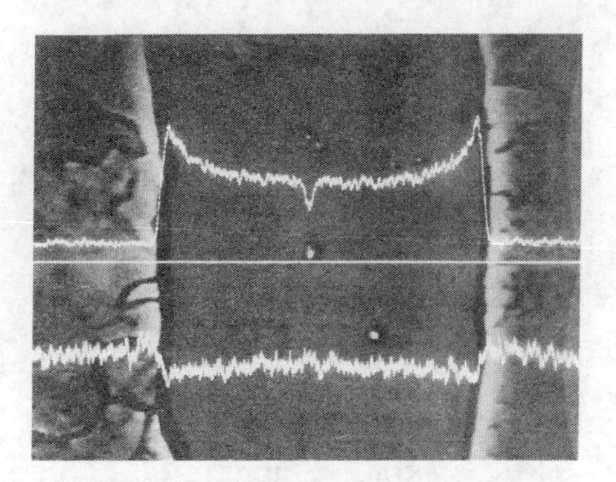

图 10-24　准噶尔陨铁中镍钴分布图

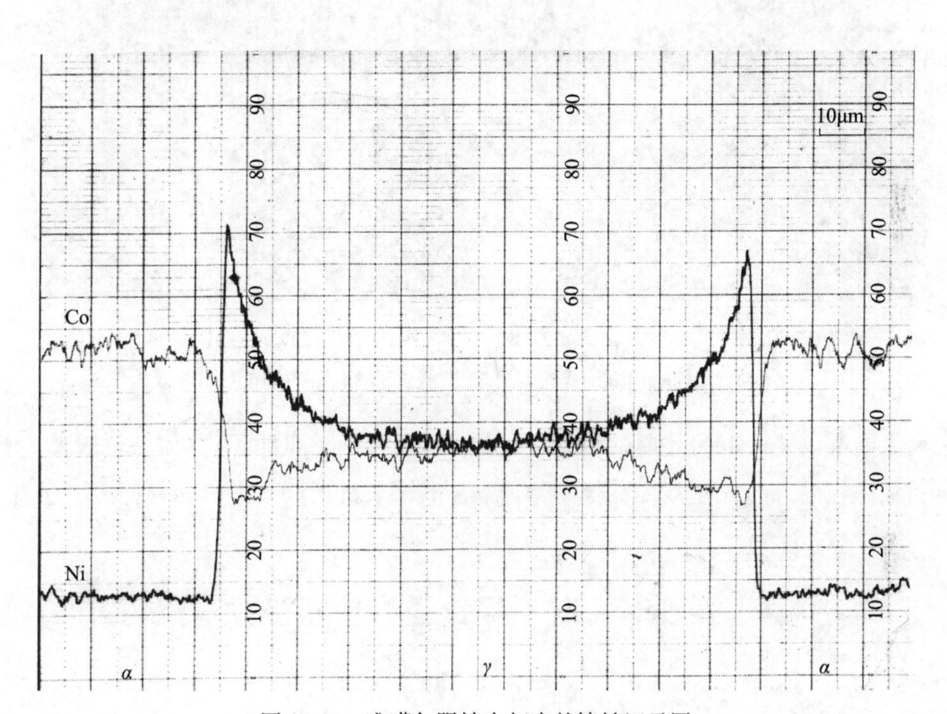

图 10-25　准噶尔陨铁中相中的镍钴记录图

图 10-27 的一组照片是韩汝玢在北京有色金属研究总院朱寿康研究员及朱元凯教授的指导下，用现代研究方法对铜绿山冶铜遗址出土的炉渣进行冶铜技术的研究，重点是进行冶铜炉渣性质的测定，包括熔点、黏度、比重、成分、岩相及扫描电镜能谱分析。另外，对冶铜竖炉炉型、尺寸、冶炼温度也进行了探讨。研究文章在 1981 年北京召开的冶金史国际会议上进行了交流，刊登于北京钢铁学院《中国冶金史论文集》（1986 年）。

图中亮点密度越高的地方表明该元素的相对浓度越高。面分布图的放大倍数可按通常方式改变。在采集 X 射线元素分布图时，应该使用尽可能大的束流。为

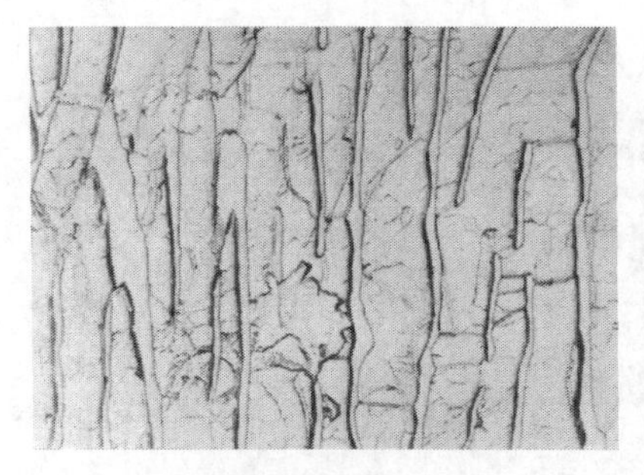

(a) 准格尔陨铁 α→γ→α

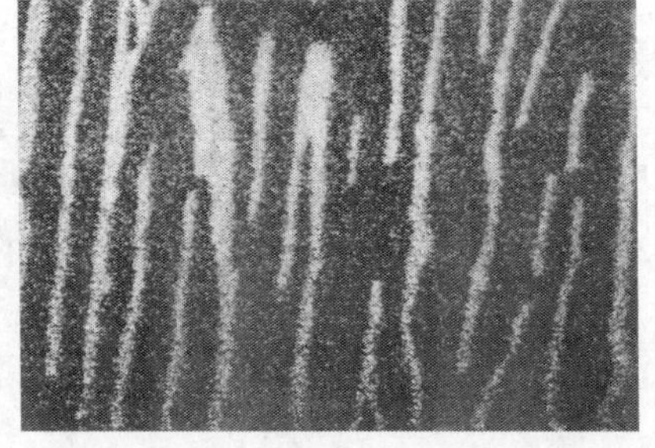

(b) 图 α→γ→α 相中镍元素 X 射线面分布

图 10-26　准格尔陨铁 α→γ→α 相及其镍元素 X 射线面分布

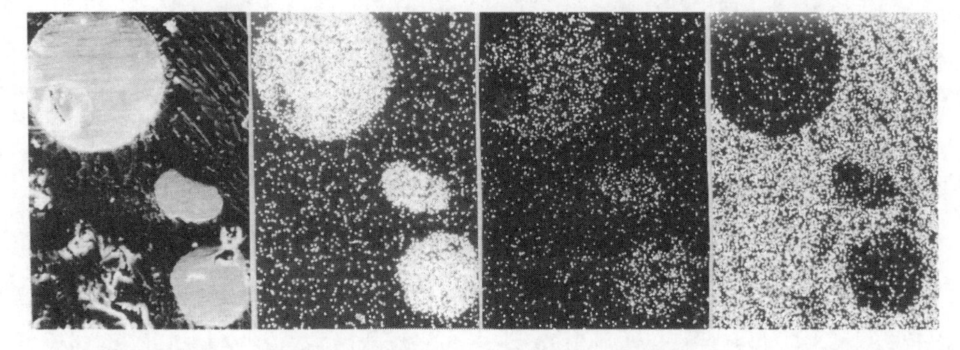

(a) 炉渣二次电子像　(b) 铜 $K_α$X 射线面分布　(c) 硫 KαX 射线面分布　(d) 铁 $K_α$X 射线面分布

图 10-27　湖北铜绿山 α 冶铜遗址出土炉渣 T35-Ⅲ-5 扫面电镜能谱分析图

了满足能谱仪统计上的需要，在每一试样点采集讯号的时间不能太短，因此，为了得到一幅满意的 X 射线面扫描图像，需要相当长的时间，如十几分钟。

第五节　电子探针显微分析技术

在利用电子与物质交互作用产生的各种信息方面，电子探针与扫描电镜有许多共同之处，两种仪器各有特点。电子探针主要是用特征 X 射线进行微区成分分析的仪器；扫描电镜主要是用二次电子进行高倍形貌观察的电子显微镜，但它们的共性较多，如都可以用电子扫描产生的二次电子成像、用特征 X 射线成像并进行微区成分分析等。

一、简史

20 世纪 40 年代末，电子显微镜及 X 射线荧光光谱仪都已发展到较高水平，高真空技术也已普及，因此把这两个结合起来制成电子探针 X 射线显微分析仪的条件已经成熟。实际上，第一台试验室型电子探针就是在一台电子显微镜上加一个X射线谱仪和一台金相显微镜拼凑成的。Hillier首先提出电子探针的概念，即是将聚焦的电子束作为发射X射线光谱仪的激发源，采用照相法记录X射线谱及其强度。其后，法国人Castaing在Guinier的指导下，于1949年建立了电子探针X射线显微分析这门技术，并在1956年制出第一台商业电子探针仪器出售。几乎与Castaing同时，苏联Боровский也制成了一台电子探针。这类仪器的电子束是固定不动的，属于静止型的第一代电子探针。1956年以后，英国人Cuncumb吸收了扫描电镜的特点，制成了扫描型的电子探针，电子束可以在一定范围内扫描，属于电子探针第二代。1970年以后，电子探针逐渐和扫描电镜结合在一起，成为一台综合性的仪器；同时电子计算机用于分析过程的控制和数据处理，电子探针的发展进入了第三代。[①] 图10-28是1974年从日本进口的电子探针仪器。

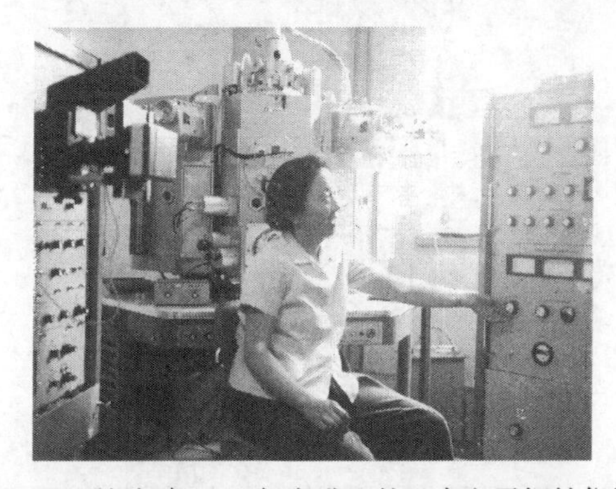

图10-28　韩汝玢1974年在进口的日本电子探针仪器前

二、基本原理[①]

电子探针显微分析仪是运用电子形成聚焦的电子束作为X射线的激发源来进行显微X射线光谱分析的设备。采用磁透镜聚焦，使入射电子束的直径缩小到1μm以下，打到试样上由光学显微镜预先选好的待测点上，使样品存在的各种元素激发产生相应的特征X射线谱，经晶体展谱后由探测系统接收，从特征X射线的波长及强度可以确定待测点的元素及其含量。电子探针X射线波谱仪的构造原理与X射线荧光谱仪构造原理基本相同，只不过是用电子而不是用X射线作为激发源。X射线波谱仪的特点是分辨率高，分析的精度高，且检测极限低。根据布拉格定理$2d\sin\theta=\lambda$，采用晶面间距d大的分光晶体，可以分析特征X射线的波长为λ的硼、碳、氮、氧等轻元素。它的缺点是分光晶体接受X射线的立体角小，X射

① 崔乃俊：《电子探针X射线显微分析的基本原理及其在冶金方面的应用》，《金属材料研究》，1975年第1期。

线的利用率低。另外，经晶体衍射后，衍射线的强度仅及入射线的 20%。因此，波长色散谱仪不适于在束流低于 10^{-9}，X 射线弱的情况下使用，这是其严重缺点。此外，试样要求像金相试样那样表面平整光洁。电子探针（electron microprobe，EMP）就是由几个电磁透镜组成的照明系统与 X 射线波谱仪结合在一起的微束分析仪器，电子束焦斑直径一般是 0.1～1μm。将金相试样放入电子探针仪中，用静止的电子束可以得到定点的分析结果，也可以用扫描电子束得到一些元素在一条直线的一维分布或一个面上的二维分布。电子探针结构示意图见图 10-29，常用于分析金属文物合金中的第二相、偏析、晶界析出物等。

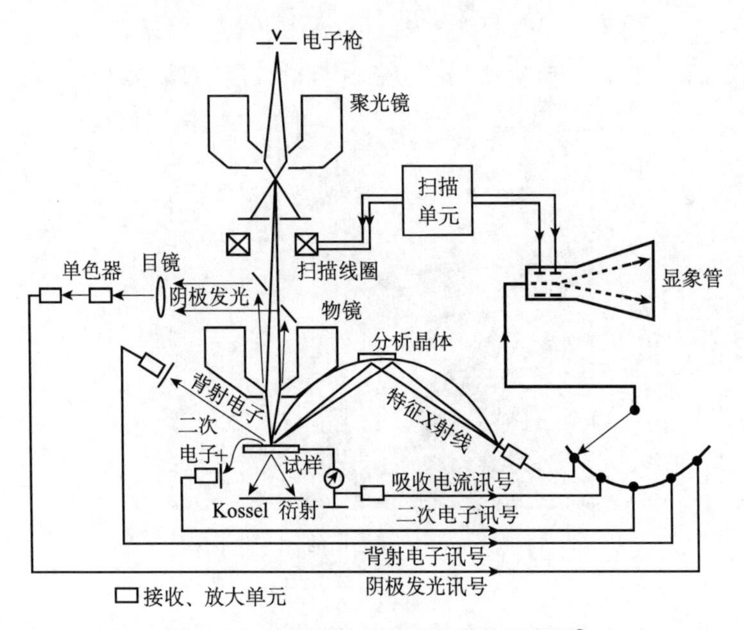

图 10-29　扫描式电子探针的结构示意图[①]

对于不同波长的特征 X 射线就需要选用与其波长相当的分光晶体。对波长为 0.5～100Å 的 X 射线，需要使用几块晶面间距在 1～50Å 的晶体展谱。选择晶体的其他条件是完整性高，有较高的波长分辨率，但又能给出较强的衍射，以提高分析的灵敏度和准确度（表 10-5）。表 10-5 是电子探针波谱分析仪常用的分光晶体。图 10-30 是日本的 Sool S100 电子探针波谱分析仪。

表 10-5　常用的分光晶体

常用晶体	反射面	$2d$/Å	适用波段/Å	相对于云母的强度
LiF	200	4.0267	3.81 以下	12.8
SiO_2（石英）	10111	6.6862	1.1～6.3	5.3
PET	002	8.74	1.4～8.3	11.8
RAP	—	26.121	2～18.3	～13

① 郭可信：《电子光学微观分析仪器概述》，《显微分析技术资料汇编》，科学出版社，1978年，第 27 页。

续表

常用晶体	反射面	$2d$/Å	适用波段/Å	相对于云母的强度
KAP	1010	26.632	4.5～26.4	6.4
硬脂酸铅	—	100	17～94	—

图 10-30　日本电子 Jeol 8100 Supper Probe 电子探针—波谱分析仪

三、应用实例

1. 商代铁刃铜钺元素分析

在河北藁城台西村商代遗址发现1件铁刃铜钺（图 10-31）。铜钺外刃断失，残存刃部包入铜内约 10mm，铜钺残长 111mm，阑宽 85mm。铜钺的年代，根据藁城台西第一层水井木井盘的^{14}C 测定，属商代中期，约公元前 14 世纪。

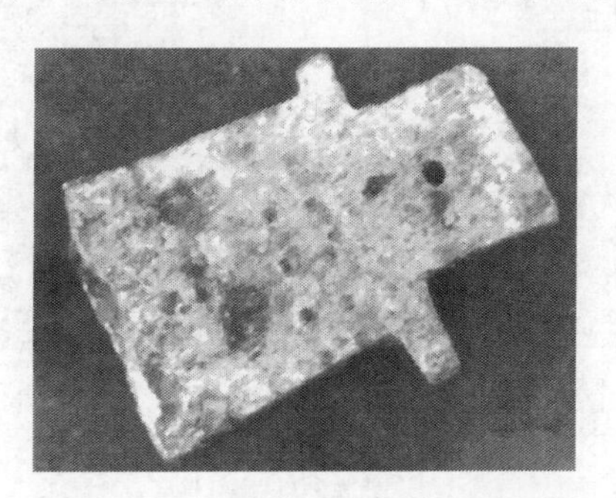

图 10-31　河北藁城出土铁刃铜钺①

对铁刃使用材料的了解，将有助于阐明我国古代冶铁技术的发明。1975 年原中国科学院考古研究所所长、著名考古学家、科技史专家夏鼐先生邀请柯俊领导的北京钢铁学院冶金史组对铁刃铜钺进行重新鉴定。柯俊亲自使用电子探针、金相及 X 射线荧光分析仪等对该件铁刃铜钺的铁锈层进行细致的分析研究，没有发现人工冶铁所含的夹杂物，鉴定镍在锈层中约大于 6%，钴为 0.4%。更为重要的是，该铁刃铜钺经过锻造和长期风化后，铁刃锈层中仍保留有高、低镍钴的层状

① 河北省博物馆、文物管理处：《河北省藁城台西村的商代遗址》，《考古》，1973 年第 5 期。

分布。图10-32是镍X射线层状分布。图10-33是元素浓度分布“鸟瞰图”，表示这一区域的镍分布。在“鸟瞰图”中，自上而下，由n条曲线组成，如果把整个区域等分为几条纬度线，图中每条曲线偏离对应纬度的垂直高度则表示镍的含量。这样，图中表现为山岭的地区相当于高镍（钴）地带，山谷为低镍（钴）地带。

这种分层的高镍偏聚只能发生在冷却极为缓慢的铁镍天体中。这篇报告发表时用笔名“李众”（《考古学报》，1976年第2期）。这篇文章一经发表引起国内外注意，美国弗利尔美术馆的T. Chase坚决要求把这篇文章译成英文在美国学术杂志*Art Orientalis*（1979. Vol. Ⅺ）发表[①]。文章被翻译并发表后立即受到普遍的接受。“为中国冶金史和中国考古学解决了重要问题”[②]

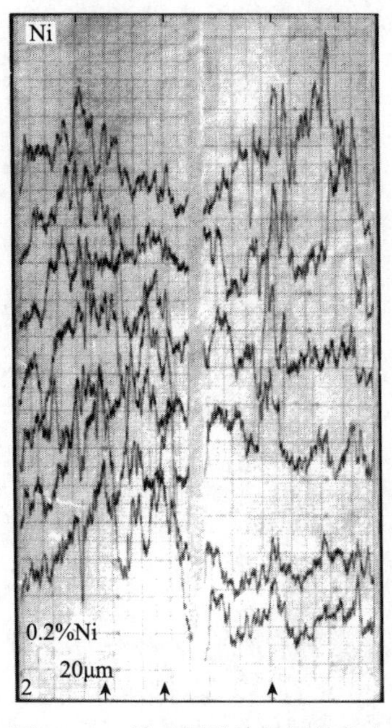

图10-32　铁刃铜钺镍的层状分布

图10-33　铁刃铜钺镍元素浓度分布鸟瞰图

图10-33是柯俊教授亲自用电子探针对铁刃铜钺中镍元素的X射线线扫描得到镍的层状分布及鸟瞰图，是研究非常成功的实例。

2. 湖北盘龙城、陕西关中及汉中出土商铜器的元素分析

陈坤龙的博士论文《陕西汉中出土商代铜器的科学分析与制作技术研究》中，根据考古类型学将陕西汉中出土铜器分为四组（图10-34）。第一组是湖北盘龙城出土的早商铜器，第二组是陕西关中地区出土的铜器类型，第三组是长江中游地区出土的晚商类型，第四组是陕西汉中地区出土的本地类型。

① Li C. Art Orientalis，1979，(11)：259-289.

② 夏鼐：《中国考古学和中国科技和史》，《考古》，1984年第5期。

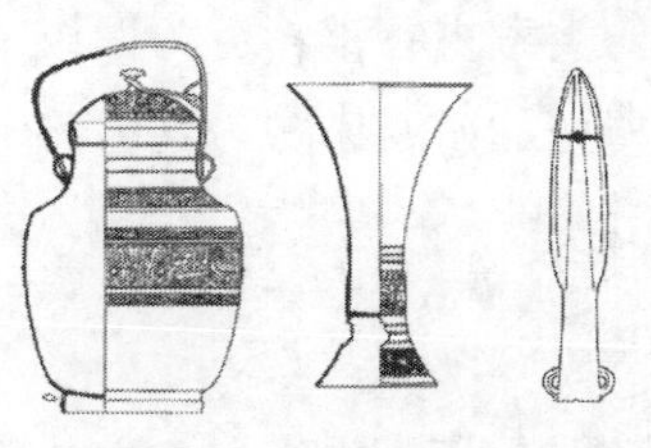

(a) 第一组湖北盘龙城的早商类型

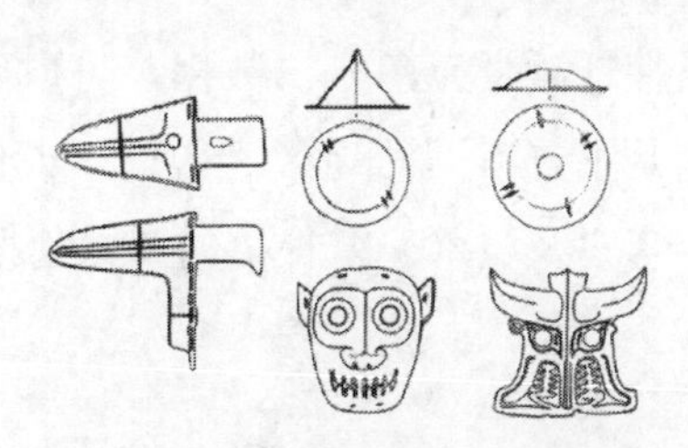

(b) 第二组陕西关中地区出土铜器类型

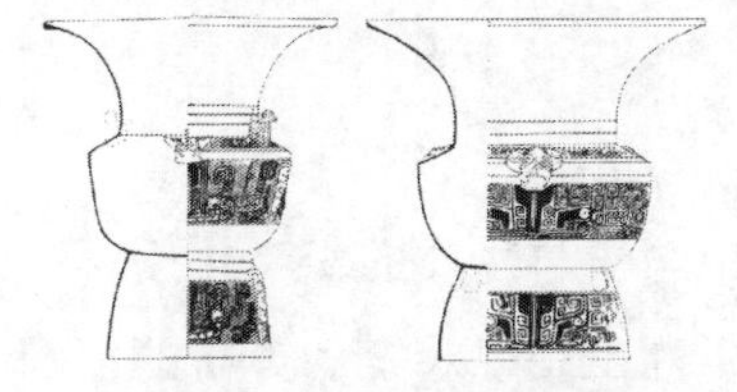

(c) 第三组长江中游地区出土的晚商类型

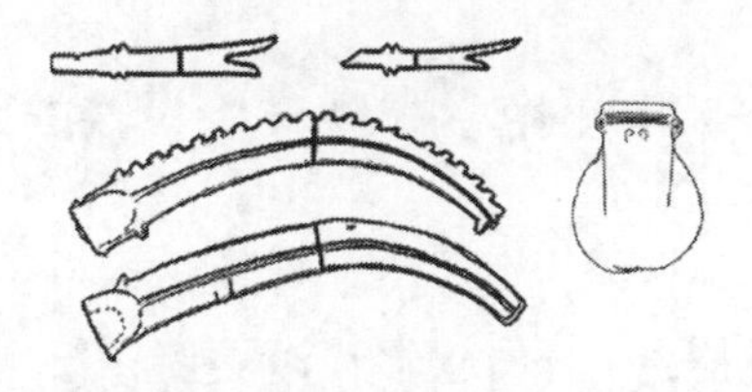

(d) 第四组陕西汉中地区出土的本地类型

图 10-34　陕西汉中出土商代铜器分组类型

陈坤龙博士除进行了成分、显微组织、铸造技术等的研究外，还使用日本电子 Jeol 8100 Supper Probe 电子探针-波谱分析仪，对全部金属样品中的铜（Cu）、锡（Sn）、铅（Pb）、砷（As）、锑（Sb）、铋（Bi）、镍（Ni）、锌（Zn）、银（Ag）、铁（Fe）、硫（S）和氧（O）等 12 种元素进行了微量元素定量成分分析。分析条件设定为加速电压 20kV，约 5×10^{-8}A 吸收电流。电子探针是一种微区分析方法，为避免因腐蚀、偏析等因素对分析结果的影响，每个样品选择 7～9 个微区进行分析，每个微区的面积约在 0.015mm²，取各微区分析数据的平均值作为样品的定量成分结果（图 10-35）。

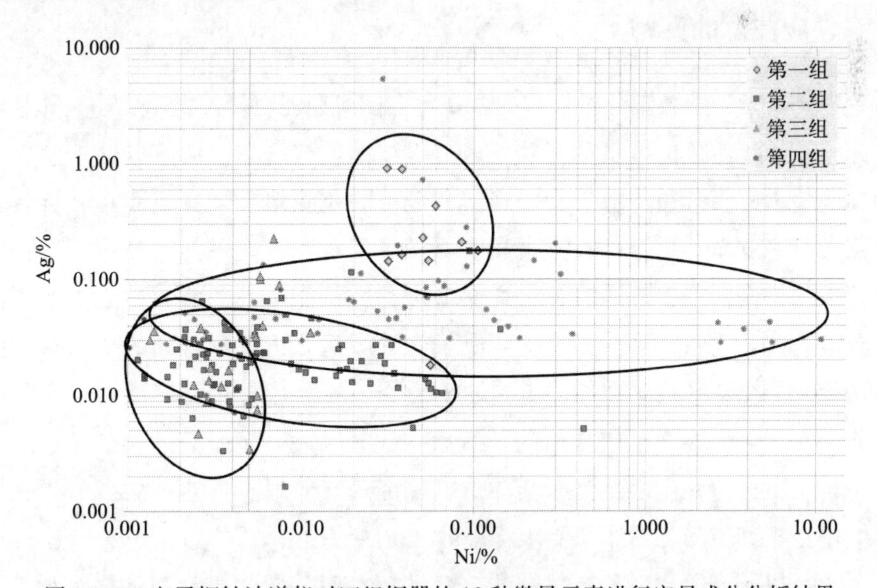

图 10-35　电子探针波谱仪对四组铜器的 12 种微量元素进行定量成分分析结果

电子探针微量元素分析数据，可以明显将四类考古青铜器分为四组，进一步说明它们是来自不同的地区、作坊，或使用有差别的矿料来源，这为关中地区出土青铜器考古及技术研究提供的有力论据，值得重视。

第六节　电子光学微观分析仪器

一、电子光学微观分析仪器的发展特点

（1）仪器的发展速度越来越快，尽量利用电子与物质的交互作用所产生的各种微观信息。原有仪器逐渐更新，新型仪器不断出现，观察和分析的范围越来越朝着微观方向发展。

（2）仪器的结构越来越复杂，充分综合利用各种信息，朝着综合性和多用途方向发展。大多数仪器都能进行形貌观察、成分分析和结构研究，有的仪器带有的附件多达五六十种。

（3）仪器的自动化程度越来越高。除了用电子计算机分析处理数据外，还用它来控制仪器操作。

但是，任何事物都是一分为二的。我们在注意电子光学微观分析仪器的微观、综合、自动化的特点时，还应特别强调指出这些特点带来的问题，以免由于对此缺乏全面的认识，不但不能发挥这些仪器的特点，反而会得出错误的结论。

二、应注意的问题

首先，电子光学微观分析仪器的微观特点使我们能对从1微米、小到几百埃甚至到几个埃的线性长度范围的形貌、成分、结构进行研究，从而有助于发现一些材料问题的本质。但是，由于我们观察和分析的范围很小，就应注意分析观察结果是否有普遍意义，是否是孤立现象？有没有代表性，能不能重复等问题，以免犯片面性的错误；特别要注意在试样制备过程中可能引入的假象，如表面冷作和沾污等。因此，我们应尽可能地把用电子光学微观分析仪器得到的结果与一些宏观方法得到的统计平均结果结合起来进行分析，并且应先进行宏观和半定量的成分分析，对问题全貌有了较全面的了解后，找出应进一步研究的细节，再用这些微观分析手段进行专门的细致分析。这样才能最有效地发挥这些微观分析仪器的特长，不至把细节问题当作主要矛盾，得出错误结论。

其次，电子光学微观分析仪器的综合性特点使我们能对材料的微观形貌、成分、结构进行综合研究，有助于从不同的角度找到问题的主要矛盾在哪里？但是，

为了向多用途方面发展，一则仪器越来越复杂，二则为了照顾各种应用特点，难免互相迁就，顾此失彼。表现在：①结构复杂，价格昂贵，各种附件换来换去，操作很不方便；②多用途仪器各方面的性能指标往往不如专用仪器，弄不好反而会造成样样行，样样稀松，这样就更不合适了。因此，应结合工作特点选择最合适的仪器，不应一味地追求结构复杂，附件繁多。

最后，电子光学微观分析仪器的自动化特点可以简化操作，加快分析速度；但是，使用电子光学微观分析仪器的程序往往不能在事先全部制定下来，并且常常在试验过程中要进行修改、增添、删减，因此过度强调自动化并不一定合适。

第十一章 研究方法及实例

冶金技术史与科学技术史的其他学科的研究方法具有共同之处，但也有其独特性。笔者及同行，在40年的金属技术的研究工作中，经历了组织小团队“走出去”的方法，宣传我们能做什么——与考古工作者“定货”，告诉我们想解决什么问题——重要的考古“新发现”找我们，取得的结果及时向考古合作者汇报、沟通；牢记冶金技术史为考古服务的宗旨，得到全国许多省、市、地方考古文物部门及博物馆工作者的大力支持和指导，逐渐得到国际同行的支持和认同，摸索和总结研究金属制作技术的方法，有以下六个方面。

第一节　古代文献的搜集与整理

一、古代文献

古代文献是我们祖先留给后人的宝贵财富，记载了历史上的科学技术。对古代文献的收集整理是科学技术史研究必不可少的重要方法之一。中国古代文献中有关冶金的记载虽然不多，但为了解和研究古代冶金提供了宝贵的资料。《考工记》是先秦古籍中重要的科学技术文献，据清人考证，它是春秋末年齐国人关于手工业技术的记录；其中“六齐”规律记载的是青铜中铜锡元素的六种配比。“六齐”规律是世界上最早的合金工艺总结，对古代的这一杰出成就的了解，正是从整理文献的方法得到的。

东汉的《越绝书》记载了战国初期吴越著名冶师欧冶子、干将、莫邪的事迹，被近代出土的“越王勾践自作用剑”的技术水平所证实。明代宋应星所著的《天工开物》较系统地记载了我国古代各种工艺技术，被誉为“中国17世纪的工艺百科全书”。其中，有关冶金的记载涉及各种古代金属矿产的开采、冶炼技术，特别是关于炼铁和炒钢两步并联的连续生产工艺、用生铁与熟铁共存的“灌钢”法、拔丝制针、锻造铁锚、铸钟等工艺技术的记载，具有一定学术价值。

但是，古代文献存在着不可避免的历史局限。第一，古代文献只记载了有文字以来的历史，无文字的历史还要靠考古发掘来补充。第二，古代文献是古代读书文人的遗作，像冶金这样的工艺技术，因封建社会被视为“雕虫小技”，文人们一般是不屑于记载的。在封建社会里，一些精艺、绝技往往是家庭相传，对外保密，一般不会见诸文字，致使失传。第三，由于各种原因，文献严重失传，如宋代张甲所著的《浸铜要录》、明代溥浚的《铁冶志》等重要冶金专著，都已佚失。

二、近现代矿冶文献

我国近代开始到20世纪初的地质矿产调查，多是由受了科学教育的地质、冶金工作者进行的，因此调查报告和资料较之古文献具有较高的科学性，不仅对发展我国的采矿冶金工业具有重要意义，也为今人研究古代冶金提供了宝贵的资料。例如，关于镍白铜的产地、规模和数量，在明清时期的文献中有不少记载，但关于生产技术的描述甚为含糊；清同治九年刻本《会理县志》中记有“煎获白铜需用青、黄二矿搭配”，虽然指出了冶炼白铜的原料，但未言及冶炼过程，亦不知青、黄二矿为何物。查阅我国早期的地质资料，就会发现所记内容不仅明确而且多用专业名词，使今人极易读懂。例如，于锡猷先生于1940年写的《西康之矿业》中 详细记述了镍白铜的冶炼过程，从中可知镍白铜的原料比、冶炼设备，还知道冶炼的中间产物和最终产物，以及冶炼步骤。地质矿产资料还可见到古代老窿遗迹、矿石的种类及其金属含量等有用信息的线索。研究冶金史的人员去地方志、地质资料图书馆查找并收集整理相关资料，应是文献研究的重要内容。

第二节　与考古学者合作进行调查研究

一、矿冶遗址考察

矿冶遗址保留有古代采矿冶金的大量信息，如古矿铜、矿石、采矿工具、残炉壁、炉基、炉渣、风管、坩埚、陶范、金属制品等遗物，是今人研究古代冶金技术的珍贵资料。与考古工作者合作对遗址的年代、性质进行考察、收集冶金遗物作进一步的分析是矿冶技术史研究的又一个重要方法。例如，通过对甘肃张掖河西走廊地区，辽西地区早期冶铜遗址，云南东川铜矿、个旧锡矿，浙江遂昌银矿、内蒙古林西铜矿等古矿的调查，取得重要的冶金史的实物标本资料；特别是对湖北大冶铜绿山古矿冶遗址的发掘调查，发现并展现了我国古代地下采矿的一整套技术，从井巷开掘、支护到矿石运输、提升，直到通风、照明、排水等，是研究古代采矿技术难得的资料。对河南西平、鲁山、郑州南阳等汉代冶铁作坊遗址的考察，展现了我国汉代冶铁规模之大和冶铁的兴旺发达。近年来，参加中华文明探源工程项目的研究，对考古新发现的早期墓葬、冶金遗址、遗物，均给予了更多的关注。

二、传统工艺调查

我国是一个具有很强传统继承性的国家，许多工艺技术往往是代代相传，经世不绝的。因此，调查研究现存的传统工艺对了解古代技术成果有着十分重要的价值。例如，安徽芜湖铁画、浙江龙泉宝剑、南京金箔和锡箔、响铜的制作、金银镶嵌技术等，不仅有着悠久的历史，而且近年来一些老技师开了手工作坊，延续传统方法继续生产，使传统的手艺不至于绝迹。利用现代冶金理论、当代检测分析技术进行研究、加以发展，对弘扬中华传统文明有着重要意义。

土法冶铸技术在我国一些偏远地区仍在延续，如山西晋城、平定、阳城的坩埚炼铁，贵州赫章，四川会理，湖南常宁，重庆丰都的土法炼锌，云南鹤庆土法炼铅，山西阳城铸造犁镜（我国两汉之交发明，利用表面观察控制温度，保证产品具有高质量，供出口东南亚）等的生产，调查研究这些古代流传下来的工艺，是了解古代冶金技术的重要方法。随着社会发展、技术的进步，基本建设用地的增加，土法生产逐渐被淘汰，地面古代遗存不可避免地遭到破坏。随着岁月流逝，老艺人、老工匠越来越少。传统工艺、土法生产的抢救性保护与研究迫在眉睫，因此对传统工艺的调查研究更加重要。

第三节　样品的检测分析与模拟实验

关于对金属文物进行检测分析的方法，本书已经著述较多，在此不赘述。希望重视的是检测分析样品要与考古工作者密切合作，选择要有目的性，使研究工作取得事半功倍、最佳的结果。

（1）为了解决冶金考古研究中发现的问题与疑惑，常进行模拟实验研究，这也是我们曾用过的研究方法之一。例如，几件属于公元前 2000 年的早期黄铜制品的发现，实验鉴定证明它们确实是铜锌合金，并含有其他杂质元素，引起众多学者的非议。在柯俊教授、朱元凯教授、朱寿康高级工程师的指导下进行了 12 炉实验室冶炼模拟实验。

通过用木炭还原混合的氧化亚铜（Cu_2O）和氧化锌（ZnO）及还原混合的孔雀石和菱锌矿的模拟实验，分别获得黄铜。前者得到无数黄铜珠（图 11-1），含锌最高达到 34.3%，此成分的黄铜熔点低于 940℃，故在炉内还原温度（950℃）下已溶化，凝固后呈细小珠状；用孔雀石和菱锌矿冶炼实验，含锌量为 10%，此成分的黄铜在还原炉温下没有达到其熔点，故保留孔雀石原料的块状，连原孔雀石纹理都清晰存留（图 11-2），说明炉内发生的是气固反应。孔雀石在较低温度下就可被固态还原成铜，当菱锌矿被还原成的气态锌扩散其中时，进行气固反应，生成黄铜。模拟冶炼实验和热力学计算研究表明，在没有炼出单质锌的条件下，冶炼温度在 950～1200℃用碳还原铜锌混合矿或共生矿都可得到黄铜。这种冶炼温度在新石器晚期烧陶技术水平下是可以达到的。几件黄铜是原始冶炼条件下偶然得到的产物，美国著名冶金学家 John W. Cohn 原认为是不可能的，当了解实验过程及结果后，完全信服。

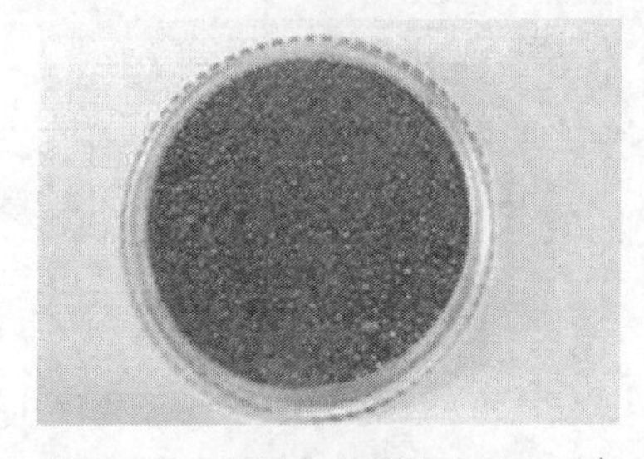

图 11-1　黄铜合金颗粒含锌 34%

图 11-2　孔雀石、菱锌矿冶炼实验得到含锌 10%

（2）在陕西秦始皇陶俑坑随机检测到一枚青铜箭镞（图 11-3），表面乌黑，有一层致密含铬的氧化层，含铬约为 2%，被认为是用含铬的化合物通过人工氧化得到的。关于此青铜箭镞，写入《中国冶金简史》发表后，引起轰动（《中国冶金简史》，科学出版社，1978 年，第 121～122 页）。

图 11-3　陕西临潼秦始皇陶俑坑出土箭镞

为了查明这件铜镞表面含铬氧化层的性质，在陕西省考古所和陕西临潼秦俑坑考古发掘队的大力支持下，再次检测同遗址出土的表面乌黑的8件兵器，除一件铜戈表面含铬为0.23%外，余则未检测到含铬，这是偶然的产物？毕竟发现较少。对自制的相同成分的样品进行了一系列的模拟实验，表明古代有可能进行铬盐氧化处理得到致密、耐蚀的氧化层，也可能是土壤中沾污的产物。①

(3) 姚智辉、董亚巍、孙淑云等还进行了多种方法的模拟实验，证实了湖北彭州出土的青铜器表面有虎斑纹饰戣及矛是由热镀锡方法制作而成的（图11-4、图11-5）。②

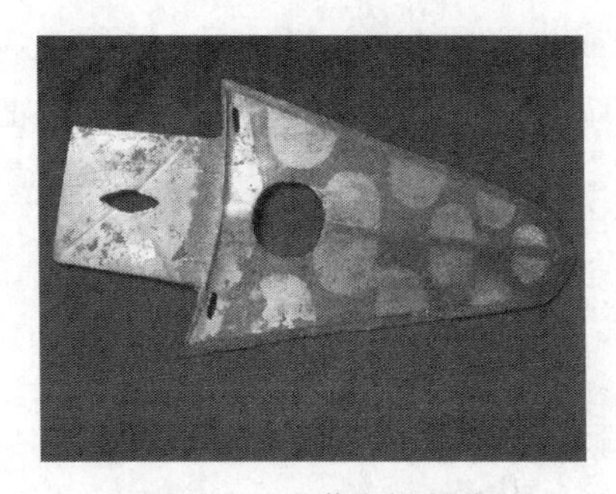

图11-4　金黄底银斑戣

图11-5　斑纹矛湖北什邡出土

(4) 根据古文献记载，参考中国科技史专家李约瑟关于金属和合金表面处理的论述③，用化学成膜法在实验室进行黄铜表面处理实验，得到不同颜色的表面膜，对仿制宣德炉和其他铜器具有一定现实意义。

这些模拟实验的实例说明，我们通过观察、分析、假说、验证、再观察的过程，配合必要的模拟实验，减少研究环节的重复，得到合理的解释，是冶金科技考古工作者的职责。需要指出的是，用现代方法模拟某种古代工艺技术的实验成功，并不证明这是古代唯一采用的工艺技术，要从多种思路考虑问题，才能真正揭开古代工艺技术的奥秘。

第四节　综合研究与社会发展史结合的方法

科学技术的进步与人类社会发展密不可分。冶金史研究的重要内容，就是剖析我国古代冶金技术产生、发展的社会背景及对社会发展的影响。例如，我国春

① 韩汝玢、马肇增：《秦始皇陶俑坑出土铜镞表面氧化层的研究》，1983年第4期；马肇增、韩汝玢：《古铜器表面化学处理的研究》，《化学通报》，1988年第8期。

② 姚智辉：科学技术史专业，博士论文，2005年。

③ Needham J. Science and Civilization in China. Part 2. Cambridge University Press，1974，5：252.

秋战国时期发明的生铁技术、生铁经退火制造脱碳铸铁、韧性铸铁，以及以生铁为原材料制钢技术的发明，标志着生产力的重大进步，对中国乃至世界社会、历史和文明的发展都具有重大影响。

(1) 生铁技术使得铁质农具大量生产和广泛使用，促进了战国时期农业耕作技术的革命性变革，粮食产量大幅度增长。据战国时期在魏国实施变法李悝估计：一个农民可耕种田百亩（折合现在 31.2 亩），一亩可生产粟一石半（折合 3 斗），百亩产粟一百五十石（折合三十石），可够五人之家食用。《战国策》记载耕作的收获量大约为种子的 10 倍，而欧洲 13 世纪平均只有 3～5 倍，可见我国生铁技术促使了当时农业的发达。我国在公元 1 世纪发明的犁镜约公元 4 世纪传到了南部欧洲，对其黏土难耕、效率较低的农业，发挥了重大作用。

(2) 社会对铁器的大量需求，又促进了冶铁手工业的进一步兴旺。《史记 货殖列传》记载，在邯郸从事冶铁业的大工商奴隶主郭纵，其财富与王者相等；在四川临邛经营冶铁业的大工商奴隶主卓氏和程郑，分别是赵国和齐国人。

农业、手工业的发展促进了商品经济的活跃，城市的发达。《战国策·齐策》和《史记·苏秦列传》中描述齐国都城临淄有七万户人家，人群拥挤，车水马龙，一派热闹、繁荣景象。商品交换，市场经济发展，导致了货币的出现，甚至出现了铁钱。

(3) 铁器对上层建筑的变革也产生着重要的影响。农业的发展，使社会有剩余粮食，为那些不直接从事体力生产的知识阶层提供了展示才华的机会，出现百家争鸣的局面，从而推动了古代文化、科技的进步。

正是由于农业的发展，使一家一户为单位的小生产和个体经营为特色的小农阶层有了成为社会基础的可能，可以说生铁技术的发明是秦统一中国、汉帝国发展强大的重要物质因素。

(4) 我国古代冶铁技术从战国起不断向外传播，不仅传至周边国家，甚至中亚、西亚。《史记 大宛列传》记载："自大宛以西至安息……不知铸铁器，及汉使亡卒降教铸作兵器。"大宛在帕米尔以北，费尔干纳盆地至塔什干，安息今伊朗一带。公元 1 世纪，罗马学者普林尼在他的著作《博物志》中谈到当时欧洲市场"虽然钢铁的种类很多，但没有一种能和中国来的钢相媲美"。当代法国历史学家 A. G. Haudricourt 指出："亚洲的游牧部落之所以能侵入罗马帝国和中世纪的欧洲，原因之一在于中国钢刀的优越。"唐代末期，印度制钢技术已相当进步，它出口至非洲阿比西尼亚的优质钢，当时却声称来自中国。法国历史学家还认为，欧洲 14 世纪以后生铁冶炼技术的出现，源自中国。所以，我国古代冶铁技术对中国乃至世界文明进程的影响是不可低估的。

因此，进行冶金技术与社会关系的综合研究是科学技术史研究和文明发展研究的不可缺少的重要方面。

第五节　多学科结合的方法

冶金史研究涉及采矿、冶金、材料、历史、考古等多种学科的知识和物理及化学组成分析研究手段与方法，因此不仅要求冶金史研究者不断学习，扩大知识面，改进知识结构，同时多学科的结合，更是开展冶金史研究的重要途径。例如，河南温县西招贤村出土烘范窑，其结构示意图见图 11-6，在烘范窖内出土的 500 多套陶范中有 300 多套基本上是完整的，共有 16 类，36 种器形，主要是铸造车马器的陶范，如轴承范、车軎范、车销范、革带扣范、马衔范、权范等。其中，轴承范出土 254 套，完整的 173 套，是泥范中出土量最多的。每套铸范由 5～14 层叠成，最少一次可浇注 5 件的六角形轴承范，最多能浇注 84 件的革带扣范。

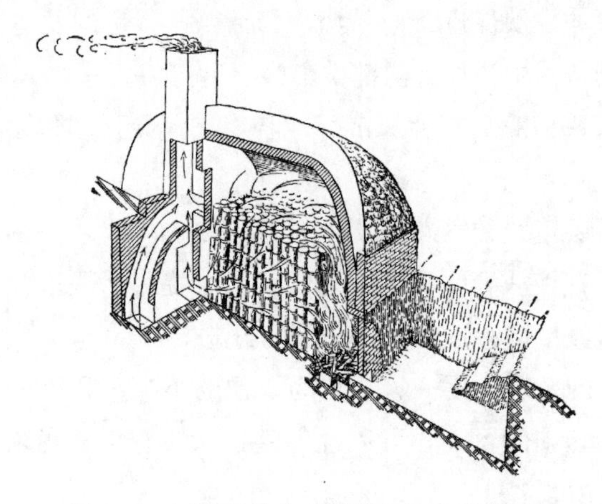

图 11-6　河南温县出土烘范窑结构示意图

层叠铸造技术既提高了铸造生产率，又可以减少浇铸时金属的损失，是多快好省的铸造工艺。但是，叠铸范的总浇口直径仅 8～10mm，分浇口只有 1～2mm，这样细小的浇口铁能否流通？器物能否铸成？一系列工艺上的问题难以回答。通过冶金工作者、铸造技师以及考古工作者的结合，研究古代叠铸的制范、烘范、浇铸工艺等情况，成功的浇铸出一批铜器和铁器，联合写出了发掘和研究报告《叠铸》一书，受到国内有关部门和国外专家的重视，为提高和推广迭铸技术提供了丰富的实物资料和有益启示（图 11-7、图 11-8）。[①]

① 河南省博物馆、中国冶金史编写组：《汉代叠钱》，文物出版社，1978 年，第 1～16 页。

图 11-7　河南温县出土的叠铸范实物

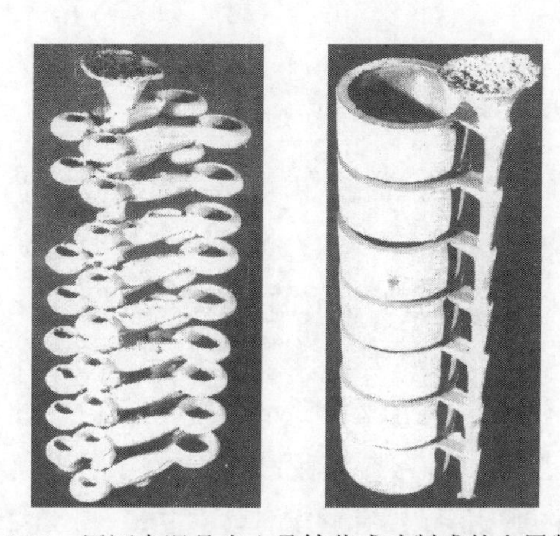

图 11-8　用河南温县出土叠铸范成功制成的金属制品

第六节　揭开古铜镜表面“漆古”形成的秘密

在我国古代出土的铜镜中，有一种颜色乌黑，表面具有玻璃质光泽和光滑晶莹的玉质感，被称为“黑漆古”（图 11-9）。也有颜色碧绿的，被称为“绿漆古”，还有颜色斑斓的，被称为“花漆古”。那么“漆古”究竟是什么物质？具有如此高的抗腐蚀能力，致使铜镜埋藏地下一二千年，形成致密的表面层，铜镜还能光亮如新！这给冶金考古提出了一个研究课题。从 1987 年开始，在柯俊教授指导下，孙淑云和马肇曾、金莲姬、周忠福等开始进行了“漆古”成因的系统研究。此项研究综合运用冶金史多年积累的研究方法，对多面漆古铜镜表面状态的观察、出土环境和地域分布的调查，综合运用了金相、矿相、SEM-EDS、XRD、XPS 等检测手段，并进行了实验室模拟实验及其样品的分析检测，与古代样品对照。最后从理论上探讨“漆古”的成因。这是冶金考古综合研究的一项成功的实例。

图 11-9　完整黑漆古铜镜和破碎残片

一、"漆古"铜镜表面状况考察

对保存于湖南、湖北、湖北鄂州、河南洛阳等文博单位的铜镜进行调查，发现在春秋、战国至唐代铜镜中，"漆古"铜镜占有很大比例，并有明显迹象表明"漆古"不是人工处理的，而是自然生成的。理由之一：出土的有些破碎铜镜，不仅镜面、镜背，而且其断茬都为"漆古"，是某些腐蚀剂的作用而形成的。理由之二：出土的"漆古"铜镜镜纽内部及凸凹不平花纹细部都为"漆古"，如此均匀不是人工所能制得的。理由之三：河南南阳文管所保存的一面"黑漆古"铜镜，其镜面有一处放置陶罐的圆形区域没有形成"黑漆古"（图 11-10）。小陶罐底部密切接触镜面，阻止了腐蚀剂对其作用。理由之四：铜镜是日常映照用具，需要保持合金的银白色，不可能人为将其处理成黑色或其他颜色，而且铜镜在使用一段时间后，由于氧化而发污，需要进行打磨以保持其光泽，不可能保留人工处理的"漆古"表面，如果磨镜药使用了"锡汞齐"，随后的加热驱汞不可能将汞驱净，残留的汞很快被氧化而使铜镜变黯失去光泽。经研究，对铜镜表面考察结果显示铜镜表面"漆古"的形成是自然腐蚀的结果。

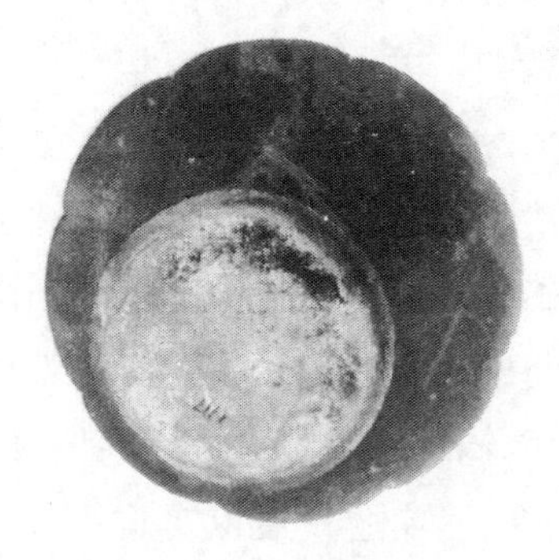

图 11-10　河南南阳文管所保存黑漆古铜镜

二、“漆古”铜镜存在的环境调查

与“漆古”铜镜接触的环境是怎样的？其中是什么物质引起带有“痕像”的完全矿化层，即“漆古”形成的呢？要解决这个问题，必须结合考古环境进行研究。通过大量考古资料和广泛实地的调查，发现出土“漆古”铜镜最多的湖北、湖南、浙江等地，处于我国气温较高、年降雨量大，土壤含水分高并呈酸性的地带。土壤和墓葬环境腐殖质丰富。图 11-11 所示为湖北鄂州六朝墓出土的一面铜镜和与之接触的土壤。经检测，土壤为酸性，含有丰富的腐殖质。腐殖物质是由尸体和动植物等有机质转化而来。腐殖酸是腐殖物质最典型的组分，这为本研究下一步模拟实验提供了思路。

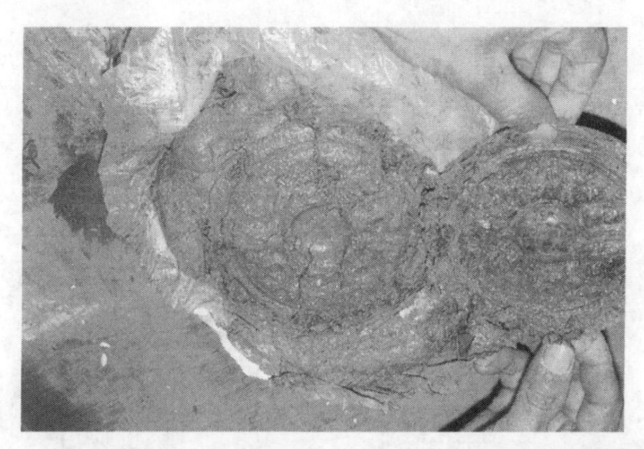

图 11-11　湖北鄂州六朝时期发掘出土“花漆古”铜镜及与之接触的土壤

三、铜镜成分及金相组织的鉴定

采用原子吸收光谱、SEM-EDS 等手段，对属于春秋末年到唐代的铜镜进行成分分析，表明多种铜镜的成分都是铜、锡、铅三元合金，含锡量很高，平均在 23%左右；铅含量在 5%左右。分析的样品含杂质元素很少，主要是铁，含量在 0.4%左右，还有硫化物。硅、铝含量更少，为来自埋藏环境的污染物。

陕西省博物馆藏南北朝时期五行大布铜镜金相和 SEM 检测显示，均为青铜铸造组织，主要相为 α 固溶体、（$\alpha+\delta$）共析组织、δ 相。铅颗粒很少。在有的样品上可观察到少量颗粒状硫化物夹杂(图 11-12)。铜镜组织随锡含量变化和冷却速度不同组织形态亦有变化。

对铜镜进行矿相检测显示（图 11-13），“黑漆古”铜镜表面基本是由两层锈蚀层构成的。外层厚度在 20～50μm，偏光下透光，表明矿化完全。“漆古”所具有的光泽和玉质感特征应是这一完全矿化层的贡献。内层腐蚀厚度 150～250μm，偏光下部分透光，表明其矿化不完全。此层是基体与外层之间的腐蚀过渡层。“漆古”所展现的黑色、绿色等颜色，应与此层的腐蚀产物有直接的关系。

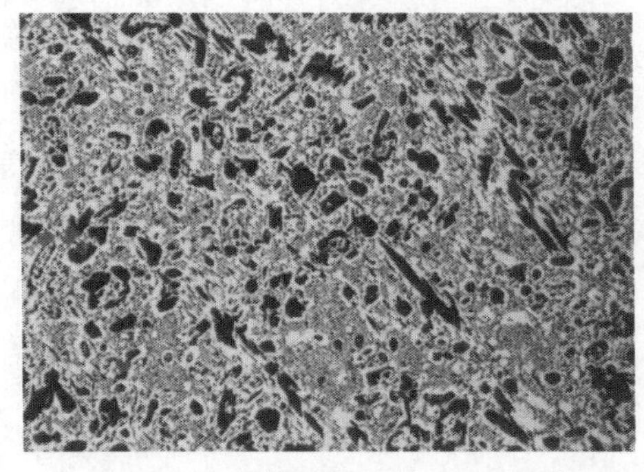

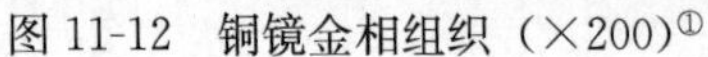

图 11-12 铜镜金相组织（×200）①

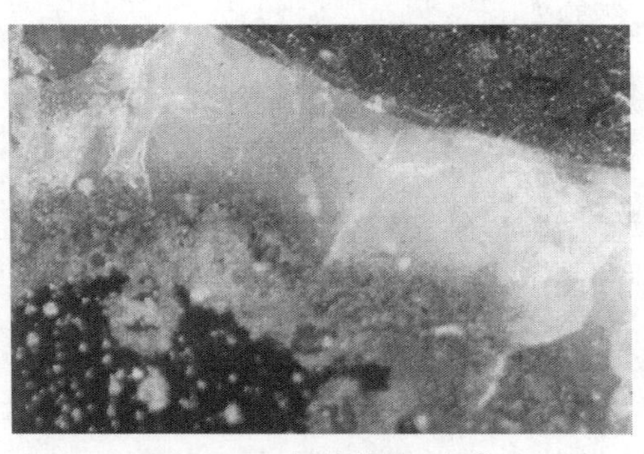

图 11-13 铜镜截面矿相②

课题组对铜镜样品截面进行了 SEM-EDS、XRD、XPS 方法鉴定得知表面矿化相为 SnO、SnO_2。采用磨制地质薄片方法获得表面的完全矿化层（图 11-14、图 11-15）。在完全矿化层中发现有原青铜铸造α相和（$\alpha+\delta$）共析组织的“痕像”存在，表明“漆古”不是沉积在铜镜表面的附加物，而是铜镜自身腐蚀矿化了的部分。

图 11-14 铜镜表面矿化层变质带扫描电镜背反射照片

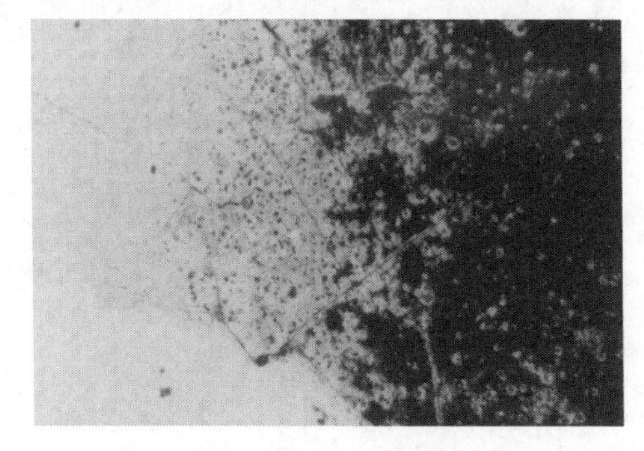

图 11-15 黑漆古铜镜薄片样品矿相显微镜下低倍照片③

为了验证土壤中的腐殖酸是否可以在铜镜表面生成“漆古”，课题组进行了模拟实验研究。熔铸与古代铜镜相同成分的青铜锭，切割成实验样品，将其分别浸泡在不同来源的腐殖酸配成的不同浓度的浸蚀液中，在不同温度条件下浸泡不同的时间；结果非常可喜，在一定条件下得到了表面光洁莹润的“漆古”，经各种手

① α相呈针状和两端尖锐的条状孤立分布在连接成片的（$\alpha+\delta$）共析体基体上。
平均成分：Cu：75.2%，Sn：23.1%，Pb：1.3%。

② 正交偏光，从左下至右上分层：基体，黑色不透光，上分布白色透光的铅颗粒锈蚀过渡层，半透光，为铜镜锈蚀产物及未被完全腐蚀的金属相“漆古”层，完全透光。

③ 照片左侧显示完全矿化层吊呈透明薄膜状，较多龟裂纹和点状物。照片右侧为没有磨掉的腐蚀层残留。

段检测，其在成分和结构上与古代铜镜相同。

四、理论分析

通过对铜镜“漆古”的综合检测分析和实验研究，可以证明古董收藏家们所谓的“漆古”就是铜镜表面的完全矿化层。它的成因是铜镜埋藏地下，经长期腐蚀过程的结果。腐殖酸是其重要作用的一种物质。

从理论上分析，腐殖酸的局部结构经测定含有羧基、酚羟基、醌基等含氧官能团。腐殖酸可与金属离子、金属氧化物作用生成金属—腐殖酸复合体，其中主要是羧基和酚羟基与金属离子的络合。醌基具有氧化性，其标准氧化还原电位在0.7V左右。腐殖酸与土壤中其他具有氧化性的物质，如 O_2、NO_3^-、MnO_2、SO_4^{2-}等，可以共同使金属表面氧化。

腐殖酸与 Cu^{2+} 络合的稳定常数平均值很高（$K_2=7.9\times10^8$），说明生成腐殖酸铜的倾向很大，即铜从青铜表面进入溶液的倾向很大。图 11-16 所示清理后的鄂州六朝铜镜及干燥了的与之接触的土壤。可见，铜镜表面为“花漆古”，土壤上有清晰绿色碱式碳酸铜花纹的存在，证明流失的铜与土壤所含碳酸根结合成碳酸盐，沉积到与青铜镜表面相接的土壤中。

图 11-16　清理后的湖北鄂州六朝铜镜和干燥后的土壤①

铜镜表面光滑如玉是与锡氧化物性质有关。铜镜表面的锡经历了一系列氧化、水解、凝胶析出及脱水的复杂过程。埋藏地下的铜镜在含氧地表渗透水和腐殖酸胶体溶液作用下生成的 SnO 和 SnO_2 都是两性化合物，在一定条件下可生成锡酸盐。锡酸盐经水解，生成氧化锡水凝胶（$SnO_2\cdot xH_2O$），胶体颗粒为纳米级。当水凝胶失去水分，就形成了 SnO_2 细晶。由于经历胶体溶液过程，使铜镜表面各相成分均匀化。这就是“漆古”光洁莹润的秘密所在。

矿物学指出，锡石（SnO_2）晶体是半透明的，透光率随厚度减少而增加。铜

① 铜镜表面为“花漆古”，与花漆古铜镜接触的土壤上印有相应花纹，绿色为碱式碳酸铜。

镜表面 SnO_2 为主的矿化层厚度仅有 10～20μm，故透明度良好。锡石折射率 N 为 2.0～2.6，反射率为 11.7%，属于金刚石类型光泽。当反射面有细结节或小孔时，部分反射光有散射现象，致使矿物表面常有脂肪或树脂光泽。铜镜表面矿化层中有铅流失造成的孔洞等缺陷存在，如同具有小孔的反射面。所以，铜镜表面既有玻璃质（金刚石般光泽）又有玉质感（脂类光泽）。

1992 年，在美国召开第 28 届科技考古（Archeometallurgy）国际大会上，孙淑云作了关于黑漆古铜镜的研究报告，反响热烈。“漆古”不仅是考古、收藏界的热点，也是核能保护专家追逐的对象，因为它是一种很好的抗腐蚀材料，如果能够人工合成这种材料，对保护和处理核废料是非常有意义的。许多国际上的著名学者始终认为中国古铜镜上的“黑漆古”是人工有意制成的，很重视这方面的研究并进行了大量的实验，但柯俊教授指导孙淑云等进行的分析研究，证明了这些在地下埋葬了 2000 多年后出土的古铜镜金属完好，主要依赖于表面“黑漆古”的长效保护。他们对“黑漆古”的科学研究，使北京科技大学冶金与材料史研究所又一次在国际科技考古界名声大振。

后记

本书历经3年终于完稿，这是笔者建立冶金史研究所40年积累的经历与学习的体会，是一部供愿意从事科学技术史专业的青年们阅读的入门参考书。

在编写的过程中，北京科技大学的校友、冶金史研究所的新老同事、合作过的老师、科学技术史专业已毕业或尚未毕业的研究生、研究所的领导等，对我们的支持和鼓励是编写此书的动力。他们以各种方式关心和资助此书，如购买和借阅书籍、提供手稿、回忆经历、复印资料、同意引用他们的资料和图片、协助排版等，没有众多学者、同行的大力支持与关心，真是难以想象我们能够完成此书的编著任务。编著者在此表示衷心的感谢！需要感谢的人名记录于下：柯俊教授、肖纪美教授、郭可信教授、宋维锡教授、朱元凯教授、谢逸凡教授、吴杏芳教授、李前懋教授、徐录同研究员、周卫荣研究员等，同时还有梅建军、潜伟、李晓岑、李延祥、陈坤龙、李建西、梁宏刚、杨军昌、陈建立、郭宏、马赞峰、宋薇、王璞、郁永斌、黄超、刘杰等同志。

衷心感谢北京科技大学“211工程”项目资助出版本书。

感谢科学出版社领导及编辑的支持。

韩汝玢　孙淑云　李秀辉

2014年4月